普通高等教育"十一五"国家级规划教材
绿色环保领域普通高等教育教学丛书

噪声与振动控制技术基础

（第四版）

盛美萍　郭志巍　王敏庆　曾　皓　编著

U0232446

科学出版社

北　京

内 容 简 介

本书为适应环境类专业"振动与噪声控制技术"及其相关课程的教学和实践需要而编写。

本书包括基础知识、控制技术、法律法规三部分内容。基础知识部分，利用较少的篇幅简明扼要地介绍了数学物理基础、振动基础以及声学基础。本书重点在于介绍振动控制技术和噪声控制技术，详细介绍了振动隔离、阻尼减振、动力吸振、吸声技术、隔声技术和声学设计基本原则。法律法规部分，紧扣振动与噪声这一物理性环境污染问题，介绍了我国的噪声与振动控制法律法规与标准体系。

本书可作为高等学校环境类专业和机械类专业的教材，也可供相关专业的师生和工程技术人员参考。

图书在版编目（CIP）数据

噪声与振动控制技术基础 / 盛美萍等编著. -- 4版. -- 北京 ： 科学出版社，2024.9. --（普通高等教育"十一五"国家级规划教材）（绿色环保领域普通高等教育教学丛书）--ISBN 978-7-03-079462-8

Ⅰ. TB53

中国国家版本馆 CIP 数据核字第 2024XB5520 号

责任编辑：赵晓霞 / 责任校对：王 瑞
责任印制：赵 博 / 封面设计：有道文化

科学出版社 出版

北京东黄城根北街 16 号
邮政编码：100717
http://www.sciencep.com

北京厚诚则铭印刷科技有限公司印刷
科学出版社发行 各地新华书店经销

*

2001 年 8 月第 一 版 开本：787×1092 1/16
2007 年 12 月第 二 版 印张：16 1/2
2017 年 8 月第 三 版 字数：379 000
2024 年 9 月第 四 版 2024 年 12 月第十五次印刷

定价：68.00 元

（如有印装质量问题，我社负责调换）

第四版前言

感谢读者厚爱，本教材两度入选国家级规划教材。教材自初版以来，历时二十余年，四易其稿，不断打磨，旨在为新时代工科大学生提供一本合适的专业教材。我们深切希望，教材能够清晰呈现减振降噪技术的底层逻辑，便于专业技术人员掌握基本技能，并帮助读者学习和发展声与振动领域新技术、新方法。

教材整体编著遵循由浅入深、由基础到应用、由独立控制方法到系统工程设计的逻辑，以适合环境科学与工程、机械工程、船舶与海洋工程等相关专业的人员学习与参考。

由于减振降噪技术涉及行业领域广泛，应用差异显著，不同专业读者的基础知识差异较大，因此本次修订在第三版编著基础上补充了数学物理基础等相关内容。减振降噪是一项系统工程，最好的减振降噪不是事后的修补，而是在产品设计阶段就充分考虑到减振降噪的需求。为了更好地基于系统工程思维进行声学设计，本教材专门新增了一章内容，重点阐述了结构声学设计的基本原则。随着环境保护与产业不断升级，国家对绿色生态环保与绿色生活环境的建设提出了新要求，本教材紧扣振动与噪声这一物理性环境污染问题，补充介绍了我国的噪声与振动控制法律法规与标准体系，旨在指导读者更好地进行振动与噪声的治理工作。同时考虑到学科内容以及受众群体的不同，本教材在难度较大的章节采用星号进行了标注，以适应不同专业、不同学习深度的实际教学情况。

为了配合绿色环保领域高等教育教材体系的建设，本书第四版在保留纸质版的同时，创新性地融入了数字化转型元素，即新增了动图和动画资源。读者只需扫描书中二维码，即可轻松观看学习，实现形意结合，提升教学效果。此外，我们在虚拟教研室平台上还提供了更多的实验视频、教学视频及扩展阅读资料，以丰富教材电子资源，使读者能够多维度、高效率地深入掌握本书内容，助力新工科背景下卓越工程师的创新培养。

最后，感谢为本教材的更新、完善提供有益帮助的人们！感谢长期选用本教材的一线教师给我们提出的宝贵意见，感谢广大企事业单位在产品提质过程中对本教材提出的殷切期望和建议，感谢出版社编辑在本教材出版过程中给与的大力支持，感谢我们可爱可敬的研究生们在新形态教材建设中全力以赴的配合！

作　者

2024 年 6 月

第三版前言

十年弹指一挥间。在过去的十年中，我们承担了很多来自船舶、航天、航空、家电等工业部门的振动与噪声控制研究课题，也为这些工业部门输送了大量减振降噪的专门人才。现代工业对低振动、低噪声的需求，是工业文明高度发展的必然结果，也对减振降噪专业技术队伍提出了更高的要求。

目前，振动与噪声控制已成为船舶与海洋工程专业的一个重要方向。本次再版充分考虑到了这一变化，在动力吸振、阻尼减振、振动隔离等振动控制专项措施章节，以及吸声、隔声等噪声控制专项措施章节都增加了相关案例。这些案例主要来自作者的科研实践，以船舶与海洋工程专业方向为主。在修订各章节的同时，本书还增加了关于动力学分析方法的介绍，以期为有志于振动与噪声控制技术领域深造的读者提供必要的理论基础。

本书并不限于船舶与海洋工程专业使用，可以广泛用于工科类各专业。可以预见，在今后相当长的一段时间内，社会各行各业对减振降噪专门人才的需求还会进一步增加。我们真诚地希望，本书能够为减振降噪专门人才的培养做一点力所能及的贡献。

减振降噪是一项系统工程，最好的减振降噪方法不是事后的修补，而是在产品设计阶段就充分考虑减振降噪的需求。从这个意义上讲，欢迎更多的工程师来学习振动与噪声控制技术基础，这是提升产品性能更加有效的途径。

另外强调，实际的振动与噪声控制工程往往需要不止一项专项控制措施，读者在采取多项措施联合控制时，一定要有整体性的概念，以避免此起彼伏的情况。

我们在减振降噪科研与人才培养工作中已走过二十个年头。虽经历了一些风雨，但更多的是辛勤耕耘带来的充实和快乐，我们还将继续走下去。

作　者

2017 年 6 月

第二版前言

在过去几年中，我们已经看到，振动与噪声污染的危害日益受到人们的重视，社会对振动与噪声控制技术的需求也日益增长，相关图书大量面世的情况前所未有，振动与噪声控制行业正处在蓬勃发展阶段。

本书第一版从 2001 年出版以来，得到了广大读者的支持和厚爱，第二版有幸入选"普通高等教育'十一五'国家级规则教材"，这是对我们的鞭策与鼓励，为此作者深表感谢！

在第二版中，我们对教材内容作了部分修正，并将全书分为基础篇、控制篇、运用篇三大部分。在基础篇里，将振动基础和声学基础加以浓缩，分别以一章的篇幅出现；在控制篇里，介绍了吸振、隔振、阻尼减振、吸声、隔声等专项控制技术；在运用篇里，主要介绍了消声器与声屏障，它们是噪声控制各专项技术综合运用的典型例子。为便于读者查阅，本书收录了一些常用标准作为附录，并在符号与公式相对比较集中第 1 章增加了相应的附录。

振动与噪声控制技术发展到今天，凝结了大量科研人员、工程技术人员的心血，为此我们向为这一技术发展作出贡献的专家学者表示由衷的感谢，向为本教材一版、二版提供无私帮助的人们表示衷心感谢。我们衷心希望本教材能够对广大学生和工程技术人员有益，同时也恳请各位读者对本教材提出宝贵意见。

在时间的长河中，六年只是一瞬间；而于作者而言，这是一段值得终生回味和铭记的时光。值此教材再版之际，请允许我表达一个心愿：愿人间少一点嘈杂与喧嚣，多一分和谐与美好。

盛美萍

2007 年 7 月

第一版前言

噪声污染是严重的环境污染之一,随着现代工业化程度的不断提高,噪声污染也日益加剧,严重影响广大人民群众的身心健康,因此噪声控制已经成为环境保护的一项重要内容。大气污染、水污染属于化学污染,它们对人体和环境的影响是长期的;噪声污染属于物理污染,它的显著特点是几乎没有后效性,只要噪声停止,噪声污染随即消失,因此采用消声、吸声和隔声措施,可以有效消除噪声污染。振动是产生噪声的主要原因,因此振动控制不仅可以保护仪器设备和人员不受振动危害,而且采用减振隔振措施也可以有效地控制噪声污染。

从事噪声污染控制的专业人员必须具备振动和声学的基础知识,而目前高校理工科专业课程设置中,机械或力学类专业一般都设置振动基础类课程,而声学工程类专业一般只设置专业声学(如水声学、建筑声学、超声学等)或声学基础课程。本教材为适应环境噪声控制人员的需要而编写,主要包括振动基础、声学基础、声和振动的相互作用、噪声和振动控制技术等基本内容,同时也为从事低噪声机械设计人员提供了声与振动的基础知识。

环境科学与工程学科是一个综合性学科,该学科不同专业的基础知识相差甚远。因此本教材的编写由浅入深、由简单到复杂,以适合于从事环境规划和环境管理的人员阅读。

本教材不仅提供了声与振动的基础知识,而且为从事噪声和振动控制的工程技术人员提供了噪声与振动控制技术和实际例子,同时还给出了有关材料的参数。因此本教材亦可作为噪声和振动控制手册使用。

编写本教材的目的就是要为环境科学与工程类理工科大学生提供这样一本教材,即通过对本教材的学习,广大大学生不但能够知其然,而且能够知其所以然;不但能够运用现有噪声与振动控制技术,而且具备发展新的噪声与振动控制技术的能力。

本教材分为基础篇和应用篇两大部分。在基础篇里,将振动基础和声学基础加以浓缩,分别以一章的篇幅出现;在应用篇里,介绍了各种振动和噪声控制技术,其中大量地引用了本书作者和其他作者的论著,详细引用情况已在参考文献中列出,在此作者向他们表示衷心感谢。作者衷心希望本教材能够对广大学生和工程技术人员有益。但由于作者水平有限及时间仓促,教材中难免存在一些差错或遗漏,恳请各位读者批评指正。最后,作者要特别感谢武延祥教授在本教材的编写过程中给予的支持和帮助。

作 者

2001 年 4 月

目　　录

第四版前言

第三版前言

第二版前言

第一版前言

第1章　声与振动相关的数学物理基础 ·· 1

　1.1　声与振动数学模型 ··· 1

　　1.1.1　波动方程基本概念 ·· 1

　　1.1.2　三维波动方程 ··· 2

　　1.1.3　不同坐标系中的波动方程 ·· 5

　1.2　声与振动物理基础 ··· 8

　　1.2.1　牛顿第二运动定律 ··· 8

　　1.2.2　胡克定律 ··· 9

　　1.2.3　微元法 ·· 10

　　1.2.4　横波与纵波 ·· 11

　　1.2.5　波速的概念 ·· 12

　　1.2.6　简谐波动假设 ·· 12

　1.3　边界条件与数学分析方法 ··· 13

　　1.3.1　波动方程初值与边值问题 ·· 13

　　1.3.2　分离变量法 ·· 15

　　1.3.3　行波法 ·· 18

　1.4　分布参数系统的数值分析方法 ··· 19

　　1.4.1　集中质量法 ·· 19

　　1.4.2　假设模态法 ·· 21

　　1.4.3　瑞利法 ·· 23

　　1.4.4　里兹法 ·· 24

　　1.4.5　有限元法 ·· 24

　　1.4.6　边界元法 ·· 25

　　1.4.7　统计能量分析法 ·· 26

　习题 ··· 27

第2章　质点振动系统与弹性体振动系统 ·· 28

　2.1　振动基本概念 ·· 28

2.2 质点振动系统 ······29

2.2.1 单自由度系统的自由振动 ······29

2.2.2 单自由度系统的衰减振动 ······31

2.2.3 单自由度系统的受迫振动 ······33

2.2.4 多自由度系统的振动特性* ······37

2.3 弹性体振动系统 ······39

2.3.1 弦振动 ······40

2.3.2 梁的纵振动 ······43

2.3.3 梁的弯曲振动 ······45

2.3.4 薄板的弯曲振动* ······51

2.3.5 圆柱壳的弯曲振动* ······56

习题 ······60

第3章 噪声产生与传播机理 ······61

3.1 声学基本概念 ······61

3.1.1 声压与声压级 ······61

3.1.2 声能量与声能量密度 ······62

3.1.3 声功率与声强 ······63

3.1.4 倍频程分析 ······64

3.1.5 响度级与等响曲线 ······67

3.1.6 计权网络 ······69

3.1.7 声波叠加原理 ······72

3.1.8 驻波 ······73

3.2 理想介质中的声传播 ······74

3.2.1 理想流体介质中的声波方程 ······74

3.2.2 平面波、球面波和柱面波 ······75

3.2.3 声波的反射与透射 ······78

3.3 结构振动及其声辐射 ······80

3.3.1 辐射效率概念 ······81

3.3.2 脉动球源、点声源和多极子声源 ······81

3.3.3 无限障板上活塞式辐射声场 ······86

3.3.4 板的声辐射 ······88

3.4 振动在典型结构中的传播 ······91

3.4.1 梁中的弹性波 ······92

3.4.2 板中的弹性波* ······93

3.4.3 圆柱壳中的弹性波* ······94

3.4.4 结构中的振动传递及波形转换* ······96

3.5 旋转叶片噪声产生机理* ······98

3.5.1 旋转叶片噪声产生原因 ······98

　　　3.5.2　空泡噪声 ･･････････････････････････････････････ 99

　3.6　流噪声产生机理* ･･････････････････････････････････････ 101

　　　3.6.1　边界层理论 ･･････････････････････････････････････ 102

　　　3.6.2　转捩点 ･･ 104

　　　3.6.3　流激振动与噪声 ･･････････････････････････････････ 106

　习题 ･･ 108

第4章　振动控制技术原理 ･･････････････････････････････････････ 110

　4.1　隔振原理与隔振技术 ･･････････････････････････････････ 110

　　　4.1.1　隔振的分类 ･･････････････････････････････････････ 110

　　　4.1.2　隔振的评价 ･･････････････････････････････････････ 111

　　　4.1.3　隔振原理 ･･･ 111

　　　4.1.4　隔振性能分析 ････････････････････････････････････ 113

　　　4.1.5　隔振设计 ･･･ 114

　　　4.1.6　隔振器类型 ･･････････････････････････････････････ 116

　　　4.1.7　单层隔振、双层隔振和浮筏隔振 ････････････････････ 119

　4.2　阻尼抑振原理与高阻尼结构 ････････････････････････････ 120

　　　4.2.1　阻尼的定义与作用 ････････････････････････････････ 120

　　　4.2.2　阻尼的产生机理 ･･････････････････････････････････ 121

　　　4.2.3　阻尼材料 ･･･ 124

　　　4.2.4　自由阻尼结构 ････････････････････････････････････ 128

　　　4.2.5　约束阻尼结构 ････････････････････････････････････ 130

　　　4.2.6　带扩变层的约束阻尼结构 ････････････････････････ 131

　　　4.2.7　插条式阻尼结构 ･････････････････････････････････ 132

　4.3　局域共振原理与动力吸振技术 ･･････････････････････････ 133

　　　4.3.1　局域共振原理 ････････････････････････････････････ 133

　　　4.3.2　集中式动力吸振器设计 ･･････････････････････････ 141

　　　4.3.3　周期局域共振原理* ･･････････････････････････････ 143

　　　4.3.4　分布式宽带动力吸振原理* ････････････････････････ 146

　　　4.3.5　动力吸振器应用案例 ････････････････････････････ 149

　习题 ･･ 150

第5章　噪声控制技术原理 ･････････････････････････････････････ 151

　5.1　多孔介质吸声机理及运用 ･･････････････････････････････ 151

　　　5.1.1　吸声系数、吸声量与吸声降噪量 ････････････････････ 152

　　　5.1.2　多孔性吸声材料吸声机理 ････････････････････････ 154

　　　5.1.3　吸声性能影响因素 ･･････････････････････････････ 154

　　　5.1.4　常用吸声材料 ････････････････････････････････････ 156

　　　5.1.5　吸声降噪典型案例 ･･････････････････････････････ 157

　5.2　阻抗失配隔声机理及运用 ･･････････････････････････････ 158

5.2.1 声阻抗、透声系数与隔声量 ···················· 158

5.2.2 质量定律 ···················· 159

5.2.3 吻合效应 ···················· 160

5.2.4 双层墙的隔声性能 ···················· 163

5.2.5 隔声间、隔声门和隔声窗 ···················· 165

5.2.6 隔声罩 ···················· 168

5.2.7 声屏障 ···················· 169

5.3 阻抗匹配吸声机理及运用 ···················· 173

5.3.1 阻抗渐变吸声原理 ···················· 173

5.3.2 常用吸声结构 ···················· 175

5.3.3 阻性消声器 ···················· 179

5.3.4 抗性消声器 ···················· 182

5.3.5 阻抗复合式消声器 ···················· 196

5.3.6 高频失效原理 ···················· 198

5.3.7 消声器空气动力性能评价 ···················· 203

5.3.8 消声设计典型案例 ···················· 208

习题 ···················· 210

第6章 结构声学设计基本原则 ···················· 211

6.1 共振规避原则 ···················· 211

6.1.1 机械系统激励特性 ···················· 211

6.1.2 共振规避设计方法 ···················· 212

6.2 节能减排原则 ···················· 213

6.2.1 机械系统能量分配特性 ···················· 213

6.2.2 节能减排设计方法 ···················· 214

6.3 多源相位调控原则 ···················· 214

6.4 多途系统优化原则 ···················· 218

6.4.1 声振多途传递规律 ···················· 218

6.4.2 多途系统优化设计方法 ···················· 219

习题 ···················· 220

第7章 声与振动控制法律法规与标准 ···················· 221

7.1 噪声污染防治法 ···················· 221

7.1.1 声环境质量标准 ···················· 221

7.1.2 工业企业厂界环境噪声排放标准 ···················· 222

7.1.3 社会生活环境噪声排放标准 ···················· 223

7.1.4 建筑施工场界环境噪声排放标准 ···················· 225

7.1.5 城市区域环境振动标准 ···················· 225

7.2 振动噪声测量标准 ···················· 226

7.2.1 声学量级及其基准值 ···················· 226

　　7.2.2　声功率级测量方法 ……………………………………………… 227

　　7.2.3　汽车车内噪声测量方法 …………………………………………… 228

　　7.2.4　飞机舱内噪声测量方法 …………………………………………… 229

　　7.2.5　家用电器噪声测量方法 …………………………………………… 230

　　7.2.6　水声测量方法 ……………………………………………………… 235

　　7.2.7　环境振动测量方法 ………………………………………………… 235

　　7.2.8　加速度计安装方式 ………………………………………………… 236

　　7.2.9　振动数据采集的参数规定 ………………………………………… 238

　7.3　振动噪声控制标准 ……………………………………………………… 238

　　7.3.1　隔声罩和隔声间控制噪声指南 …………………………………… 238

　　7.3.2　工业企业噪声控制设计规范 ……………………………………… 241

　　7.3.3　民用建筑设计隔声规范 …………………………………………… 242

　　7.3.4　民用飞机噪声控制与测量要求 …………………………………… 246

　　7.3.5　船舶噪声控制设计规程 …………………………………………… 248

　　7.3.6　城市轨道交通环境振动与噪声控制工程技术规范 ……………… 250

参考文献 ……………………………………………………………………… 251

参考标准 ……………………………………………………………………… 252

本书资源使用说明

　　读者购买正版教材，可获取本书配套资源，使用说明如下：

　　(1) 刮开封四激活码的涂层，微信扫描二维码，根据提示，注册并登录"中科助学通"，激活本书的配套资源。

　　(2) 激活配套资源后，有两种方式可以查看本书配套资源：一是扫描书中二维码，即可查看对应资源；二是关注"中科助学通"微信公众号，点击页面底端"开始学习"，选择"噪声与振动控制技术基础(第四版)"科目，并点击"图书资源"，即可查看本书所有的资源列表。

第1章
声与振动相关的数学物理基础

声音和振动是自然界中广泛存在的一种现象，在日常生活和工业生产中人们无时无刻不在接触声音与振动。通过声音传递信息，完成人与人之间的交流与互动；激发琴弦或其他乐器的振动，感知美妙的音乐；利用振动波的传播探测铁轨或其他工业装备有无损伤。声音和振动可以被人类所利用，但与此同时，人类也广泛受到噪声与振动的干扰，严重影响人的身体健康以及设备工作精度与寿命。

要想更好地利用声与振动或有效降低噪声与振动的干扰，离不开数学与物理这两门基础学科的支撑。对物理现象及其产生机理的分析可使读者更加深入地认识声与振动的本质，合理地建模则可认识波的传播规律。本章整理了与声和振动密切相关的一些数学物理基础，为后续系统学习噪声与振动控制技术提供必要的基础理论支撑。

■ 1.1 声与振动数学模型

在噪声与振动控制技术领域，了解常见的声与振动数学模型是学习课程的基本要求。数学物理方程一般指从物理学及其他自然学科、技术科学中所产生的偏微分方程，它反映了关于时间变量导数和关于空间变量导数之间的关联。波动方程是数学物理方程中的一个重要分支，它是描述声波和振动传播的重要理论工具，其重要性不言而喻。本节首先介绍波动方程的基本概念，以便读者初步了解其物理意义和数学形式；在此基础上进一步延伸到三维波动方程，并扩展到不同坐标系下的表达形式，以便针对不同的应用场景进行灵活运用。

1.1.1 波动方程基本概念

弦振动方程是典型的波动方程，在 18 世纪由达朗贝尔等研究提出，它是一大类偏微分方程的典型代表。关于弦振动方程的推导，将在本书后续章节详细提供，本章节仅对其进行简要概述。

给定一根两端固定的、拉紧的、柔软的弦，其长为 l，受外力作用，弦在平衡位置附近做微小的振动。在考察弦振动问题时，必须做一些基本假设，以便抓住问题的主要矛盾，基本假设包括：

(1) 弦是均匀的,弦的截面直径与弦的长度相比可以忽略,因此弦可以视为一条曲线,且线密度为常数。

(2) 弦在某一平面做微小横振动,即弦的位置始终在一条直线附近,且弦上的各点均在同一平面内垂直于该直线的方向上做微小振动。

(3) 弦是柔软的,在变形时不抵抗弯曲,弦上各质点间的张力方向与弦的切线方向一致,且弦的变形量与张力的关系服从胡克定律。

根据牛顿第二定律可知:作用在物体上的力等于该物体的质量乘以该物体的加速度,即在每一个时间段内作用在物体上的冲量等于该物体动量的变化。因此在 $(t, t+\Delta t)$ 时间段内作用在弦段 $(x, x+\Delta x)$ 的冲量,等于从 t 时刻到 $t+\Delta t$ 时刻弦段 $(x, x+\Delta x)$ 的动量增加量

$$\int_t^{t+\Delta t} T\left[\frac{\partial u(x+\Delta x, t)}{\partial x} - \frac{\partial u(x, t)}{\partial x}\right] \mathrm{d}t = \int_x^{x+\Delta x} \rho\left[\frac{\partial u(x, t+\Delta t)}{\partial t} - \frac{\partial u(x, t)}{\partial t}\right] \mathrm{d}x \quad (1.1.1)$$

式中,T 为张力;ρ 为弦的线密度;$u(x, t)$ 为弦的位移变化函数。

从而得到

$$T\frac{\partial^2 u}{\partial x^2} - \rho\frac{\partial^2 u}{\partial t^2} = 0 \quad (1.1.2)$$

记 $c = \sqrt{T/\rho}$,得到不受外力作用时弦振动所满足的方程

$$\frac{\partial^2 u}{\partial t^2} - c^2\frac{\partial^2 u}{\partial x^2} = 0 \quad (1.1.3)$$

当存在外力作用时,设在点 x 处受到均布外力为 $F(x, t)$,方向垂直于弦长度方向,于是得到受外力作用时弦振动所满足的方程

$$T\frac{\partial^2 u}{\partial x^2} - \rho\frac{\partial^2 u}{\partial t^2} = F \quad (1.1.4)$$

或

$$\frac{\partial^2 u}{\partial t^2} - c^2\frac{\partial^2 u}{\partial x^2} = F/\rho \quad (1.1.5)$$

其中 F/ρ 为做了质量归一化的均布外力,这就是均布外力作用下的弦振动方程。

弦振动方程描述的是弦的振动或波动现象,也称为波动方程。由于波动方程中只含有两个自变量 x 和 t,其在空间上描述的是一维的问题,因而又称为一维波动方程。类似地,通过对二维弹性体和三维弹性体振动力学分析还可以推导获得二维波动方程和三维波动方程。

1.1.2 三维波动方程

三维空间空气介质小扰动的传播可用三维波动方程描述,波动方程可由以下三个方程推导得到。

1) 连续性方程

连续性方程表明流体运动遵循质量守恒定律，即质量的积累量等于流入质量与流出质量之差。考察连续分布在空间某一区域中的流体，用 $\rho(x,y,z,t)$ 表示流体在点 (x,y,z) 和时刻 t 的密度，$v(x,y,z,t)$ 表示流体的速度。则封闭曲面 $\sum$ 围成的区域 Ω 内流体质量的变化，应当等于穿过 $\sum$ 流入或流出区域 Ω 的质量，如图 1-1 所示。流体运动的连续性方程为

$$\frac{\partial \rho}{\partial t} + \mathrm{div}(\rho v) = 0 \tag{1.1.6}$$

式中，div 表示散度，亦可用哈密顿算子表示，即 $\mathrm{div}(\rho v) = \nabla \cdot (\rho v)$。

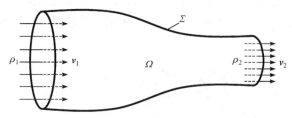

图 1-1　流体区域质量守恒示意图

2) 运动方程

运动方程表明流体运动遵循动量守恒定律。将动量守恒定律应用于区域 Ω 中的流体，则流入该区域流体的动量与外力产生的冲量之和，应当等于该区域中动量的增加量。设流体所受的外力为 $F(x,y,z,t) = (F_x, F_y, F_z)$，考察 x 方向上从 t_1 时刻到 t_2 时刻的动量变化为

$$\int_\Omega \left[(\rho v_x) F(x,y,z,t)\big|_{t=t_2} - (\rho v_x) F(x,y,z,t)\big|_{t=t_1} \right] \mathrm{d}\Omega$$
$$= -\int_{t_1}^{t_2}\int_\Omega \mathrm{div}(\rho v_x v)\,\mathrm{d}\Omega\mathrm{d}t - \int_{t_1}^{t_2}\int_\Omega \frac{\partial p}{\partial x}\,\mathrm{d}\Omega\mathrm{d}t + \int_{t_1}^{t_2}\int_\Omega \rho F_x\,\mathrm{d}\Omega\mathrm{d}t \tag{1.1.7}$$

其中 p 表示压强。对上式两端同时求导可以得到

$$\frac{\partial}{\partial t}(\rho v_x) + \mathrm{div}(\rho v_x v) + \frac{\partial p}{\partial x} = \rho F_x \tag{1.1.8}$$

利用连续性方程可得

$$\frac{\partial v_x}{\partial t} + v_x \frac{\partial v_x}{\partial x} + v_y \frac{\partial v_x}{\partial y} + v_z \frac{\partial v_x}{\partial z} + \frac{1}{\rho}\frac{\partial p}{\partial x} = F_x \tag{1.1.9}$$

同理可以得到 y 方向和 z 方向的动量变化方程，合并后的动量守恒方程可表示为

$$\frac{\partial v}{\partial t} + (v \cdot \nabla)v + \frac{1}{\rho}\mathrm{grad}\,p = F(x,y,z,t) \tag{1.1.10}$$

式中，$(v \cdot \nabla)$ 表示微分算子 $v_x \frac{\partial}{\partial x} + v_y \frac{\partial}{\partial y} + v_z \frac{\partial}{\partial z}$；grad 表示梯度，使用拉普拉斯算子可表示为 $\mathrm{grad}\,p = \nabla p$。

对于小振幅声波，当外力 F 为零且流体在做小扰动时，振动速度远小于声传播的速度，则 $(v \cdot \nabla)v$ 是比 $\dfrac{\partial v}{\partial t}$ 更小的高阶小量，可以忽略。由此可得到小振幅声波中的运动方程为

$$\rho \frac{\partial v}{\partial t} = -\nabla p \tag{1.1.11}$$

3) 状态方程

状态方程表明了流体遵循热力学定律。流体介质受外力作用产生疏密相间的变化，因此介质的密度和压强都发生了变化。假设介质状态变化的过程中没有能量的损耗，即假设传播过程为等熵绝热过程。根据热力学关系，一定质量的流体介质的压强是密度和熵的函数，记为 $P(\rho, s)$，这里 s 表示熵。流体在做小扰动时，密度和压力的变化较小，由泰勒级数展开得到

$$p = \left(\frac{\partial P}{\partial \rho}\right)_{s_0} \mathrm{d}\rho + \sigma(\rho) \tag{1.1.12}$$

式中，下标 s_0 代表等熵绝热过程；$\sigma(\rho)$ 表示 ρ 的高阶无穷小；系数 $\left(\dfrac{\partial P}{\partial \rho}\right)_{s_0} = c^2$，$c$ 就是气体介质中小振幅声波的传播速度。由此得到理想介质的状态方程为

$$p = c^2 \mathrm{d}\rho \tag{1.1.13}$$

至此，已经获得了理想流体介质中三个最基本的方程。若忽略流体的黏性，则可以得到方程组

$$\begin{cases} \dfrac{\partial \rho}{\partial t} + \mathrm{div}(\rho v) = 0 \\ \rho \dfrac{\partial v}{\partial t} = -\nabla p \\ p = c^2 \mathrm{d}\rho \end{cases} \tag{1.1.14}$$

整理得到三维齐次波动方程

$$\frac{\partial^2 p}{\partial t^2} - c^2 \left(\frac{\partial^2}{\partial x^2} + \frac{\partial^2}{\partial y^2} + \frac{\partial^2}{\partial z^2}\right) p = 0 \tag{1.1.15}$$

当存在外力 $F(x, y, z, t)$ 作用时，三维非齐次波动方程表示为

$$\frac{\partial^2 p}{\partial t^2} - c^2 \left(\frac{\partial^2}{\partial x^2} + \frac{\partial^2}{\partial y^2} + \frac{\partial^2}{\partial z^2}\right) p = F(x, y, z, t) \tag{1.1.16}$$

三维波动方程的物理意义在于描述了波在弹性体中的传播行为，这种描述在多个领域都有着广泛的应用。通过三维波动方程可以更好地了解波在不同介质中的传播特性，从而用于各种实际应用中。

1.1.3　不同坐标系中的波动方程

由三维齐次波动方程整理后可得

$$\frac{\partial^2 p}{\partial t^2} - c^2 \nabla^2 p = 0 \tag{1.1.17}$$

其中 ∇^2 为拉普拉斯算子，拉普拉斯算子在直角坐标中可表示为

$$\nabla^2 = \frac{\partial^2}{\partial x^2} + \frac{\partial^2}{\partial y^2} + \frac{\partial^2}{\partial z^2} \tag{1.1.18}$$

在柱坐标系中可表示为

$$\nabla^2 = \frac{1}{r}\frac{\partial}{\partial r}\left(r\frac{\partial}{\partial r}\right) + \frac{1}{r^2}\frac{\partial^2}{\partial \phi^2} + \frac{\partial^2}{\partial z^2} \tag{1.1.19}$$

在球坐标系中可表示为

$$\nabla^2 = \frac{1}{r^2}\frac{\partial}{\partial r}\left(r^2\frac{\partial}{\partial r}\right) + \frac{1}{r^2\sin\theta}\frac{\partial}{\partial \theta}\left(\sin\theta\frac{\partial}{\partial \theta}\right) + \frac{1}{r^2\sin^2\theta}\frac{\partial^2}{\partial \phi^2} \tag{1.1.20}$$

后续将讨论柱坐标系和球坐标系的波动方程。

1. 柱坐标系中的波动方程

已知波动方程的表达形式为方程(1.1.17)，通过分离变量法可以将波动方程分离为时间变量和空间变量。假设 $p(x,y,z,t) = X(x)Y(y)Z(z)T(t)$，代入波动方程并分离变量，得到

$$
\begin{aligned}
&X(x)Y(y)Z(z)\frac{\mathrm{d}^2 T(t)}{\mathrm{d}t^2} \\
&= c^2 T(t)\left[\frac{\mathrm{d}^2 X(x)}{\mathrm{d}x^2}Y(y)Z(z) + \frac{\mathrm{d}^2 Y(y)}{\mathrm{d}y^2}X(x)Z(z) + \frac{\mathrm{d}^2 Z(z)}{\mathrm{d}z^2}X(x)Y(y)\right]
\end{aligned} \tag{1.1.21}
$$

将式(1.1.21)两边同时除以 $X(x)Y(y)Z(z)T(t)$ 可得

$$\frac{1}{T(t)}\frac{\mathrm{d}^2 T(t)}{\mathrm{d}t^2} = c^2\left[\frac{1}{X(x)}\frac{\mathrm{d}^2 X(x)}{\mathrm{d}x^2} + \frac{1}{Y(y)}\frac{\mathrm{d}^2 Y(y)}{\mathrm{d}y^2} + \frac{1}{Z(z)}\frac{\mathrm{d}^2 Z(z)}{\mathrm{d}z^2}\right] \tag{1.1.22}$$

可以发现，方程(1.1.22)左边仅为时间变量的函数，右边仅为空间变量的函数，它们必须等于一个常数，令该常数为 $-k^2$。因此得到两个独立的方程，包括

时间分量

$$\frac{\mathrm{d}^2 T(t)}{\mathrm{d}t^2} + k^2 c^2 T(t) = 0 \tag{1.1.23}$$

空间分量

$$\frac{\mathrm{d}^2 X(x)}{\mathrm{d}x^2}Y(y)Z(z) + \frac{\mathrm{d}^2 Y(y)}{\mathrm{d}y^2}X(x)Z(z) + \frac{\mathrm{d}^2 Z(z)}{\mathrm{d}z^2}X(x)Y(y) + k^2 X(x)Y(y)Z(z) = 0$$

$$\tag{1.1.24}$$

坐标转换时仅针对空间部分表达式进行推导，不难看出空间分量的方程为亥姆霍兹方程

$$\nabla^2 u + k^2 u = 0 \tag{1.1.25}$$

式中，$u = X(x)Y(y)Z(z)$ 是波动函数 $p(x,y,z,t)$ 的空间部分；k 是波数。

倘若讨论的空间区域具有其他形状，如圆柱形或球形，此时无论怎样放置直角坐标系，也无法使得区域的边界面全部和坐标面重合。因此，在分析圆柱形区域或球形区域时，应当选取其他坐标系进行分析。当波动方程利用分离变量法，按时间变量和空间变量进行分离，空间变量正如方程(1.1.25)所示。

在柱坐标系中，亥姆霍兹方程的具体形式为

$$\frac{1}{r}\frac{\partial}{\partial r}\left(r\frac{\partial u}{\partial r}\right) + \frac{1}{r^2}\frac{\partial^2 u}{\partial \phi^2} + \frac{\partial^2 u}{\partial z^2} + k^2 u = 0 \tag{1.1.26}$$

式(1.1.26)涉及三个相互独立的自变量函数，若将其进行分离变量，则应采取逐次分离的办法：先分离出一个自变量，再将其余两个自变量分离。令 $u(r,\phi,z) = v(r,\phi)Z(z)$，代入方程可得

$$\frac{1}{v(r,\phi)}\left\{\frac{1}{r}\frac{\partial}{\partial r}\left[r\frac{\partial v(r,\phi)}{\partial r}\right] + \frac{1}{r^2}\frac{\partial^2 v(r,\phi)}{\partial \phi^2} + k^2 v(r,\phi)\right\} = -\frac{1}{Z(z)}\frac{\mathrm{d}^2 Z(z)}{\mathrm{d}z^2} \tag{1.1.27}$$

等式的左端是 r 和 ϕ 的函数，与 z 无关；右端是 z 的函数，与 r 和 ϕ 均无关。所以它们必须等于既与 r、ϕ 无关又与 z 无关的常数。把这个常数记为 λ，就得到

$$\frac{1}{r}\frac{\partial}{\partial r}\left[r\frac{\partial v(r,\phi)}{\partial r}\right] + \frac{1}{r^2}\frac{\partial^2 v(r,\phi)}{\partial \phi^2} + \left(k^2 - \lambda\right)v(r,\phi) = 0 \tag{1.1.28}$$

$$\frac{\mathrm{d}^2 Z(z)}{\mathrm{d}z^2} + \lambda Z(z) = 0 \tag{1.1.29}$$

这样就完成了自变量 r、ϕ 和 z 的分离，令 $v(r,\phi) = R(r)\Phi(\phi)$，进一步分离变量，代入方程(1.1.28)，可以得到

$$\frac{r^2}{R(r)}\left\{\frac{1}{r}\frac{\mathrm{d}}{\mathrm{d}r}\left[r\frac{\mathrm{d}R(r)}{\mathrm{d}r}\right] + \left(k^2 - \lambda\right)R(r)\right\} = -\frac{1}{\Phi(\phi)}\frac{\mathrm{d}^2\Phi(\phi)}{\mathrm{d}\phi^2} \tag{1.1.30}$$

由式(1.1.30)可见：等式的左端只是 r 的函数，与 ϕ 无关；右端只是 ϕ 的函数，与 r 无关。所以它们必须等于既与 r 又与 ϕ 无关的常数，不妨记为 μ，可以得到

$$\frac{1}{r}\frac{\mathrm{d}}{\mathrm{d}r}\left[r\frac{\mathrm{d}R(r)}{\mathrm{d}r}\right] + \left(k^2 - \lambda - \frac{\mu}{r^2}\right)R(r) = 0 \tag{1.1.31}$$

$$\frac{\mathrm{d}^2\Phi(\phi)}{\mathrm{d}\phi^2} + \mu\Phi(\phi) = 0 \tag{1.1.32}$$

由此完成了亥姆霍兹方程中所有变量的分离。

2. 球坐标系中的波动方程

在球坐标系中，亥姆霍兹方程的具体形式是

$$\frac{1}{r^2}\frac{\partial}{\partial r}\left(r^2\frac{\partial u}{\partial r}\right)+\frac{1}{r^2\sin\theta}\frac{\partial}{\partial\theta}\left(\sin\theta\frac{\partial u}{\partial\theta}\right)+\frac{1}{r^2\sin^2\theta}\frac{\partial^2 u}{\partial\phi^2}+k^2 u=0 \tag{1.1.33}$$

令 $u(r,\theta,\phi)=R(r)S(\theta,\phi)$，代入波动方程(1.1.33)得

$$\frac{r^2}{R(r)}\left[\frac{1}{r^2}\frac{\mathrm{d}}{\mathrm{d}r}\left(r^2\frac{\mathrm{d}R(r)}{\mathrm{d}r}\right)+k^2 R(r)\right]$$

$$=-\frac{1}{S(\theta,\phi)}\left\{\frac{1}{\sin\theta}\frac{\partial}{\partial\theta}\left[\sin\theta\frac{\partial S(\theta,\phi)}{\partial\theta}\right]+\frac{1}{\sin^2\theta}\frac{\partial^2 S(\theta,\phi)}{\partial\phi^2}\right\} \tag{1.1.34}$$

等式的左端只是 r 的函数，与 θ 和 ϕ 无关；右端只是 θ 和 ϕ 的函数，与 r 无关。所以它们必须等于既与 r 又与 θ 和 ϕ 无关的常数，不妨把这个常数记为 λ，则可从亥姆霍兹方程中分离出径向分量(与 r 有关的部分)，即

$$\frac{1}{r^2}\frac{\mathrm{d}}{\mathrm{d}r}\left[r^2\frac{\mathrm{d}R(r)}{\mathrm{d}r}\right]+\left(k^2-\frac{\lambda}{r^2}\right)R(r)=0 \tag{1.1.35}$$

$$\frac{1}{\sin\theta}\frac{\partial}{\partial\theta}\left[\sin\theta\frac{\partial S(\theta,\phi)}{\partial\theta}\right]+\frac{1}{\sin^2\theta}\frac{\partial^2 S(\theta,\phi)}{\partial\phi^2}+\lambda S(\theta,\phi)=0 \tag{1.1.36}$$

继续对方程(1.1.36)分离变量。令 $S(\theta,\phi)=\Theta(\theta)\Phi(\phi)$，代入方程，可得到

$$\frac{\sin^2\theta}{\Theta(\theta)}\left\{\frac{1}{\sin\theta}\frac{\mathrm{d}}{\mathrm{d}\theta}\left[\sin\theta\frac{\mathrm{d}\Theta(\theta)}{\mathrm{d}\theta}\right]+\lambda\Theta(\theta)\right\}=-\frac{1}{\Phi(\phi)}\frac{\mathrm{d}^2\Phi(\phi)}{\mathrm{d}\phi^2} \tag{1.1.37}$$

可以看到，等式的左端只是 θ 的函数，与 ϕ 无关；右端只是 ϕ 的函数，与 θ 无关。所以它们必须等于既与 θ 又与 ϕ 无关的常数，不妨记为 μ。由此完成了将 θ 相关部分和 ϕ 相关部分的分离，得到的两个常微分方程是

$$\frac{1}{\sin\theta}\frac{\mathrm{d}}{\mathrm{d}\theta}\left[\sin\theta\frac{\mathrm{d}\Theta(\theta)}{\mathrm{d}\theta}\right]+\left(\lambda-\frac{\mu}{\sin^2\theta}\right)\Theta(\theta)=0 \tag{1.1.38}$$

$$\frac{\mathrm{d}^2\Phi(\phi)}{\mathrm{d}\phi^2}+\mu\Phi(\phi)=0 \tag{1.1.39}$$

方程(1.1.38)是典型的连带勒让德方程。这里还要讨论一种常见特殊情形，也就是整个定解问题在绕极轴转动任意角时不变的情况，此时 $u=u(r,\theta)$ 与 ϕ 无关。在这种情形下，亥姆霍兹方程的形式可化简为

$$\frac{1}{r^2}\frac{\partial}{\partial r}\left(r^2\frac{\partial u}{\partial r}\right)+\frac{1}{r^2\sin\theta}\frac{\partial}{\partial\theta}\left(\sin\theta\frac{\partial u}{\partial\theta}\right)+k^2 u=0 \tag{1.1.40}$$

令 $u(r,\theta)=R(r)\Theta(\theta)$，代入上式，即得

$$\frac{r^2}{R(r)}\left\{\frac{1}{r^2}\frac{\mathrm{d}}{\mathrm{d}r}\left[r^2\frac{\mathrm{d}R(r)}{\mathrm{d}r}\right]+k^2 R(r)\right\}=-\frac{1}{\Theta(\theta)}\frac{1}{\sin\theta}\frac{\mathrm{d}}{\mathrm{d}\theta}\left[\sin\theta\frac{\mathrm{d}\Theta(\theta)}{\mathrm{d}\theta}\right] \tag{1.1.41}$$

等式的左端只是 r 的函数，与 θ 无关；右端只是 θ 的函数，与 r 无关。所以它们必须等于既与 r 又与 θ 无关的常数，记作 λ。分离变量得到两个常微分方程，径向分量的方程和方程(1.1.35)完全相同，另一个常微分方程为

$$\frac{1}{\sin\theta}\frac{\mathrm{d}}{\mathrm{d}\theta}\left[\sin\theta\frac{\mathrm{d}\Theta(\theta)}{\mathrm{d}\theta}\right]+\lambda\Theta(\theta)=0 \tag{1.1.42}$$

式(1.1.42)仅与自变量 θ 有关，称为勒让德方程，是连带勒让德方程的特殊情形($\mu=0$)。

1.2 声与振动物理基础

本节通过对基本物理概念和现象的讲解，使读者建立对振动和声波的直观理解，为后续讨论质点振动和声波传播提供必要的物理背景知识。

1.2.1 牛顿第二运动定律

牛顿运动定律描述受力物体的运动与所受合外力之间的关系，是基于大量实验事实总结得出的实验规律。牛顿运动定律共有三大定律，应用这些定律，可以分析物体在外力作用下的各种运动状态和形式。首先简要介绍牛顿第二运动定律。

常见的牛顿第二运动定律的表述为：物体受到外力作用时，它所获得的加速度的大小与所受合外力大小成正比，与物体的质量成反比，加速度的方向与合外力的方向相同。数学表示形式为

$$\boldsymbol{F}=m\boldsymbol{a} \tag{1.2.1}$$

但在牛顿的《自然哲学的数学原理》一书中，上式从未出现，原文叙述："运动的变化与所加的动力成正比，并且发生在这力所沿的直线的方向上。"

这里的"运动"指的是物体质量和速度的乘积 $m\boldsymbol{v}$，称为物体的动量；动力即物体所受合外力；运动的变化指的是动量随时间的变化率，所以牛顿第二定律的数学表达式实际上是

$$\boldsymbol{F}=\frac{\mathrm{d}(m\boldsymbol{v})}{\mathrm{d}t} \tag{1.2.2}$$

式(1.2.2)也称作牛顿第二运动定律的微分形式。

物体是否运动用速度是否为零来判断，物体运动状态是否改变可用加速度是否为零来描述。对同一物体，所受合外力越大则加速度就越大；对质量不同的多个物体，在相同合外力的作用下，质量越大则加速度越小。换言之即质量越大的物体，其运动状态越难改变，也就是质量越大则惯性越大。所以牛顿第二运动定律中的质量也称为惯性质量。

还要注意的是，牛顿第二运动定律是力对物体瞬时作用的规律，具有瞬时性，$\boldsymbol{F}$ 与 $\boldsymbol{a}$ 是同一时刻的瞬时量。

牛顿第二运动定律中的 $\boldsymbol{F}$ 是合外力，也就是说当物体同时受到几个力 $\boldsymbol{F}_1$、$\boldsymbol{F}_2$、…、$\boldsymbol{F}_n$ 共同作用时，合外力等于这些力的矢量和，称作力的叠加原理，即

$$F = F_1 + F_2 + \cdots + F_n = \sum_{i=1}^{n} F_i \tag{1.2.3}$$

在实际应用中，沿不同方向的分量式也常用到，例如，在直角坐标系中牛顿第二运动定律的分量式可表示为

$$\begin{cases} F_x = F_{1x} + F_{2x} + \cdots + F_{nx} = ma_x \\ F_y = F_{1y} + F_{2y} + \cdots + F_{ny} = ma_y \\ F_z = F_{1z} + F_{2z} + \cdots + F_{nz} = ma_z \end{cases} \tag{1.2.4}$$

在曲线运动中，牛顿第二运动定律沿切向和法向的分量式为

$$\begin{cases} F_{\mathrm{t}} = ma_{\mathrm{t}} \\ F_{\mathrm{n}} = ma_{\mathrm{n}} \end{cases} \tag{1.2.5}$$

式中，下标 t 表示切向分量，下标 n 表示法向分量。

1.2.2　胡克定律

胡克定律是力学中一个重要的定律，又称为弹性定律。胡克定律最初由英国物理学家胡克在 17 世纪提出，他发现了弹簧的变形量与受力的关系。在弹性限度内，物体所受的外力与变形量成正比。胡克定律的公式为

$$F = kx \tag{1.2.6}$$

式中，F 是恢复力；k 称为弹性系数；x 是变形量。

按照胡克定律，当物体受到外力作用时会发生弹性变形。这种变形是可逆的，也就是说，一旦外力停止作用，物体就会恢复到原来的形状。恢复的力大小与变形量成正比，而弹性系数则是一个常数，反映了物体的特性。

弹簧是一个很好地符合胡克定律的物体。当一个弹簧拉伸或压缩时，它就会变形。变形与拉伸或压缩的程度成正比，而恢复力也与变形量成正比。弹簧的弹性系数与它的材料、截面积、长度等因素有关，可以通过实验测定。

除了弹簧以外，胡克定律还可以应用于很多其他物体。例如，可以用胡克定律来描述物体在受到应力时的变形，或者竖直弹性系统的振动。这些应用基于胡克定律的基本原理：恢复力和变形量成正比。

材料力学中，在一般的空间应力状态下有 6 个独立的应力分量：σ_x、σ_y、σ_z、τ_{xy}、τ_{yz} 与 τ_{zx}，与之相应的有 6 个独立的应变分量：ε_x、ε_y、ε_z、γ_{xy}、γ_{yz} 与 γ_{zx}。在线弹性、小变形条件下，空间应力状态下应力与应变之间的物理关系通常称为广义胡克定律。

对于各向同性材料，杨氏模量 E、切变模量 G、泊松比 ν 均与方向无关。在线弹性、小变形条件下，沿坐标轴(或应力矢)方向，正应力只引起线应变，而切应力只引起同一平面内的切应变。

于是，主应力 σ_x、σ_y、σ_z 同时存在时，可以得到 x、y 和 z 方向的线应变如下

$$\begin{cases} \varepsilon_x = \dfrac{1}{E}\Big[\sigma_x - \nu\big(\sigma_y + \sigma_z\big)\Big] \\[2mm] \varepsilon_y = \dfrac{1}{E}\Big[\sigma_y - \nu\big(\sigma_z + \sigma_x\big)\Big] \\[2mm] \varepsilon_z = \dfrac{1}{E}\Big[\sigma_z - \nu\big(\sigma_x + \sigma_y\big)\Big] \end{cases} \tag{1.2.7}$$

至于切应变γ_{xy}、γ_{yz}、γ_{zx}与切应力τ_{xy}、τ_{yz}、τ_{zx}之间的关系，则分别为

$$\begin{cases} \gamma_{xy} = \dfrac{\tau_{xy}}{G} = \dfrac{2(1+\nu)}{E}\tau_{xy} \\[2mm] \gamma_{yz} = \dfrac{\tau_{yz}}{G} = \dfrac{2(1+\nu)}{E}\tau_{yz} \\[2mm] \gamma_{zx} = \dfrac{\tau_{zx}}{G} = \dfrac{2(1+\nu)}{E}\tau_{zx} \end{cases} \tag{1.2.8}$$

其中

$$G = \frac{E}{2(1+\nu)} \tag{1.2.9}$$

方程(1.2.7)和方程(1.2.8)即为一般空间应力状态下，在线弹性、小变形条件下各向同性材料的广义胡克定律。

1.2.3　微元法

微元法是分析、解决物理问题中的常用方法，遵循从局部到整体的思维方法。用该方法可以使一些复杂的物理过程用人们熟悉的物理规律迅速地加以解决，使所求的问题简单化。在使用微元法处理问题时，需将其分解为众多微小的"微元"，而且每个"微元"所遵循的规律相同，这样只需分析这些"微元"，然后再将"微元"通过数学方法或物理思想进行整合处理，进而求解问题。

微元法在高等数学、力学中均有涉及，本节仅对力学中的微元法进行简要介绍。如果一物体在外力(包括体力和面力)作用下处于平衡状态，则将其分割成若干个任意形状的单元体以后，每一个单元体仍然是平衡的；同样地，分割后每一个单元体的平衡，也保证了整个物体的平衡。基于这样的理由，假想穿过物体作三组分别与 3 个坐标平面平行的截面，在物体内部，它们把物体分割成无数个微分平行六面体；在靠近物体的表面，只要这三组平面取得足够密，则不失一般性地被切割成微分四面体，如图 1-2 所示。

物体内任意一个微分平行六面体的三条棱边分别为 $\mathrm{d}x$、$\mathrm{d}y$ 与 $\mathrm{d}z$，为简单起见，使 3 个坐标轴与 3 个棱边重合。设在 $x=0$ 的微分面上的应力分量为 σ_x、τ_{xy} 与 τ_{xz}，因为平行六面体的每一个面是无限小的，所以作用在这些面上的应力可看成是均匀分布的，它们的指向按假定应该和坐标轴的正方向相反。在 $x=\mathrm{d}x$ 的微分面上，位置 x 的增量为 $\mathrm{d}x$，将它们按多元函数泰勒级数展开并精确到一阶微量，则该微分面上各应力可分别表示为

$\sigma_x + \dfrac{\partial \sigma_x}{\partial x}\mathrm{d}x$、$\tau_{xz} + \dfrac{\partial \tau_{xz}}{\partial x}\mathrm{d}x$ 和 $\tau_{xy} + \dfrac{\partial \tau_{xy}}{\partial x}\mathrm{d}x$，它们的指向按假定应与坐标轴的正方向一致。

同理可标出其他 4 个微分面上的应力分量，如图 1-3 所示。

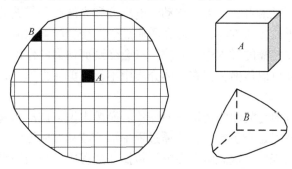

图 1-2　微元法分割示意图

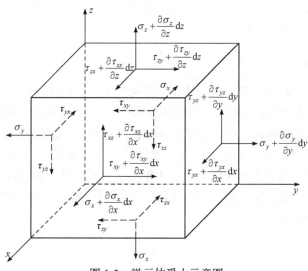

图 1-3　微元体受力示意图

1.2.4　横波与纵波

波动是能量或动量通过介质传播的普遍现象。根据波的振动方向与传播方向的关系，可分为横波和纵波，其传播过程如图 1-4 所示。

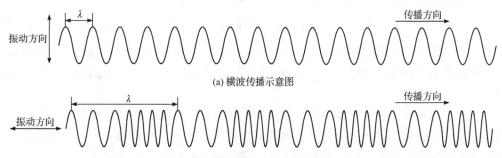

(a) 横波传播示意图

(b) 纵波传播示意图

图 1-4　横波与纵波传播示意图

横波是指在传播路径上，波动的方向垂直于波动的传播方向。简单来说，就是波动的起伏方向与波的传播方向垂直。横波的特点是介质粒子在传播过程中沿垂直于波动方向的轨迹振动，而不是沿着波动方向移动。电磁波和光波都是横波的典型案例。由于横波的波动方向垂直于波传播方向，因此介质质点受到交变的剪切应力作用并产生剪切变形。这意味着在横波传播的过程中，介质质点会受到剪切力的作用，从而引起形状的改变。在固体中，横波可以传播，但在流体介质中不存在剪切力作用，因此在流体介质中横波不能传播。

纵波的波动的方向与波动的传播方向一致。简单来说，波动的起伏方向与波的传播方向相同。纵波的特点是介质粒子在传播过程中沿着波动方向振动，介质质点受到交变拉压应力作用并伸缩变形。这意味着在纵波传播的过程中，介质质点会受到拉伸和压缩的交替作用变形。声波是纵波的一个常见例子，它是通过介质分子的前后振荡向前传播的。值得注意的是，地震波中既包含横波也包含纵波，纵波传递较快，横波传递相对较慢，但是横波带来的破坏性更大。

1.2.5 波速的概念

波速是指单位时间内一定的振动状态所传播的距离。由于波的某一振动状态总是与某一相值相联系，即单位时间内某种一定的振动相所传播的距离，称为波速。对于单一频率的波，波速又称为相速，通常以字母 c 表示，国际单位是米/秒(m/s)。波的不同特征定义了其不同的具体含义。单色波波速 c 与波长 λ 、波源振动频率 f 之间的关系为：$c = \lambda f$ 。机械波的传播速度大小完全取决于媒质本身的弹性性质和惯性性质，即取决于媒质的弹性模量和密度。在室温下，声波在空气中的传播速度约为343m/s；声波在水中的传播速度约为1500m/s 。

1.2.6 简谐波动假设

简谐波是一种理想化的行波，就一维波动而言，它的波形随空间坐标 x 呈简谐变化，在空间点随时间的振动具有简谐形式。简谐波动假设是一个基本而重要的理论工具，用于描述和分析声波和振动的传播行为。通过简谐波动假设，可以利用简谐运动来简化和理解复杂的声与振动现象。当简谐运动传播到空间中时，形成的波动称为简谐波动。简谐波动的位移可以用以下形式表示

$$\xi(x,t) = \xi_{\mathrm{A}} \cos(kx - \omega t + \varphi_0) \tag{1.2.10}$$

式中，ξ_{A} 为振幅；k 为波数；ω 为角频率；t 为时间；φ_0 为初始相位角。在后面简谐运动的表达式中，在括号里使用 $kx - \omega t$ 来表示波的正传播方向，对于反向传播的波通常使用 $kx + \omega t$ 。

在声学分析中，声波是由介质中质点的振动传播形成的，声波在空气中的传播可以用简谐波动来描述，其压力变化和位移均满足简谐波动方程。同时，利用简谐波动可以对声波进行傅里叶分析，得到其频谱特性，进而分析噪声源和声场分布。

在振动分析中，简谐波动假设同样具有重要作用。在机械系统中两种常见的振动形

式：自由振动和受迫振动，可以用简谐波动假设来描述，特别是在分析系统的固有频率和共振现象时。同时，简谐波动假设是模态分析的基础，通过正弦和余弦函数的叠加，可以得到系统的各种振动模态。

简谐波动假设用正弦和余弦函数表示，使得微分方程的求解和物理现象的描述更加简洁。但是简谐波动假设也具有局限性，假设波动过程中没有能量损耗，而实际情况中，流体介质的黏性和热效应等都会导致能量损耗。同时，假设波动的形状是理想的正弦或余弦函数，而实际波动可能受到非均匀介质等因素的影响，呈现出更复杂的形式。

■ 1.3　边界条件与数学分析方法

1.1.1 节给出的波动方程包含未知数 $u(x,t)$ 及其自变量的偏导数，所以是偏微分方程。对于一个偏微分方程来说，如果有一个函数 $u(x,t)$ 具有方程中所需的各阶偏导数，且代入方程中能使方程成为恒等式，就称这个函数为方程的解。但是仅依靠波动方程(1.1.5)无法确定弦振动的实际情况，因此还需要给出其他条件以确定弦的运动。

1.3.1　波动方程初值与边值问题

在上述提出的弦振动问题中，弦的两端被固定在 $x=0$ 和 $x=l$ 两点，因此有边界条件

$$u(x,t)\big|_{x=0,x=l} = 0 \tag{1.3.1}$$

记弦在初始时刻 $t=0$ 时的位置和速度为

$$\begin{cases} u(x,t)\big|_{t=0} = \varphi(x) \\ \dfrac{\partial u(x,t)}{\partial t}\bigg|_{t=0} = \psi(x) \end{cases} \tag{1.3.2}$$

其中 $0 \leqslant x \leqslant l$，方程(1.3.2)称为初始条件，也称初值条件。

边界条件与初始条件总称为定解条件，把波动方程(1.1.5)和定解条件(1.3.1)与(1.3.2)结合起来，可得到如下定解问题：

波动方程

$$\frac{\partial^2 u}{\partial t^2} - a^2 \frac{\partial^2 u}{\partial x^2} = F \tag{1.3.3}$$

边界条件

$$u\big|_{x=0} = u\big|_{x=l} = 0 \tag{1.3.4}$$

初始条件

$$u\big|_{t=0} = \varphi(x), \quad \frac{\partial u}{\partial t}\bigg|_{t=0} = \psi(x) \tag{1.3.5}$$

取值范围 $t>0$，$0<x<l$。

在上述定解问题中，若其定解条件只有初始条件，则称其为初值问题，也称为柯西(Cauchy)问题。同理，若其定解条件只有边界条件，则称其为边值问题。倘若定解问题中既有初始条件，又有边界条件，则称为初边值问题，或混合问题。

关于边界条件一般分为以下三类：

(1) 形如式(1.3.4)的边界条件为第一类边界条件，又称为狄利克雷(Dirichlet)边界条件，其描述了两端固定状态。

(2) 若一端处于自由状态，即可以在垂直于水平方向上自由滑动，未受到垂直方向外力作用时

$$\left.\frac{\partial u}{\partial x}\right|_{x=0}=\mu(t) \tag{1.3.6}$$

其中 $\mu(t)$ 是 t 的已知函数。这类边界条件称为第二类边界条件，又称诺依曼(Neumann)边界条件。

(3) 一端固定在弹性支承上，此时支承的伸缩情况符合胡克定律。倘若弹性支承的初始位置为 $u=0$，则 u 在端点的值表示该端点的伸长量。此时

$$\left.\left(\frac{\partial u}{\partial x}+\sigma u\right)\right|_{x=l}=\upsilon(t) \tag{1.3.7}$$

其中 $\upsilon(t)$ 是 t 的已知函数。这类边界条件称为第三类边界条件，又称罗宾(Robin)边界条件。

上述三类边界条件描述的是最基础的情况，而弹性体振动的边界条件应根据实际情况具体分析。例如弦振动或梁纵振动两端固支的情况，主要的边界条件是第一类边界条件，即在边界上给定位移的值为0。但是梁的弯曲振动两端固支分析时除了包含位移为0，还需考虑斜率条件，即在边界处斜率为零，表征在边界处没有转动。该边界条件可表示为 $\left.\frac{\partial u}{\partial x}\right|_{x=0}=\left.\frac{\partial u}{\partial x}\right|_{x=l}=0$，这又是第二类边界条件，因此这两种边界条件共同确保了梁弯曲振动时两端固定支承的实现。

实际上还有更为复杂的边界条件，如简支、自由边界、弹性边界等，表征这类边界条件需要使用到变量的二阶、三阶等更高阶导数。这里以梁为例简要介绍弹性边界的表达方法，如图 1-5 所示为两端带有弹性边界约束的梁结构，边界约束刚度分为用符号 k_{x0} 与 k_{xl} 标识的横向边界约束刚度以及用符号 K_{x0} 与 K_{xl} 标识的旋转边界约束刚度。

图 1-5 带有弹性边界约束的梁

弹性边界条件下梁的边界方程可表示为

$$\begin{cases} k_{x0} u \big|_{x=0} = -D \dfrac{\partial^3 u}{\partial x^3} \bigg|_{x=0} \\[3mm] K_{x0} \dfrac{\partial u}{\partial x} \bigg|_{x=0} = D \dfrac{\partial^2 u}{\partial x^2} \bigg|_{x=0} \\[3mm] k_{xl} u \big|_{x=l} = D \dfrac{\partial^3 u}{\partial x^3} \bigg|_{x=l} \\[3mm] K_{xl} \dfrac{\partial u}{\partial x} \bigg|_{x=l} = -D \dfrac{\partial^2 u}{\partial x^2} \bigg|_{x=l} \end{cases} \tag{1.3.8}$$

　　实际上，弹性边界条件是一个通用性很强的边界条件，它可以退化到简支、固支、自由等其他经典的边界条件。例如：将横向和旋转边界约束刚度均设为一个很大的数值，弹性边界可表征固支边界；将横向边界约束刚度设为一个很大的数值，而将旋转边界约束刚度设为一个很小的数值，弹性边界可表征简支边界；将横向和旋转边界刚度均设为一个很小的数值，则弹性边界可表征自由边界。

1.3.2　分离变量法

　　在讨论分离变量法之前，先介绍叠加原理。几个外力作用在同一物体上所产生的加速度，可以用每个外力作用在该物体上所产生的加速度相加得出，这就是叠加原理，其应用范围非常广泛。叠加原理对于线性方程和线性定解条件描述的物理现象均成立，对于波动方程(1.1.5)，若 $u_1(x,t)$ 是方程

$$\frac{\partial^2 u}{\partial t^2} - a^2 \frac{\partial^2 u}{\partial x^2} = F_1 \tag{1.3.9}$$

的解，而 $u_2(x,t)$ 是方程

$$\frac{\partial^2 u}{\partial t^2} - a^2 \frac{\partial^2 u}{\partial x^2} = F_2 \tag{1.3.10}$$

的解。则对于任意的常数 C_1 与 C_2 ，函数

$$u = C_1 u_1(x,t) + C_2 u_2(x,t) \tag{1.3.11}$$

是方程

$$\frac{\partial^2 u}{\partial t^2} - a^2 \frac{\partial^2 u}{\partial x^2} = C_1 F_1 + C_2 F_2 \tag{1.3.12}$$

的解。在声学中，应用叠加原理可以将复杂声音分解为多个纯音的叠加。

　　在初值问题基础上，进一步考察初边值问题，可使用分离变量法进行求解。分离变量法的特点是利用具有变量分离形式的特解来构造初边值问题的解。19 世纪初，傅里叶(Fourier)首先利用该方法求解了偏微分方程，故分离变量法也称为傅里叶方法。

　　利用叠加原理，波动方程的初边值问题可分为以下两个初边值问题

$$
\begin{cases}
\dfrac{\partial^2 u_1}{\partial t^2} - a^2 \dfrac{\partial^2 u_1}{\partial x^2} = 0 & (t>0, 0<x<l) \\[3mm]
u_1\big|_{t=0} = \varphi(x), \quad \dfrac{\partial u_1}{\partial t}\bigg|_{t=0} = \psi(x) & (0<x<l) \\[3mm]
u_1\big|_{x=0} = u_1\big|_{x=l} = 0 & (t>0)
\end{cases}
\tag{1.3.13}
$$

$$
\begin{cases}
\dfrac{\partial^2 u_2}{\partial t^2} - a^2 \dfrac{\partial^2 u_2}{\partial x^2} = F & (t>0, 0<x<l) \\[3mm]
u_2\big|_{t=0} = 0, \quad \dfrac{\partial u_2}{\partial t}\bigg|_{t=0} = 0 & (0<x<l) \\[3mm]
u_2\big|_{x=0} = u_2\big|_{x=l} = 0 & (t>0)
\end{cases}
\tag{1.3.14}
$$

并且显然 $u = u_1 + u_2$。

方程(1.3.13)是方程(1.3.14)的齐次化形式,因此关键在于如何求解方程(1.3.13)。

由叠加原理可知,一个复杂的振动往往可以分解成多个简单振动的叠加,相对于每种简单振动,其波形保持不变,从而当时间发生变化时各点的振幅做同步的变化。也就是说,每种简单振动具有形式为

$$
u(x,t) = X(x)T(t)
\tag{1.3.15}
$$

的特殊解,而整个复杂振动过程可以通过这种特殊解的叠加得到。将可分离变量的特解(1.3.15)代入方程组(1.3.13)的第一式,并进行分离变量后得到

$$
\frac{T''(t)}{a^2 T(t)} = \frac{X''(x)}{X(x)}
\tag{1.3.16}
$$

式(1.3.16)左边是仅与时间变量 t 相关的函数,右边是仅与空间变量 x 相关的函数,假设方程两端均等于 $-\lambda$,则可得

$$
T''(t) + \lambda a^2 T(t) = 0
\tag{1.3.17}
$$

和

$$
X''(x) + \lambda X(x) = 0
\tag{1.3.18}
$$

通过求解方程(1.3.17)和(1.3.18)即可确定 $X(x)$ 和 $T(t)$,从而得到方程(1.3.13)的特解(1.3.15)。

首先分析方程(1.3.18)的通解,其通解随 $\lambda>0$、$\lambda=0$ 和 $\lambda<0$ 而不同,当 $\lambda>0$ 时,存在

$$
\lambda = \lambda_k = \frac{k^2\pi^2}{l^2} \qquad (k=1,2,\cdots)
\tag{1.3.19}
$$

此时可以得到一簇非零解

$$
X_k(x) = C_k \sin\frac{k\pi}{l}x \qquad (k=1,2,\cdots)
\tag{1.3.20}
$$

称 $X_k(x)$ 为常微分方程(1.3.18)满足边界条件 $X(x)\big|_{x=0} = X(x)\big|_{x=l} = 0$ 的特征函数，而 λ_k 称为相应的特征值。

将特征值 λ_k 代入方程(1.3.17)，可得到其通解为

$$T_k(t) = A_k \cos\frac{k\pi a}{l}t + B_k \sin\frac{k\pi a}{l}t \qquad (k=1,2,\cdots) \tag{1.3.21}$$

其中 A_k 与 B_k 为常数。

这样就可以得到满足方程(1.3.13)的特解

$$u(x,t) = \sum_{k=1}^{\infty}\left(A_k \cos\frac{k\pi a}{l}t + B_k \sin\frac{k\pi a}{l}t\right)\sin\frac{k\pi}{l}x \tag{1.3.22}$$

逐级求导后可得到 A_k、B_k 与 $\varphi(x)$、$\psi(x)$ 之间的关系，从而求解出 A_k 与 B_k 为

$$\begin{cases} A_k = \dfrac{2}{l}\displaystyle\int_0^l \varphi(x)\sin\frac{k\pi}{l}\xi\mathrm{d}\xi \\[3mm] B_k = \dfrac{2}{k\pi a}\displaystyle\int_0^l \psi(x)\sin\frac{k\pi}{l}\xi\mathrm{d}\xi \end{cases} \tag{1.3.23}$$

上述方法即为分离变量法。现讨论非齐次方程(1.3.14)的初边值问题，依旧采用齐次化原理，若初值问题

$$\begin{cases} \dfrac{\partial^2 W}{\partial t^2} - a^2\dfrac{\partial^2 W}{\partial x^2} = 0 \\[3mm] W\big|_{t=\tau} = 0, \quad \dfrac{\partial W}{\partial t}\Big|_{t=\tau} = 0 \\[3mm] W\big|_{x=0} = W\big|_{x=l} = 0 \\[3mm] t > \tau,\ 0 < x < l \end{cases} \tag{1.3.24}$$

的解为 $W(x,\tau)$，其中 $\tau \geqslant 0$，则

$$u(x,t) = \int_0^t W(x,\tau)\,\mathrm{d}\tau \tag{1.3.25}$$

就是初边值问题(1.3.14)的解。

令 $t' = t - \tau$，初边值问题(1.3.24)可化为

$$\begin{cases} \dfrac{\partial^2 W}{\partial t'^2} - a^2\dfrac{\partial^2 W}{\partial x^2} = 0 & (t' > 0, 0 < x < l) \\[3mm] W\big|_{t'=0} = 0, \quad \dfrac{\partial W}{\partial t}\Big|_{t'=0} = F(x,\tau) & (0 < x < l) \\[3mm] W\big|_{x=0} = W\big|_{x=l} = 0 & (t' > \tau) \end{cases} \tag{1.3.26}$$

由于方程及边界条件都是齐次的，因此方程(1.3.26)可直接应用上述分离变量法所得的结果，初边值问题(1.3.14)的解为

$$u(x,t) = \int_0^t W(x,\tau)\,\mathrm{d}\tau = \sum_{k=1}^{\infty}\int_0^t B_k(\tau)\sin\frac{k\pi a}{l}(t-\tau)\,\mathrm{d}\tau \cdot \sin\frac{k\pi}{l}x \tag{1.3.27}$$

其中

$$B_k(\tau) = \frac{2}{k\pi a} \int_0^l F(\xi,\tau) \sin \frac{k\pi}{l} \xi \, \mathrm{d}\xi \qquad (1.3.28)$$

总结分离变量法基本步骤如下：

(1) 分离变量。要求偏微分方程和边界条件都是齐次的，分离变量的结果是得到一个或多个含有待定系数的齐次常微分方程和齐次边界条件，即特征值问题。

(2) 求解特征值。

(3) 求出全部特解，并通过特解的叠加获得一般解。

(4) 利用特征函数的正交性确定叠加系数。

1.3.3 行波法

为了考察利用行波法求解波动方程的定解问题，首先从边界影响可忽略不计的最基础的情形入手。倘若物体的长度很长，且考察的运动时间较短、距离边界较远，那么边界条件的影响就可以忽略，该问题可表示为

$$\begin{cases} \dfrac{\partial^2 u}{\partial t^2} - a^2 \dfrac{\partial^2 u}{\partial x^2} = F(x,t) & (t>0, -\infty < x < \infty) \\[3mm] u\big|_{t=0} = \varphi(x), \quad \dfrac{\partial u}{\partial t}\bigg|_{t=0} = \psi(x) & (-\infty < x < \infty) \end{cases} \qquad (1.3.29)$$

该问题为初值问题，不难看出微分方程与定解条件都是线性的，因此叠加原理同样成立，若函数 $u_1(x,t)$ 和 $u_2(x,t)$ 分别是下述初值问题

$$\begin{cases} \dfrac{\partial^2 u}{\partial t^2} - a^2 \dfrac{\partial^2 u}{\partial x^2} = 0 & (t>0, -\infty < x < \infty) \\[3mm] u\big|_{t=0} = \varphi(x), \quad \dfrac{\partial u}{\partial t}\bigg|_{t=0} = \psi(x) & (-\infty < x < \infty) \end{cases} \qquad (1.3.30)$$

和

$$\begin{cases} \dfrac{\partial^2 u}{\partial t^2} - a^2 \dfrac{\partial^2 u}{\partial x^2} = F(x,t) & (t>0, -\infty < x < \infty) \\[3mm] u\big|_{t=0} = 0, \quad \dfrac{\partial u}{\partial t}\bigg|_{t=0} = 0 & (-\infty < x < \infty) \end{cases} \qquad (1.3.31)$$

的解，那么 $u = u_1(x,t) + u_2(x,t)$ 就是初值问题(1.3.29)的解。这表明：外力 $F(x,t)$ 和初始振动状态 $\varphi(x)$ 与 $\psi(x)$ 对整个振动过程所产生的综合影响，可以分解为单独只考虑外力因素或只考虑初始振动状态对振动过程所产生影响的叠加。

首先求解初值问题(1.3.30)，引入自变量 $\xi_1 = x - at$ 和 $\xi_2 = x + at$，利用复合函数求导法则，可以得到

$$\frac{\partial^2 u}{\partial t^2} - a^2 \frac{\partial^2 u}{\partial x^2} = -4a^2 \frac{\partial^2 u}{\partial \xi_1 \partial \xi_2} \qquad (1.3.32)$$

由于 $a^2 > 0$ ，结合方程(1.3.30)第一式，可知

$$\frac{\partial^2 u}{\partial \xi_1 \partial \xi_2} = 0 \tag{1.3.33}$$

方程(1.3.33)的通解可表示为

$$u(\xi_1, \xi_2) = u_1(\xi_1) + u_2(\xi_2) \tag{1.3.34}$$

其中 u_1 和 u_2 是任意两个可微分的单变量函数。

再代回到原来的自变量，就可将方程(1.3.30)的通解表示为

$$u(x,t) = u_1(x - at) + u_2(x + at) \tag{1.3.35}$$

利用此通解表达式，可由初始条件确定函数 u_1 和 u_2 ，从而求出方程(1.3.30)的解

$$u(x,t) = \frac{\varphi(x - at) + \varphi(x + at)}{2} + \frac{1}{2a}\int_{x-at}^{x+at} \psi(\alpha)\,\mathrm{d}\alpha \tag{1.3.36}$$

从式(1.3.35)可见，自由振动情况下波动方程的解，可以表示成形如 $u_1(x - at)$ 和 $u_2(x + at)$ 两个函数的和，由此可以清楚地看出波动传播的性质。

结合图 1-6 所示波传播示意图，取 $u(x,t) = u_1(x - at)$ ， $a > 0$ 作为齐次波动方程的解。给 t 不同的取值，可以得到一维自由振动物体在各时刻位移的变化。在 $t = 0$ 时， $u_1(x,t)\big|_{t=0}$ 对应于初始振动状态，如图 1-6 实线所示。经过时刻 t_0 后， $u_1(x,t)\big|_{t=t_0}$ 表示相对于原来的图形向右平移了一段距离 at_0 ，如图 1-6 虚线所示。随着时间的推移，图形不断地向右移动，振动的波形以速度 a 向右传播。因此，齐次波动方程的解形如 $u_1(x - at_0)$ 所描述的运动规律，称为右传播波。同样，形如 $u_2(x + at_0)$ 的解，称为左传播波，其

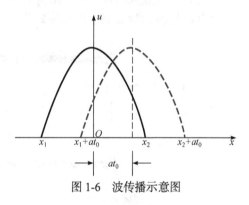

图 1-6　波传播示意图

描述的振动波形以速度 a 向左传播。由此知道，方程(1.3.29)中出现的常数 a ，表示波动的传播速度。上述把定解问题的解表示为右传播波和左传播波相叠加的方法称为行波法。

1.4　分布参数系统的数值分析方法

1.4.1　集中质量法

集中质量模型最初是从物理参数分布很不均匀或相对集中的实际系统中抽象出来的。人们一般把惯性相对大而弹性相对较小的部件看作集中质量，而把惯性相对小而弹性相对很大的部件看作无质量的弹簧，不计其质量或者把分布质量折合到集中质量上，从而得到集中质量模型。后来这一方法推广应用到均匀或近似均匀的弹性体建模上，把

结构划分为若干单元，把每个单元的分布质量按静力学平行力分解原理，集中在单元的两个端点。这样，便把一个具有无限自由度系统的结构离散为一个具有若干集中质量的有限自由度系统。集中质量间的连接刚度仍与原结构的相应刚度相同。用图 1-7 所示的两端简支的均匀梁来说明这一方法，ρ 为梁的线密度，EI 为梁的弯曲刚度。

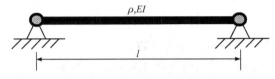

图 1-7　两端简支梁示意图

将梁等分为两段，并将每段的分布质量按静力等效的原则平均分到该段的两端，如图 1-8(a)所示，支座处的集中质量不影响梁的弯曲，则梁简化为单自由度系统，等效质量 $m = \rho l / 2$，柔度系数 $r = l^3 / 48EI$，由此一阶固有频率为

$$\omega_1 = \sqrt{\frac{1}{mr}} = \sqrt{\frac{1}{\dfrac{\rho l}{2} \times \dfrac{l^3}{48EI}}} = 9.798 \sqrt{\frac{EI}{\rho l^4}} \tag{1.4.1}$$

若将此梁分成三段，则梁相应地简化为二自由度系统，如图 1-8(b)所示。求出质量矩阵，并由材料力学知识求出柔度矩阵后，可以计算出相应的系统固有频率。

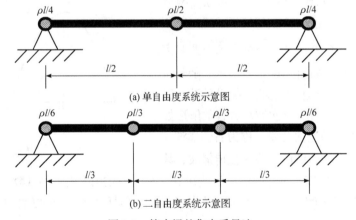

(a) 单自由度系统示意图

(b) 二自由度系统示意图

图 1-8　简支梁的集中质量法

不同分段情况下求解出的系统固有频率近似解与精确解的比较如表 1-1 所示。

表 1-1　固有频率精确解法与近似解法比较

连续梁	二自由度系统		单自由度系统	
精确解	近似解	误差	近似解	误差
$\omega_1 = 9.870 \sqrt{\dfrac{EI}{\rho l^4}}$	$9.859 \sqrt{\dfrac{EI}{\rho l^4}}$	0.1%	$9.798 \sqrt{\dfrac{EI}{\rho l^4}}$	0.7%
$\omega_2 = 39.48 \sqrt{\dfrac{EI}{\rho l^4}}$	$38.18 \sqrt{\dfrac{EI}{\rho l^4}}$	3.3%	—	—

　　集中质量法能给出良好的近似结果，故在工程上常被采用。但在选择集中质量的个数与位置时，需注意结构的振动形式，通常应将质量集中在振幅较大处，才能使所得频率值较为准确。如果要求更高阶的固有频率或要提高计算的精度，就要划分更多的梁段。

1.4.2　假设模态法

　　假设模态法是将弹性体振动离散化处理的另一种方法，其思想与模态叠加法一致，都是将物理空间中耦合的系统振动方程在主模态空间展开，得到完全解耦的振动方程，不同的是其使用假设模态来代替系统真实的模态函数。首先假设结构有若干个假设模态 $\varphi_i(x)$，各假设模态的运动可以表示为 $\varphi_i(x)q_i(t)$，$q_i(t)$ 为待定的广义坐标。由此连续系统的运动可以表示为这些假设模态运动的线性组合，连续系统离散为一个模态空间上的等效系统。

　　对于梁的弯曲振动，可将其振动位移表示为

$$\xi(x,t) = \sum_{i=1}^{n} \varphi_i(x)q_i(t) \tag{1.4.2}$$

式中，假设模态 $\varphi_i(x)$ 是满足位移边界条件的函数，又称给定边值问题的容许函数，有时 $\varphi_i(x)$ 也会取同时满足位移边界和力边界条件的函数，此时称为给定边值问题的比较函数；$q_i(t)$ 为与假设模态相对应的广义坐标。

　　式(1.4.2)可以改写成矩阵形式，即

$$\xi(x,t) = \boldsymbol{\Phi}^{\mathrm{T}} \boldsymbol{q} \tag{1.4.3}$$

式中，$\boldsymbol{\Phi}(x) = \left[\varphi_1(x), \varphi_2(x), \cdots, \varphi_n(x) \right]^{\mathrm{T}}$，$\boldsymbol{q}(t) = \left[q_1, q_2, \cdots, q_n \right]^{\mathrm{T}}$。

　　假设梁上没有附加质量和弹性支撑，弯曲振动时不计剖面转动惯量的影响，也不考虑剪切变形，则梁的动能与势能分别为

$$T = \frac{1}{2} \int_0^l \rho(x) S \left(\frac{\partial \xi(x,t)}{\partial t} \right)^2 \mathrm{d}x = \frac{1}{2} \int_0^l \rho(x) S \left(\dot{\boldsymbol{q}}^{\mathrm{T}} \boldsymbol{\Phi}^{\mathrm{T}} \right) \left(\boldsymbol{\Phi} \dot{\boldsymbol{q}} \right) \mathrm{d}x = \frac{1}{2} \dot{\boldsymbol{q}}^{\mathrm{T}} \boldsymbol{M} \dot{\boldsymbol{q}} \tag{1.4.4}$$

$$V = \frac{1}{2} \int_0^l EI \left(\frac{\partial^2 \xi(x,t)}{\partial x^2} \right)^2 \mathrm{d}x = \frac{1}{2} \int_0^l EI \left(\boldsymbol{q}^{\mathrm{T}} \boldsymbol{\Phi}''^{\mathrm{T}} \right) \left(\boldsymbol{\Phi}'' \boldsymbol{q} \right) \mathrm{d}x = \frac{1}{2} \boldsymbol{q}^{\mathrm{T}} \boldsymbol{K} \boldsymbol{q} \tag{1.4.5}$$

式中

$$\begin{cases} \boldsymbol{M} = \int_0^l \rho(x) S \boldsymbol{\Phi}^{\mathrm{T}} \boldsymbol{\Phi} \mathrm{d}x = \left[m_{ij} \right] \\ \boldsymbol{K} = \int_0^l EI \boldsymbol{\Phi}''^{\mathrm{T}} \boldsymbol{\Phi}'' \mathrm{d}x = \left[k_{ij} \right] \end{cases} \tag{1.4.6}$$

其中

$$\begin{cases} m_{ij} = m_{ji} = \int_0^l \rho(x) S \varphi_i(x) \varphi_j(x) \mathrm{d}x \\ k_{ij} = k_{ji} = \int_0^l EI \varphi_i''(x) \varphi_j''(x) \mathrm{d}x \end{cases} \tag{1.4.7}$$

当梁受外扰力作用时，系统的拉格朗日方程为

$$\frac{\mathrm{d}}{\mathrm{d}t}\left(\frac{\partial T}{\partial \dot{q}_i}\right) - \frac{\partial T}{\partial q_i} + \frac{\partial V}{\partial q_i} = Q_i \tag{1.4.8}$$

式中，Q_i 为对应于广义坐标 q_i 的广义力。

假设外扰力为分布力 $F(x,t)$，梁上有虚位移 $\delta \xi = \sum\limits_{i=1}^{n} \varphi_i \delta q_i$，分布力在系统虚位移上做的虚功为

$$\delta W(t) = \int_0^l F(x,t) \delta \xi \mathrm{d}x \tag{1.4.9}$$

将式(1.4.2)代入式(1.4.9)可得

$$\delta W(t) = \int_0^l F(x,t) \left(\sum_{i=1}^{n} \varphi_i \delta q_i\right) \mathrm{d}x = \sum_{i=1}^{n} \left(\int_0^l F(x,t) \varphi_i(x) \mathrm{d}x\right) \delta q_i \tag{1.4.10}$$

按照广义力的定义有

$$\delta W(t) = \sum_{i=1}^{n} Q_i \delta q_i \tag{1.4.11}$$

从而广义力为

$$Q_i(t) = \int_0^l F(x,t) \varphi_i(x) \mathrm{d}x \tag{1.4.12}$$

写成矩阵形式为

$$\boldsymbol{Q}(t) = \left[Q_1(t), Q_2(t), \cdots, Q_n(t)\right]^{\mathrm{T}} \tag{1.4.13}$$

将动能、势能和广义力的表达式代入拉格朗日方程可得

$$\boldsymbol{M}\ddot{\boldsymbol{q}} + \boldsymbol{K}\boldsymbol{q} = \boldsymbol{Q}(t) \tag{1.4.14}$$

这样，弹性体的振动就转换为多自由度系统的振动问题，自由度的多少取决于假设模态的个数。与式(1.4.14)对应的系统自由振动微分方程为

$$\boldsymbol{M}\ddot{\boldsymbol{q}} + \boldsymbol{K}\boldsymbol{q} = 0 \tag{1.4.15}$$

设方程(1.4.15)的解为

$$\boldsymbol{q} = \boldsymbol{\alpha}\sin(\omega t + \varphi) \tag{1.4.16}$$

式中，$\boldsymbol{\alpha}$ 为待定常数向量。将式(1.4.16)代入式(1.4.15)可得

$$\left(\boldsymbol{K} - \omega^2 \boldsymbol{M}\right)\boldsymbol{\alpha} = 0 \tag{1.4.17}$$

由此可以解得 n 个特征值 ω_i 和相应的特征向量 $\boldsymbol{\alpha}_i$。ω_i 就是原连续系统的固有频率的近似值。

因为

$$\xi(x,t) = \boldsymbol{\Phi}^{\mathrm{T}}\boldsymbol{q} = \boldsymbol{\Phi}^{\mathrm{T}}\boldsymbol{\alpha}\sin(\omega t + \varphi) \tag{1.4.18}$$

故相应的第 i 阶固有频率的振型函数 $x_i(t)$ 为

$$x_i(t) = \boldsymbol{\Phi}^{\mathrm{T}}\boldsymbol{\alpha}_i = \boldsymbol{\alpha}_i^{\mathrm{T}}\boldsymbol{\Phi} \tag{1.4.19}$$

可以证明，这样得到的振型函数具有关于连续系统分布质量和分布刚度的正交性。

当考虑梁的纵振动或扭转振动时，只需相应地将势能表达式替换即可。若梁上有集中质量或弹性支撑时，只需要在计算梁的动能和势能时计入附加质量的动能和弹性支承的势能即可。

1.4.3 瑞利法

瑞利法是一种基于能量法的假设模态法，是根据机械能守恒定律得到的求解系统固有频率的近似方法。在前面的假设模态法中，如果级数式(1.4.2)仅取一项，即

$$\xi(x,t) = \varphi(x)q(t) \tag{1.4.20}$$

则式(1.4.15)的矩阵方程式变为

$$m\ddot{q} + kq = 0 \tag{1.4.21}$$

从式(1.4.21)可以直接求出系统的固有频率 $\omega = \sqrt{k/m}$ 。

从机械能守恒原理出发对瑞利法进行推导如下。设式(1.4.20)为梁按某一振型做弯曲振动的振动位移，其中 $q(t) = \sin(\omega t)$ ，ω 为该阶振型的固有频率。

由假设模态法得到梁中的动能和势能分别为

$$\begin{cases} T = \dfrac{1}{2}\displaystyle\int_0^l \rho(x)S\left[\dfrac{\partial \xi(x,t)}{\partial t}\right]^2 \mathrm{d}x \\[4mm] V = \dfrac{1}{2}\displaystyle\int_0^l EI\left[\dfrac{\partial^2 \xi(x,t)}{\partial x^2}\right]^2 \mathrm{d}x \end{cases} \tag{1.4.22}$$

对于保守系统，机械能守恒，即 $T_{\max} = V_{\max}$。将式(1.4.20)代入式(1.4.22)，可得

$$\begin{cases} T_{\max} = \dfrac{1}{2}\omega^2 \displaystyle\int_0^l \rho S \varphi^2(x)\mathrm{d}x = \omega^2 T^* \\[4mm] V_{\max} = \dfrac{1}{2}\displaystyle\int_0^l EI\varphi''^2(x)\mathrm{d}x \end{cases} \tag{1.4.23}$$

式中，T^* 为参考动能。定义瑞利商

$$R(\varphi) = \omega^2 = \frac{V_{\max}}{T^*} \tag{1.4.24}$$

从而可求得结构的固有频率。

理论上，当 $\varphi(x)$ 为准确的第 i 阶模态振型函数时，瑞利商即为相应的特征值，就可以求得第 i 阶固有频率的准确值。但事实上，真实的振型函数事先是不知道的，对于高阶振型，即使是近似的振型函数也不易获得。通常 $\varphi(x)$ 是满足边界条件的容许函数或比较函数，即假设模态，其越接近真实模态，由瑞利商求得的固有频率越准确。瑞利法一般

用来求解系统基频，实际计算中可选择梁的静挠度曲线函数，或选择条件相近的梁的精确解作为假设的振型函数。使系统按照假设模态的振型曲线振动，实质上相当于给系统增加了约束，而约束会使系统的刚度增加，因而求得的结果一般会大于真实的基频值。

1.4.4 里兹法

里兹法是瑞利法的改进，可以更精确地求出系统基频，也可以求出较高阶固有频率和主振型的近似值。里兹法的基本思想是计算系统瑞利商的极小值。它不是直接给出假设的振型函数，而是将其表示为若干个独立的基函数的线性组合，即

$$\varphi(x) = \sum_{i=1}^{n} \beta_i \psi_i(x) \tag{1.4.25}$$

式中，β_i 为待定系数；$\psi_i(x)$ 为里兹基函数。

基函数必须要满足几何边界条件，并且是连续可导的，可导阶数等于势能中对 x 的导数阶次，但并不需要满足微分方程。一旦将 $\psi_i(x)$ 选定后，求 $\varphi(x)$ 的问题转化为求 n 个待定参数 β_i 的问题，从而将无限自由度的连续系统转换为 n 自由度的离散系统。将上述振型函数代入瑞利商表达式，R、$T_{\max}$、$V_{\max}$、T^* 都是 β_i 的函数。

$$R(\varphi) = \frac{V_{\max}(\beta_1, \beta_2, \cdots, \beta_n)}{T^*(\beta_1, \beta_2, \cdots, \beta_n)} \tag{1.4.26}$$

为使瑞利函数取极小值，应满足极值条件

$$\frac{\partial R(\varphi)}{\partial \beta_i} = 0 \quad (i = 1, 2, \cdots, n) \tag{1.4.27}$$

从而得到 β_i 的齐次代数方程组，其非零解条件可用来计算系统的固有频率。

里兹法求解过程的实质是在假设的基张成的空间内寻找最佳的拟合振型。只要基函数选取合适，不仅可以得到比较精确的基频结果，还能较好地估计系统的前几阶固有频率。里兹法相当于使 β_{n+1}、β_{n+2} …为零并作为约束强加给系统，增加了系统的刚度，因此求得的固有频率一般会比真实的固有频率高。增加基函数的数目可以提高计算精度。当里兹法的基函数与假设模态法中的近似振型函数取的相同时，两种方法得到的计算结果一致。当里兹法的基函数仅取一项时，里兹法退化为瑞利法。

1.4.5 有限元法

在里兹法求解中需要对整个结构假设一系列的振型函数，这对复杂结构是极其困难的，而且对不同的问题要重新选择一系列的振型函数，这也是极其不方便的。有限元法实际上也是一种里兹近似解法，只是假设的振型函数不是定义在整个结构上的连续函数，而是分段插值的分段连续函数，而且对一种给定单元形式，对任何结构，在所有单元中都采用相同的插值函数。有限单元法的基本思想是将一个连续体看作由多个性质相同的单元所组成，这些单元在结点处相连，各单元内的位移由相应的各结点的待定位移通过插值函数来表示，按原问题的控制方程和约束条件求解出各结点处的待定位移。从而使

一个无限自由度的连续体的力学问题变为有限自由度的力学问题，使得求解微分方程的问题变为求解线性代数方程组的问题。有限元法一般采用位移法即以结点处的位移作为基本未知量，单元及整个结构的位移、应变、应力等所有参数都由结点位移来表示。有限元法的典型步骤如下：

(1) 将结构划分成单元。将结构划分为单元就是将结构离散为若干个性质相同的单元，具体划分应根据结构的几何形状、边界条件及荷载情况等来确定单元类型、形状及大小。

(2) 单元分析。将结构离散化为多个性质相同的单元后，需要对单个单元进行分析以得到结点力与结点位移之间的关系。通过单元分析建立单元刚度矩阵、单元质量矩阵、单元阻尼矩阵及单元激振力列阵。

(3) 集合成整体。将单元分析得到的单元刚度矩阵、质量矩阵、阻尼矩阵及单元激振力列阵集合成整体刚度矩阵、质量矩阵、阻尼矩阵及激振力列阵，从而得到整个结构的结点位移列阵及其导数与结点激振力列阵的关系。由此将连续体的振动问题转化为多自由度系统的振动问题。

(4) 数值求解。利用多自由度系统的求解方法可以求出系统的固有频率及在外激励作用下的响应。

以上仅是有限元法的一个简单介绍，近年来随着计算机的飞速发展，有限单元法已经发展成为相对独立完整的力学分支，进一步地了解可参考有关的论著。

1.4.6 边界元法

边界元法是在有限元法之后发展起来的一种较精确有效的方法，又称边界积分方程-边界元法。它以定义在边界上的边界积分方程为控制方程，通过对边界插值离散，化为代数方程组求解。它与基于偏微分方程的区域解法相比，由于降低了问题的维数，而显著降低了自由度数，边界的离散也比区域的离散方便得多，可用较简单的单元准确地模拟边界形状，最终得到阶数较低的线性代数方程组。又由于它利用微分算子的解析的基本解作为边界积分方程的核函数，而具有解析与数值相结合的特点，通常具有较高的精度。特别是对于边界变量变化梯度较大的问题，如应力集中问题，或边界变量出现奇异性的裂纹问题，边界元法被公认为比有限元法更加精确高效。由于边界元法所利用的微分算子基本解能自动满足无限远处的条件，因而边界元法特别便于处理无限域以及半无限域问题。边界元法的主要缺点是它的应用范围以存在相应微分算子的基本解为前提，对于非均匀介质等问题难以应用，故其适用范围远不如有限元法广泛，而且通常由它建立的求解代数方程组的系数阵是非对称满阵，对解题规模产生较大限制。对一般的非线性问题，由于在方程中会出现域内积分项，从而部分抵消了边界元法只要离散边界的优点。

与有限元法相比，边界元法有如下三个优点：第一，降维。边界元法可以将所分析模型的维数降低一维，而且不需像有限元法一样离散整个求解域，仅需要离散空间模型的边界，即对于二维和三维问题，可分别采用线单元和面单元离散边界，因此减少了离散单元数，并大大降低了模型网格划分的难度。第二，求解精度高。边界元法是一种半解析数值方法，具有解析与离散相结合的特点，求解精度比一般的数值方法高。其误差主要来源于边界单元的离散，累积误差小，便于控制。第三，适用于无限域问题。亥姆霍兹边界积分方程能自动满足无穷远处的辐射条件，无须特别处理外部问题在无限远处的边界条件，便于无限域声场分析。

声学边界元法的一般求解步骤主要包括：

(1) 建立声学问题的偏微分方程。针对具体问题，根据质量守恒定律、动量守恒定律，以及声学媒质的物态方程等，推导出所分析声学问题的偏微分方程表达式。

(2) 获取偏微分方程的基本解，又称格林函数。一般是求解适用于任意几何形状、无限域内单位激励下非齐次微分方程的特解，又称自由场格林函数。也可以建立满足边界条件的微分方程基本解，如满足狄利克雷、诺依曼等其他特定的边界条件，以便于复杂边界条件的数值分析计算。

(3) 将域内声学问题的偏微分方程转化为边界上的积分方程。以格林函数为权，对偏微分方程加权积分，再用格林积分定理，建立封闭结构表面上具有明确物理意义参数的积分方程表达式。对于非封闭的结构，可以建立结构表面上没有明确物理意义参数的积分表达式。

(4) 离散模型和边界条件，建立积分方程的线性代数方程组，求解模型的边界离散未知量。求得全部边界物理量后，分析其他目标声学物理量，如辐射声压、声强、声功率等。

1.4.7 统计能量分析法

使用基于模态的分析方法和有限元边界元等数值方法研究工程结构系统的动力学问题时，只局限于对能够清楚辨认的有限数量的低阶模态进行分析，随着结构变复杂、边界条件的增多，特别是随着结构频率的增高，模态数增多，利用这些方法进行计算非常困难，分析误差也随之增大。

统计能量分析(statistical energy analysis, SEA)是研究复杂结构系统动力学问题的有效方法之一，它的提出与发展为结构噪声与振动，特别是高频振动的分析开辟了广阔的前景。统计能量分析的基本思想是避开求解复杂的数理方程，代之以统计的方法研究系统各部分之间能量的传递和平衡，以得到简明的物理解答。

统计能量分析方法最初是由 Lyon 在 20 世纪 60 年代受电路中热噪声问题的启发而提出的，它把研究对象从用随机参数描述的总体中抽取出来，忽略被研究对象的具体细节，关心的是时域、频域和空间上的统计平均值，同时采用能量观点，为解决复杂系统宽带高频动力学问题提供了一个有力工具。

统计能量分析模型建立在以下基本假设上：

(1) 在模型中的各个子系统之间的耦合都是线性的、保守的。

(2) 在一个频带内，能量只在共振的模态间流动。

(3) 系统受宽带不相关随机激励。

(4) 给定频带内的独立子系统的所有共振模态的能量相同。

(5) 各子系统之间互易原理成立。

(6) 两子系统之间的能量流与这两个子系统的共振模态的能量差成正比。

统计能量分析法可以用功率流平衡方程来表征。根据系统的运动方程，通过模态法、波动法或格林函数，可获得子系统 i 的功率流平衡关系如下

$$P_{i,in} = \hat{E}_i + P_{id} + \sum_{\substack{j=1 \\ j \neq i}}^{N} P_{ij} \tag{1.4.28}$$

式中，$\hat{E}_i = \mathrm{d}E_i / \mathrm{d}t$，为子系统 i 的能量 E_i 的变化率；$P_{i,in}$ 为外界对子系统 i 的输入功率；P_{ij} 为从子系统 i 流向子系统 j 的功率。当系统做稳态振动时，$\hat{E}_i = 0$，在各子系统的激励相互独立(不相关)及保守弱耦合的情况下，式(1.4.28)可写为

$$P_{i,in} = \omega \eta_i E_i + \sum_{\substack{j=1 \\ j \neq i}}^{N} \left(\omega \eta_{ij} E_i - \omega \eta_{ji} E_j \right)$$

$$= \omega \sum_{k=1}^{N} \eta_{ik} E_i - \omega \sum_{\substack{j=1 \\ j \neq i}}^{N} \eta_{ji} E_j \quad (i = 1, 2, \cdots, N) \tag{1.4.29}$$

式中，$\eta_{ij} = \eta_i (i = 1, 2, \cdots, N)$。式(1.4.29)表明当系统进行稳态受迫振动时，第 i 个子系统输入功率($P_{i,in}$)除消耗在该子系统阻尼($\omega \eta_i E_i$)上外，其他应全部传输到相邻子系统，这就是经典的统计能量分析基本关系式。重写式(1.4.29)有

$$\sum_{j=1}^{N} L_{ij} E_j = \frac{P_{i,in}}{\omega} \quad (i = 1, 2, \cdots, N) \tag{1.4.30}$$

用简洁的矩阵符号表示为

$$[L]\{E\} = \frac{1}{\omega} \{P_{i,in}\} \tag{1.4.31}$$

式中，$\{E\}$ 为能量列阵，其转置表示为 $\{E\}^{\mathrm{T}} = \{E_1, E_2, \cdots, E_N\}$；$\{P_{i,in}\}$ 为输入功率列阵，其转置表示为 $\{P_{i,in}\}^{\mathrm{T}} = \{P_{1,in}, P_{2,in}, \cdots, P_{N,in}\}$；$[L]$ 是保守弱耦合系统损耗因子矩阵，其矩阵元素为

$$L_{ij} = \begin{cases} -\eta_{ij} & i \neq j \\ \sum_{k=1}^{N} \eta_{ik} & i = j \end{cases} \tag{1.4.32}$$

式中，L_{ij} 是子系统 i 的总损耗因子，它包含了子系统的内损耗因子和子系统间的耦合损耗因子。若已知研究对象中各子系统的内损耗因子及其间的耦合损耗因子：N^2 个 η_{ij} 及 N 个 $P_{i,in}$，则由式(1.4.32)可获得 E_i，由此可得各子系统 i 的动力学参数(如位移、速度、加速度、应力、声场压力等)。因此，可基于该方法进行声振环境预示、噪声降低、声振控制和故障诊断等工作。

习　题

1. 波动方程的推导过程中使用到了哪三个重要方程？它们分别代表什么物理意义？
2. 什么是横波？什么是纵波？二者有什么区别？
3. 阐述自由、固定和简支三种边界条件的定义及其数学表达。
4. 阐述分离变量法的基本步骤。
5. 阐述三种以上常用的动态系统研究方法并分析其适用范围。

第 2 章

质点振动系统与弹性体振动系统

声音的本质就是气体、液体、固体介质中的质点振动，声音的产生和传播都离不开介质的力学振动行为。一阵微风吹来，人们就会听到树叶运动而发出"沙沙"的响声。音乐家轻轻拨动琴弦，提琴就会发出美妙的曲调。医生将听筒的一端置于病人的心脏部位，就能从另一端听到心脏"嘭嘭"跳动的声音。这些都是振动产生和传播声音的例子。声有有利的一面，也有有害的一面。人们把不和谐的、令人反感的声音称为噪声。要抑制噪声的发生和传播，就必须了解噪声产生的原因和传播的规律，即必须具备振动基本知识。

现实生活中，振动现象是无处不在的。世界上所有的物质都处在运动中，运动的方式千姿百态，而振动就是物体运动的一种十分重要和特殊的形式。物体在振动过程中，某些物理量(位移、速度、加速度、电流、压力等)会时大时小，发生周期性变化。例如，钟摆的周期性摆动，汽轮机主轴和叶轮在周期旋转过程中由于微小的偏心而产生的振动，汽车在凹凸不平的路面上行驶时受到路面不断激励所发生的振动，高层建筑在风力作用下发生摇摆振动，等等。

振动学的研究范围十分广泛，本章主要介绍与声学问题联系比较密切的一些力学与振动的基础知识。

■ 2.1 振动基本概念

描述振动的物理量有：频率、位移、速度和加速度。

无论振动的方式多么复杂，通过傅氏变换都可以将一般性的振动离散成若干个简谐振动的形式。为了理论阐述的方便，本书只分析简谐振动的情况。若简谐振动的位移表示为

$$\xi = \xi_A \cos(\omega t - \varphi_0) \tag{2.1.1}$$

则简谐振动的速度 v 和加速度 a 可分别表示为

$$v = \frac{\mathrm{d}\xi}{\mathrm{d}t} = \omega \xi_A \cos\left(\omega t - \varphi_0 + \frac{\pi}{2}\right) \tag{2.1.2}$$

$$a = \frac{\mathrm{d}^2 \xi}{\mathrm{d}t^2} = \omega^2 \xi_A \cos(\omega t - \varphi_0 + \pi) \tag{2.1.3}$$

速度相位相对于位移提前了 $\frac{\pi}{2}$，加速度相位则提前了 π。

2.2 质点振动系统

质点振动系统就是假定：构成振动系统的物体，不论几何尺寸大小如何，都可看作一个物理量集中的系统。质点振动系统又称为集中参数系统。质点振动系统的最基本构成就是质量块和弹簧。在质点振动系统中，质量块的质量可认为是集中在一点上，整个弹簧的刚度是均匀的，也就是说弹性也可认为是集中在一点上，由此构成的运动系统的运动状态是均匀的。

任何物体都具有一定的几何尺寸，但是在一定的假设条件下，可以用质点振动系统来描述。判断实际振动系统是否可以简化为质点振动系统模型，就要看物体的几何尺寸相比物体中传播的振动波的波长的相对值。如果物体的几何尺度大于振动波的波长，这就意味着在振动过程中，物体上各个位置的瞬态振动存在显著差异，这种情况下振动系统不能用质点振动系统来描述。如果物体的几何尺寸与振动波的波长相比小得多，那么振动物体上各个位置的瞬态振动就可以看成是近似均匀的，这种情况下振动系统就可以近似为质点振动系统。需要特别强调的是：判断实际物体的振动能否作为质点振动系统来近似，并不取决于它的绝对几何尺寸大小，而要看它的几何尺寸与振动波波长的相对关系。

在质点振动系统的假设下，实际振动物体的振动分析就变得较为简单，振动规律也比较清晰和直观。

2.2.1 单自由度系统的自由振动

自由振动

一个振动系统的自由度是指在振动过程中任何瞬时都能完全确定系统在空间的几何位置所需要的独立坐标的数目。一个振动系统究竟有多少个自由度，不仅取决于系统本身的结构特性，还要根据所分析的振动问题的性质、要求的精度以及振动的实际情况等来确定。如图 2-1 所示的弹簧-质量系统，质量作为一个质点在空间有三个自由度，但是如果它只是在垂直方向做上下振动，则在振动过程中任何瞬时，系统的几何位置只需要一个独立坐标就可以完全确定，这时可视其为单自由度系统。

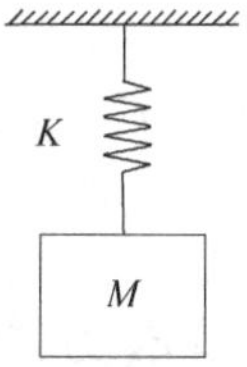

图 2-1 弹簧-质量系统

最简单的单自由度振动系统就是一个弹簧连接一个质量块的系统。把质量块的质量记作 M，把弹簧的刚度记作 K。在没有外力扰动的情况下，质量块受到的重力与弹簧的弹力相平衡，系统处于相对静止状态。将静止状态下质量块的位置称为平衡位置。以平衡位置为坐标原点，假设有一个外力突然在 x 方向推动或拉动质量块，使得弹簧产生拉伸或压缩并随即释放，此后质量块在弹簧弹力的作用下，将在平衡位置附近做往复运动，也就是发生了振动。如果外力仅在初始时刻使物体产生一个初位置或初速度，而在振动过程中并无外力作用，那么这种情况下质点振动系统的振动就称为自由振动。

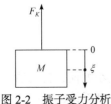

图 2-2　振子受力分析

对于图 2-1 所示的单自由度自由振动系统进行受力分析，如图 2-2 所示。

当质量块离开平衡位置，沿 x 轴正方向产生位移 ξ 时，弹簧也相应伸长 ξ，这时质点上就受到了弹簧的作用力。这里假设质点离开平衡位置的位移很小，以致弹簧的伸长或收缩没有超出弹性变形的限度，按照胡克定律，在弹性范围内，弹簧力的大小与变形量成正比，称为线性恢复力，并可表示为

$$F_K = -K\xi \tag{2.2.1}$$

式中，比例系数 K 就是弹簧的刚度系数，简称刚度，它等于使弹簧发生单位变形量所需要的力。有时也用其倒数来表示，刚度系数的倒数称为顺性系数，或简称力顺，它等于单位力产生的变形量。线性恢复力的作用就是使离开平衡位置的质点趋于恢复到平衡位置，因此线性恢复力的方向与质点位移的方向刚好相反。

按照牛顿第二运动定律，质点在线性恢复力的作用下产生加速度

$$M\frac{\mathrm{d}^2\xi}{\mathrm{d}t^2} = -K\xi \tag{2.2.2}$$

式(2.2.2)经过整理可以写成如下形式

$$\frac{\mathrm{d}^2\xi}{\mathrm{d}t^2} + \omega_0^2\xi = 0 \tag{2.2.3}$$

式中，角频率 $\omega_0 = \sqrt{K/M}$ 反映了系统的振动固有特性。式(2.2.3)是质点的自由振动方程。通过求解自由振动方程，就可以获得自由振动的一般规律。式(2.2.3)是对时间 t 的二阶齐次常微分方程，其解的一般形式可以写为两个简谐函数的线性迭加

$$\xi = A\cos(\omega_0 t) + B\sin(\omega_0 t) \tag{2.2.4}$$

式中，A、B 为两个待定常数，由运动的初始条件确定。式(2.2.4)也可写成另一种形式

$$\xi = \xi_A \cos(\omega_0 t - \varphi_0) \tag{2.2.5}$$

式中，ξ_A 为位移振幅；φ_0 为振动初相位。

振动问题也可以通过复数解来表示，采用复数解可以简化数学处理，式(2.2.3)的复数解为

$$\xi = \xi_A \mathrm{e}^{j\omega_0 t} \tag{2.2.6}$$

其中，ξ_A 由初始条件确定。当然采用复数解也有一些缺点，因为复数解不能直接地描述

物理问题的直观情况，在必要时还需对求解结果取实部(或虚部)。

不管采用哪一种解的形式，获得振动位移之后，由振动位移可以方便地获得振动速度 $v = \mathrm{d}\xi/\mathrm{d}t$ 和振动加速度 $a = \mathrm{d}^2\xi/\mathrm{d}t^2$ 。

运动自 $t = 0$ 时刻开始，经过 $t = T$ 时间又恢复到原来状态，T 就是振动的周期(图 2-3)。从式(2.2.5)可以得到振动的周期为

$$T = \frac{2\pi}{\omega_0} \tag{2.2.7}$$

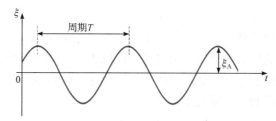

图 2-3　自由振动曲线图

对于上述的单自由度自由振动系统，频率 f 反映了系统振动的固有特性，因此称为固有频率，固有频率一般以符号 f_0 表示。对于上述分析的自由振动系统，其固有频率可以表示为

$$f_0 = \frac{1}{2\pi}\sqrt{\frac{K}{M}} \tag{2.2.8}$$

由式(2.2.8)可见：

(1) 当质点做自由振动时，其振动频率仅与系统的固有参量有关，而与振动的初始条件无关。自由振动系统的这一特性在日常生活中司空见惯。例如，当演奏者按动键盘类乐器的某一个按键时，不论按动的轻重如何，乐器所发出声音的频率是一定的，按得轻或按得重仅影响声音的强弱。

(2) 对于质点振动系统，质量越大，则系统的固有频率越低；刚度越大，则系统的固有频率越高。这一规律在振动与噪声控制中具有重要意义：通过改变系统的质量或刚度，就可以改变系统的固有频率，使之落于一定的频带范围之外，从而保证在人们所关心的频带范围内具有较小的振动或噪声。

2.2.2　单自由度系统的衰减振动

衰减振动

在前面所述的自由振动中，并未考虑运动的阻力。因此振动过程中机械能守恒，系统保持持久的等幅振动。但实际系统振动时不可避免地存在阻力，因而在一定时间内振动逐渐衰减直至停止。阻力有多种来源，例如，两个物体之间的干摩擦阻力，气体或液体介质的阻力，有润滑剂的两个面之间的摩擦力，由于材料的黏弹性而产生的内部阻力，等等。在振动中这些阻力统称为阻尼。

阻尼的存在将消耗振动系统中的能量，消耗的能量转变为热能和声能传播出去。有阻尼的自由振动也称为衰减振动。

不同的阻尼具有不同的性质。两个平滑接触面之间的摩擦力 F ，与两个面之间的法向压力 N 成正比，即

$$F = \alpha N \tag{2.2.9}$$

式中， α 称为摩擦系数。对于平滑接触面，摩擦系数 α 为常数；如果这两个接触面是粗糙的，则摩擦系数 α 就与速度有关，一般而言，速度越快摩擦系数 α 越小。

两个接触面之间如果有润滑剂，摩擦力取决于润滑剂的黏性和运动速度。两个相对滑动面之间存在一层连续油膜时，阻力与润滑剂的黏性和速度成正比，与速度方向相反，即

$$F = -Cv \tag{2.2.10}$$

式中， C 称为黏性阻尼系数。一个物体以低速在黏性液体中运动，或者像阻尼缓冲器那样，使液体从很狭窄的缝隙里通过，阻力与速度成正比，属于黏性阻尼。

黏性阻尼适合小振幅振动，如果物体以较大的速度(如 3m/s 以上)在气体或液体介质中运动，阻力将与速度的平方成正比，即

$$F = \beta v^2 \tag{2.2.11}$$

式中， β 为常数。

以上介绍了三种最基本的阻尼形式。振动分析中通常采用黏性阻尼作为基本分析模型。黏性阻尼由于与速度成正比，因此又称线性阻尼。线性阻尼的假设使得振动方程的求解大为简化，所以在有阻尼振动分析中一般都以黏性阻尼为基本模型。而非黏性阻尼一般通过黏性阻尼等效来近似处理。

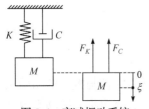

图 2-4 衰减振动系统

图 2-4 为衰减振动系统示意图。由于阻尼的存在，质量块在运动过程中比无阻尼自由振动系统多受一个力，即阻力的作用，将阻力附加到式(2.2.2)中可得到有阻尼自由振动系统的衰减振动方程为

$$M \frac{d^2 \xi}{dt^2} + C \frac{d\xi}{dt} + K\xi = 0 \tag{2.2.12}$$

式(2.2.12)可改写为

$$\frac{d^2 \xi}{dt^2} + 2\delta \frac{d\xi}{dt} + \omega_0^2 \xi = 0 \tag{2.2.13}$$

式中， $\delta = C/2M$ 为衰减系数。振动分析中常用的另一个表征阻尼特性的参数就是损耗因子 η ， $\eta = C/\omega_0 M$ 。损耗因子 η 与衰减系数 δ 和阻尼系数 C 之间满足如下关系

$$C = 2M\delta = M\omega_0\eta \tag{2.2.14}$$

衰减振动方程也是一个二阶齐次常微分方程。设其解为复数形式

$$\xi = e^{j\gamma t} \tag{2.2.15}$$

其中， γ 为待定常数，将此解代入方程(2.2.13)可得

$$\left(-\gamma^2 + j2\delta\gamma + \omega_0^2\right) e^{j\gamma t} = 0 \tag{2.2.16}$$

要使式(2.2.16)在任意时刻 t 都成立，则必须满足

$$-\gamma^2 + j2\delta\gamma + \omega_0^2 = 0 \tag{2.2.17}$$

求解二次代数方程式(2.2.17)可以得到

$$\gamma = j\delta \pm \sqrt{\omega_0^2 - \delta^2} \tag{2.2.18}$$

如果 $\delta \geqslant \omega_0$，则方程(2.2.13)的解为

$$\xi = \xi_A e^{-\left(\delta + \sqrt{\delta^2 - \omega_0^2}\right)t} + \xi_R e^{-\left(\delta - \sqrt{\delta^2 - \omega_0^2}\right)t} \tag{2.2.19}$$

式(2.2.19)是一个非振动状态的解，这种情况下质点仅仅是从非平衡位置恢复到平衡位置，而不具备周期振动的特点。当 $\delta = \omega_0$ 时，方程(2.2.13)的解为 $\xi = \xi_A(1+t)e^{-\delta t}$，对应的也是非振动状态的解。人们更为关心的是 $\delta < \omega_0$ 情况下，质点的衰减振动。当 $\delta < \omega_0$ 时，引入参数 $\omega_0' = \sqrt{\omega_0^2 - \delta^2}$，方程(2.2.13)的解为

$$\xi = \xi_A e^{-\delta t} \cdot e^{j\omega_0' t} \tag{2.2.20}$$

为了描述实际的衰减振动，应取式(2.2.20)的实部。式(2.2.20)中 ξ_A 由初始条件确定，可以是复数。在以后的分析中，凡是采用复数解形式之处不再作一一说明。

比较方程(2.2.20)和方程(2.2.6)，可以发现衰减振动比无阻尼自由振动多了一项指数衰减项 $e^{-\delta t}$，这种情况下位移振幅不再是常数，而是随时间作指数衰减。衰减系数越大，振幅衰减得越快。为了度量衰减的快慢，引入一个新的参量 τ，称为衰减模量，$\tau = 1/\delta$，它表示振幅衰减到初始值的 e^{-1} 倍所经历的时间，单位为秒。质点衰减振动规律如图 2-5 所示。

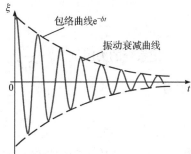

图 2-5　振动衰减曲线

2.2.3　单自由度系统的受迫振动

由于阻尼的作用，一个自由振动系统的振动不能维持很久，它会逐渐衰减直至停止。要使振动持续不停，就需要不断地从外界获得能量，这种受到外部持续作用而产生的振动称为受迫振动。

设有一个外力作用在一个单自由度振动系统上，如图 2-6 所示。一般将外力称为强迫力，假定强迫力随时间做简谐变化，即

$$F = F_A e^{j\omega t} \tag{2.2.21}$$

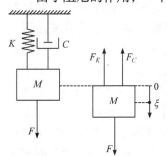

图 2-6　受迫振动系统

式中，F_A 为强迫力的幅值；$\omega = 2\pi f$ 为强迫力的角频率，f 为强迫力的频率。将强迫力加到质点振动系统，得到系统振动方程为

$$M\frac{d^2\xi}{dt^2} + C\frac{d\xi}{dt} + K\xi = F_A e^{j\omega t} \tag{2.2.22}$$

或写成

$$\frac{\mathrm{d}^2\xi}{\mathrm{d}t^2} + 2\delta\frac{\mathrm{d}\xi}{\mathrm{d}t} + \omega_0^2\xi = H\mathrm{e}^{\mathrm{j}\omega t} \tag{2.2.23}$$

式中，$H = \dfrac{F_A}{M}$ 为作用在单位质量上的外力幅值。方程(2.2.22)和方程(2.2.23)都是质点受迫振动方程。

受迫振动方程是二阶的非齐次常微分方程，其一般解为该方程的一个特解与相应的齐次方程一般解之和。此时获得了对应的自由振动方程的一般解，关键就是寻找一个特解，假设特解的形式为

$$\xi_1 = \xi_F\mathrm{e}^{\mathrm{j}\omega t} \tag{2.2.24}$$

式中，ξ_F 为待定常数。将式(2.2.24)代入振动方程(2.2.22)得到

$$\xi_F\left(-M\omega^2 + \mathrm{j}\omega C + K\right) = F_A \tag{2.2.25}$$

由此确定

$$\xi_F = \frac{F_A}{-M\omega^2 + \mathrm{j}\omega C + K} \tag{2.2.26}$$

记系统的力阻抗 $Z_M = \dfrac{F_A}{\mathrm{j}\omega\xi_F}$，其实部为力阻，虚部为力抗。式(2.2.26)用力阻抗可表示为

$$\xi_F = \frac{F_A}{\mathrm{j}\omega Z_M} \tag{2.2.27}$$

获得非齐次方程的特解和对应的齐次方程的通解之后，可以得到方程(2.2.22)的一般解的形式为

$$\xi = \xi_A\mathrm{e}^{-\delta t}\cdot\mathrm{e}^{\mathrm{j}\omega_0' t} + \xi_F\mathrm{e}^{\mathrm{j}\omega t} \tag{2.2.28}$$

式中的第一项为瞬态解，它描述了系统的自由衰减振动，仅在振动的开始阶段起作用，当时间足够长以后，它的影响逐渐减弱并最终消失。第二项为稳态解，它描述了系统在强迫力的作用下进行强制振动的状态，因为它的幅值恒定，所以称为稳态振动。从式(2.2.28)可以看到，当外力施加到质点振动系统以后，系统的振动状态比较复杂，它是自由衰减振动和稳态振动的合成，这种振动状态描述了受迫振动中稳态振动逐步建立的过程。当一定时间以后，瞬态振动消失，系统达到稳态振动(图2-7)。

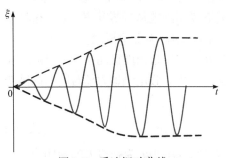

图 2-7 受迫振动曲线

对于大多数声学问题，更注重稳态振动分析，下面重点分析稳态振动的规律。设时间足够长以后，系统达到稳态，其位移可以表示为

$$\xi = \xi_A\mathrm{e}^{\mathrm{j}(\omega t - \theta)} \tag{2.2.29}$$

这是一种等幅简谐振动，这里振幅 ξ_A 是一个不随时间变化的实数，θ 表示振动位移与外力之间的相位关系，其振动频率就是外力的频率 f。振幅 ξ_A 与外力幅值 F_A、外力频率 f 以及系统的固有参数 M、K、C 有关

$$\xi_A = \frac{F_A}{\omega|Z_M|} = \frac{F_A}{\omega\sqrt{C^2 + \left(\omega M - \dfrac{K}{\omega}\right)^2}} \tag{2.2.30}$$

记力学品质因子 $Q = \dfrac{\omega_0 M}{C}$。力学品质因子 Q 与损耗因子 η 互为倒数。记 $\omega = 0$ 时的位移响应 $\xi_{A0} = \dfrac{F_A}{K}$，并作归一化处理，引入参量 $N_\xi = \dfrac{\xi_A}{\xi_{A0}}$。此外，引入参数 $z = \dfrac{\omega}{\omega_0} = \dfrac{f}{f_0}$ 表示外力频率与系统固有频率之比。对式(2.2.30)作适当变换后，得到归一化的位移振幅

$$N_\xi = \frac{\xi_A}{\xi_{A0}} = \frac{Q}{\sqrt{z^2 + \left(z^2 - 1\right)^2 Q^2}} \tag{2.2.31}$$

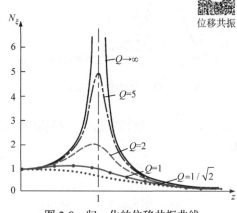

位移共振

　　归一化的位移振幅与外力幅值无关，下面讨论在不同的品质因子下，归一化的位移振幅随归一化的频率变化的规律。图 2-8 为归一化的位移频率特征曲线，也称为归一化的位移共振曲线，由图可见：在 $z \ll 1$ 的范围内曲线呈现一平坦区，N_ξ 值的极限值等于 1；在 $z = 1$ 附近曲线出现峰值，说明当外力频率接近系统固有频率时位移振幅将超出静态位移，这种现象称为位移共振。进一步，可以发现位移共振仅在 $Q > \dfrac{1}{\sqrt{2}}$ 时出现，Q 越大则共振现象越显著，

图 2-8　归一化的位移共振曲线

Q 趋于无穷大时共振极为强烈。品质因子 Q 趋于无穷大的物理解释就是系统无阻尼，可见适当增大阻尼有利于抑制位移共振。对式(2.2.31)求极值，可以得到位移共振频率为

$$f_r = f_0\sqrt{1 - \frac{1}{2Q^2}} \tag{2.2.32}$$

式(2.2.32)仅在 $Q > \dfrac{1}{\sqrt{2}}$ 情况下成立，当 $Q \leqslant \dfrac{1}{\sqrt{2}}$ 时不发生位移共振。

　　在振动和噪声控制中，除了对位移共振进行控制之外，有时还需对振动系统的速度共振或加速度共振进行控制，下面简单介绍速度共振和加速度共振。

　　式(2.2.29)对时间求导，得到速度响应为

$$v = \omega\xi_A e^{j\left(\omega t - \theta + \frac{\pi}{2}\right)} \tag{2.2.33}$$

由此得到速度振幅为

$$v_A = \omega \xi_A = \frac{F_A}{\sqrt{C^2 + \left(\omega M - \dfrac{K}{\omega}\right)^2}} \qquad (2.2.34)$$

同样，引入一个常数 $\dfrac{F_A}{\omega_0 M}$ 对速度振幅进行归一化处理，并用参量 N_v 来描述

$$N_v = \frac{v_A}{\dfrac{F_A}{\omega_0 M}} = \frac{zQ}{\sqrt{z^2 + \left(z^2 - 1\right)^2 Q^2}} \qquad (2.2.35)$$

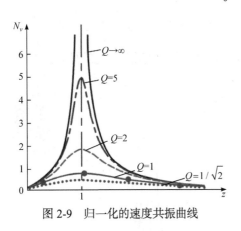

图 2-9　归一化的速度共振曲线

归一化的速度振幅与外力幅值无关，图 2-9 为归一化的速度共振曲线，由图可见：出现速度共振的条件是 $z=1$，即外力频率恰好等于系统的固有频率，$f_r = f_0$；发生速度共振时归一化的速度振幅恰好就等于系统的品质因子，即 $N_{vr} = Q$。

由速度共振曲线可以方便地获得振动系统的损耗因子，具体做法就是：在共振峰左右两侧找到速度振幅为共振峰值 $\dfrac{1}{\sqrt{2}}$ 倍的两个归一化频率 $z_1 = \dfrac{f_1}{f_0}$ 和 $z_2 = \dfrac{f_2}{f_0}$，它们的相对差值为 $z_2 - z_1 = \dfrac{\Delta f}{f_0}$。频带宽度 Δf、品质因子 Q 和损耗因子 η 之间满足如下关系

$$\frac{\Delta f}{f_0} = \eta = \frac{1}{Q} \qquad (2.2.36)$$

同样地，将速度响应对时间求导，可以得到系统的加速度响应

$$a = \omega^2 \xi_A e^{j(\omega t - \theta + \pi)} \qquad (2.2.37)$$

引入一个常数 $\dfrac{F_A}{M}$ 对系统的加速度幅值 $a_A = \omega^2 \xi_A$ 进行归一化处理，并用参量 N_a 描述，$\dfrac{F_A}{M}$ 表示了外力频率趋于无限大时的加速度极值

$$N_a = \frac{a_A}{\dfrac{F_A}{M}} = \frac{z^2 Q}{\sqrt{z^2 + \left(z^2 - 1\right)^2 Q^2}} \qquad (2.2.38)$$

图 2-10 为归一化的加速度共振曲线。由图可见：当 $z \gg 1$ 时曲线呈现一平坦区，其极限值为 1；在 $z=1$ 附近出现加速度共振，对式(2.2.38)求极值可以得到发生加速度共振的频率为

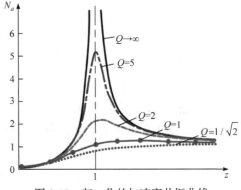

图 2-10　归一化的加速度共振曲线

$$f_r = f_0 \sqrt{\frac{2Q^2}{2Q^2 - 1}} \tag{2.2.39}$$

可以看出，只有当 $Q > \dfrac{1}{\sqrt{2}}$ 时才发生加速度共振；当 $Q \leqslant \dfrac{1}{\sqrt{2}}$ 时加速度共振现象消失。从图 2-10 可以发现：若使加速度共振曲线较为平坦，应当将品质因子 Q 控制在 1 附近。

以上简单介绍了位移共振、速度共振和加速度共振现象，并引入了一个重要参量：品质因子。无论对于哪一类共振曲线，品质因子越大则共振峰就越高而尖锐，品质因子越小则共振峰就越低而平坦。品质因子是质点振动系统的一个重要参量，它表示了质点振动系统的力学品质。

2.2.4　多自由度系统的振动特性*

相对于单自由度振动系统，多自由度振动系统中的振子存在相互耦合，因此呈现更复杂的振动特性。本节以图 2-11 所示的最基础的双振子耦合振动系统为例，分析耦合振动系统的振动规律。

图 2-11 中两个振子的质量分别为 M_1 和 M_2，弹簧的刚度分别为 K_1 和 K_2。根据牛顿第二定律，如此构成的无阻尼二自由度系统的自由振动方程可写为

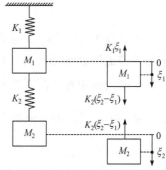

图 2-11　双振子耦合自由振动系统

$$\begin{cases} M_1 \dfrac{d^2 \xi_1}{dt^2} + K_1 \xi_1 + K_2 (\xi_1 - \xi_2) = 0 \\[2mm] M_2 \dfrac{d^2 \xi_2}{dt^2} + K_2 (\xi_2 - \xi_1) = 0 \end{cases} \tag{2.2.40}$$

式中，ξ_1 和 ξ_2 分别为两个振子沿 x 轴正方向产生的位移。式(2.2.40)是一个二阶齐次常微分方程组，假设其解为

$$\begin{cases} \xi_1 = \xi_A e^{j\omega t} \\[2mm] \xi_2 = \xi_B e^{j\omega t} \end{cases} \tag{2.2.41}$$

式中，ω 为该双振子耦合振动系统的固有频率；ξ_A 与 ξ_B 分别为质量 M_1 和 M_2 的振幅。

将式(2.2.40)和式(2.2.41)写成矩阵形式为

$$\begin{bmatrix} M_1 & 0 \\ 0 & M_2 \end{bmatrix} \begin{pmatrix} \ddot{\xi}_1 \\ \ddot{\xi}_2 \end{pmatrix} + \begin{bmatrix} K_1 + K_2 & -K_2 \\ -K_2 & K_2 \end{bmatrix} \begin{pmatrix} \xi_1 \\ \xi_2 \end{pmatrix} = \begin{pmatrix} 0 \\ 0 \end{pmatrix} \tag{2.2.42}$$

$$\begin{pmatrix} \xi_1 \\ \xi_2 \end{pmatrix} = \begin{pmatrix} \xi_A \\ \xi_B \end{pmatrix} e^{j\omega t} \tag{2.2.43}$$

将式(2.2.43)代入式(2.2.42)得到

$$\begin{bmatrix} K_1 + K_2 - M_1 \omega^2 & -K_2 \\ -K_2 & K_2 - M_2 \omega^2 \end{bmatrix} \begin{pmatrix} \xi_A \\ \xi_B \end{pmatrix} e^{j\omega t} = \begin{pmatrix} 0 \\ 0 \end{pmatrix} \tag{2.2.44}$$

要使得式(2.2.44)有非零解，其系数矩阵的行列式必须为零，即

$$\begin{vmatrix} K_1 + K_2 - M_1\omega^2 & -K_2 \\ -K_2 & K_2 - M_2\omega^2 \end{vmatrix} = 0 \tag{2.2.45}$$

整理上式可得频率方程为

$$M_1M_2\omega^4 - \left[M_1K_2 + M_2(K_1 + K_2) \right]\omega^2 + K_1K_2 = 0 \tag{2.2.46}$$

求解式(2.2.46)可得四个解，但由于固有频率只能取正值，因此得到该双振子耦合振动系统的固有频率为

$$\begin{cases} \omega_1 = \sqrt{\dfrac{\left[M_1K_2 + M_2(K_1 + K_2) \right] - \sqrt{M_1^2K_2^2 + M_2^2(K_1 + K_2)^2 - 2M_1M_2K_2(K_1 - K_2)}}{2M_1M_2}} \\[4mm] \omega_2 = \sqrt{\dfrac{\left[M_1K_2 + M_2(K_1 + K_2) \right] + \sqrt{M_1^2K_2^2 + M_2^2(K_1 + K_2)^2 - 2M_1M_2K_2(K_1 - K_2)}}{2M_1M_2}} \end{cases}$$

$$\tag{2.2.47}$$

由式(2.2.47)可得，与单自由度振动系统类似，双自由度耦合振动系统的固有频率也只与系统的固有参量 M_1、M_2、K_1 与 K_2 有关，且有两个固有频率 ω_1 和 ω_2。

记耦合前单振子固有频率分别为 $\omega_{01} = \sqrt{K_1/M_1}$ 和 $\omega_{02} = \sqrt{K_2/M_2}$，两振子质量比记为 $\mu = M_2/M_1$，则两振子的刚度比为 $\dfrac{K_2}{K_1} = \mu\dfrac{\omega_{02}^2}{\omega_{01}^2}$，则式(2.2.47)可改写为

$$\omega_{12} = \sqrt{\frac{1}{2}\left[\omega_{01}^2 + (1+\mu)\omega_{02}^2 \right] \mp \frac{1}{2}\sqrt{\left(\omega_{01}^2 \right)^2 - 2(1-\mu)\omega_{01}^2\omega_{02}^2 + \left[(1+\mu)\omega_{02}^2 \right]^2}} \tag{2.2.48}$$

可见两个单振子耦合后形成的系统固有频率已不再是 ω_{01} 和 ω_{02}。为便于简化分析，不妨假设两个振子具有相同的质量，即 $\mu = 1$，此时

$$\omega_{12} = \sqrt{\frac{1}{2}\sqrt{\omega_{01}^2 + 2\omega_{02}^2 \mp \sqrt{\left(\omega_{01}^2 \right)^2 + \left(2\omega_{02}^2 \right)^2}}} \tag{2.2.49}$$

若两个单振子固有频率完全一致，记为 $\omega_{01} = \omega_{02} = \omega_0$，则系统固有频率为 $\sqrt{\dfrac{3 \mp \sqrt{5}}{2}}\omega_0$，或写为 $0.618\omega_0$ 及 $1.618\omega_0$。

若两个质量完全一致的单振子固有频率相去甚远，即 $\omega_{01} \ll \omega_{02}$，则系统保持振子 2 的固有频率 ω_{02}，而振子 1 的固有频率 ω_{01} 在耦合系统中不体现。

另一个特例是两个振子的固有频率一致，记作 $\omega_{01} = \omega_{02} = \omega_0$，此时

$$\omega_{12} = \omega_0\sqrt{1 + \frac{\mu}{2} \mp \sqrt{\mu + \frac{\mu^2}{4}}} \tag{2.2.50}$$

归一化频率比 $z_{12} = \dfrac{\omega_{12}}{\omega_0} = \sqrt{1 + \dfrac{\mu}{2} \mp \sqrt{\mu + \dfrac{\mu^2}{4}}}$，可得到如图 2-12 所示的归一化曲线。

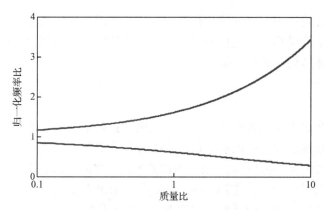

图 2-12　系统固有频率与质量比的关系曲线

由图 2-12 可知：双振子系统具有两个固有频率，其中一个小于单振子系统的固有频率，而另一个大于单振子系统的固有频率。

两振子的归一化位移共振曲线如图 2-13 所示。

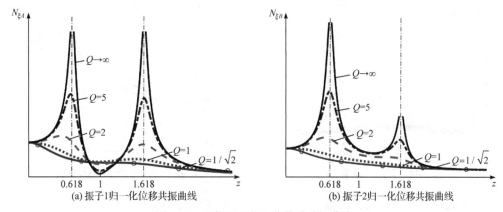

图 2-13　两振子的归一化位移共振曲线

由图 2-13 可知：当激振力的频率等于或接近系统的任一固有频率时，耦合系统将产生共振现象。

2.3　弹性体振动系统

在 2.2 节中曾假设振动系统的质量是集中在一点的，弹簧的压缩与伸长是均匀的，描述系统性质的固有参量与空间位置无关，这类系统称为集中参数系统，集中参数系统的运动只要一个时间变量 t 就可以完全描述。然而在实际问题中，物体总是有一定的几何尺寸，物体的质量、刚度和阻尼在空间连续分布，并且物体的几何尺寸大于物体中传播的波长。这种情况下，质点的假设已不再适用。这样的振动系统称为分布参数系统，或称为弹性体。实际物体通常具有比较复杂的结构形式，因此其振动也是极其复杂的。人们在大量复杂的实际物体中归纳和简化提取出一些结构形式比较简单的典型结构，如弦、梁、膜、板及其组合结构，对这些典型结构的振动特性已有成熟的结论。本节简单介绍几种典型的弹性体结构的振动基础。

2.3.1　弦振动

理想振动弦是最简单的弹性体之一。理想振动弦是指具有一定长度、弹性及以一定方式张紧的均匀细线。理想弦振动依靠张力作为弹性恢复力。

图 2-14 所示为一根两端固定、用张力拉紧的弦。在静止状态下弦处于平衡位置，假定某时刻有一瞬时的外力干扰作用于弦，弦的各部分就在张力作用下开始垂直于弦长方向的振动，而振动的传播方向是沿着弦长方向，因此弦的这种振动方式称为横振动。

如图 2-15 所示，在弦上 x 处取一个微段 $\mathrm{d}x$，由于弦的密度为 ρ 而横截面积为 S，因此微段的质量为 $\mathrm{d}m = \rho S \mathrm{d}x$。任意瞬时作用在弦两端的张力大小相等而方向不同。假设张力与坐标系横轴之间的夹角为 θ，则微段两端张力在纵轴方向的合力为 $\mathrm{d}F_x = \dfrac{\partial (T_0 \sin\theta)_x}{\partial x}\mathrm{d}x$。

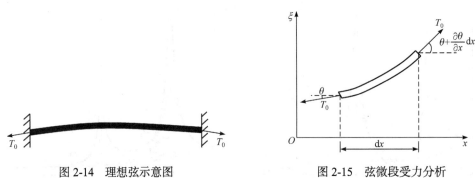

图 2-14　理想弦示意图　　　　　　图 2-15　弦微段受力分析

令 x 处弦离开平衡位置的垂直位移为 ξ，根据牛顿运动定律，得到

$$\mathrm{d}F_x = \mathrm{d}m \frac{\partial^2 \xi}{\partial t^2} \tag{2.3.1}$$

分析中假设 ξ 很小，所以相应的夹角 θ 也很小，因此近似关系 $\sin\theta \approx \tan\theta \approx \theta$ 成立，而 $\tan\theta = \dfrac{\partial \xi}{\partial x}$，所以 $\mathrm{d}F_x$ 可以近似简化为 $\mathrm{d}F_x \approx \left[\partial \left(T_0 \dfrac{\partial \xi}{\partial x} \right) \middle/ \partial x \right]\mathrm{d}x = T_0 \dfrac{\partial^2 \xi}{\partial x^2}\mathrm{d}x$，代入式(2.3.1)就可得到弦振动的运动方程为

$$T_0 \frac{\partial^2 \xi}{\partial x^2} = \rho S \frac{\partial^2 \xi}{\partial t^2} \tag{2.3.2}$$

引入参量 $c = \sqrt{\dfrac{T_0}{\rho S}}$，它表示波沿弦的长度方向传播的速度，则波动方程又可写为如下形式

$$c^2 \frac{\partial^2 \xi}{\partial x^2} = \frac{\partial^2 \xi}{\partial t^2} \tag{2.3.3}$$

在前面的集中参数系统振动分析中已经知道，系统具有一定的、与时间无关的振动方式，连续系统也同样具有这种特性。下面讨论弦的振动方式。

采用分离变量法，假设式(2.3.3)解的形式为 $\xi(x,t) = X(x)T(t)$，代入方程(2.3.3)可以得到

$$\frac{c^2}{X(x)}\frac{\mathrm{d}^2 X(x)}{\mathrm{d}x^2} = \frac{1}{T(t)}\frac{\mathrm{d}^2 T(t)}{\mathrm{d}t^2} \tag{2.3.4}$$

式(2.3.4)的左边只与 x 有关，而右边只与 t 有关，而 x 和 t 都是独立变量，因此式(2.3.4)必然等于一个与 x 和 t 都无关的常数，不妨令这个常数为 $-\omega^2$，代入式(2.3.4)就得到两个独立的方程

$$\frac{\mathrm{d}^2 X(x)}{\mathrm{d}x^2} + \left(\frac{\omega}{c}\right)^2 X(x) = 0 \tag{2.3.5}$$

$$\frac{\mathrm{d}^2 T(t)}{\mathrm{d}t^2} + \omega^2 T(t) = 0 \tag{2.3.6}$$

方程(2.3.5)与方程(2.3.6)解的形式可用三角函数的形式表达为

$$X(x) = A_x \cos\frac{\omega x}{c} + B_x \sin\frac{\omega x}{c} \tag{2.3.7}$$

$$T(t) = A_t \cos(\omega t + B_t) \tag{2.3.8}$$

式中，系数 A_x、B_x、A_t 与 B_t 为待定系数。式(2.3.7)称为振型函数，它描绘了弦以固有频率 ω 做简谐振动时的振动形态，即主振型。根据以上两式得到方程(2.3.3)的解的一般形式为

$$\xi(x,t) = X(x)T(t) = \left(A\cos\frac{\omega x}{c} + B\sin\frac{\omega x}{c}\right)\cos(\omega t - \varphi) \tag{2.3.9}$$

式中，系数 A、B 和常数 φ 仍为待定参数，分别由边界条件和初始条件确定。对于两端固定的弦，固定端的位移为零，即边界条件为

$$\xi_{x=0} = \xi_{x=l} = 0 \tag{2.3.10}$$

根据边界条件得到 $A=0$ 和 $B\sin\frac{\omega l}{c} = 0$，如果 $B=0$ 就意味着弦不做振动，因此唯一的可能就是

$$\sin\frac{\omega l}{c} = 0 \tag{2.3.11}$$

式(2.3.11)就是弦振动的频率方程，由频率方程可以求得无限多阶固有频率

$$\frac{\omega l}{c} = n\pi \quad (n = 1,2,3,\cdots) \tag{2.3.12}$$

式(2.3.12)表明：有一系列的 ω 满足方程的解，将对应 $n=1,2,3,\cdots$ 的一系列的 ω 记作 ω_n，则有 $\omega_n = \frac{nc\pi}{l}$，引入一个新的参量 $f_n = \frac{\omega_n}{2\pi}$，则式(2.3.11)改写为

$$f_n = \frac{nc}{2l} \tag{2.3.13}$$

显然，f_n 代表了弦的振动频率，它只与弦本身的力学参量有关，因此称为弦的固有频率，弦的固有频率有无穷个。由于弦的固有频率是以 1 倍、2 倍、3 倍等整数倍的关系离散变化的，因此将第一阶频率称为弦的基频，而其他各阶固有频率称为谐频。由于弦的固有频率与基频都呈现出整数倍的关系，因此弦乐器的声音听起来是和谐的。钢琴、月琴、大扬琴等弦乐器就是根据弦的横振动原理设计的。

将每一个固有频率 f_n 代入式(2.3.7)，就得到一个振型函数，通常将固有频率对应的振型函数称为主振型。各阶主振型均为如下形式的三角函数

$$X_n(x) = B_n \sin \frac{2\pi f_n x}{c} \tag{2.3.14}$$

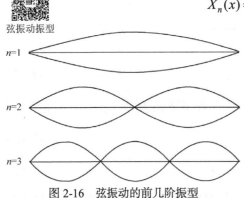

弦振动振型

图 2-16　弦振动的前几阶振型

式中，B_n 由初始条件确定。式(2.3.14)表明：当弦做基频振动时，在弦的两端振幅为零，而在 $x = \dfrac{l}{2}$ 处振幅最大，通常将振幅为零的位置称为波节，而将振幅最大的位置称为波腹。对于二阶振型，对应地出现 3 个波节和 2 个波腹，以此类推，n 阶振型对应地出现 $n+1$ 个波节和 n 个波腹。弦振动的前几阶振型参见图 2-16。由于弦的每一阶振型对应的波节和波腹的位置是固定的，因此将这种振动方式称为驻波方式。

由三角函数族的正交性，不难证明弦振动的不同主振型之间具有正交性，即对于 $m \neq n$ 的两个主振型 $X_m(x)$ 和 $X_n(x)$ 之间满足如下关系

$$\int_{x=0}^{l} X_m(x) X_n(x) \mathrm{d}x = 0 \tag{2.3.15}$$

一般情况下，弦的自由振动为无限多阶固有振动的迭加，引入新的参量 $k_n = \dfrac{\omega_n}{c}$，它表示第 n 阶主振型对应的波数，则弦的总位移为

$$\xi(x,t) = \sum_{n=1}^{\infty} B_n \sin(k_n x) \cos(\omega_n t - \varphi_n) \tag{2.3.16}$$

现在来考虑初始条件对弦振动的影响。不失一般性，可假设初始时刻弦的位移和速度分别为 $\xi(0,x)$ 和 $v(0,x)$，它们均为 x 的函数。将初始条件代入式(2.3.16)得到

$$\begin{cases} \xi(x,t)\big|_{t=0} = \sum_{n=1}^{\infty} B_n \sin(k_n x) \cos(\varphi_n) \\ v(x,t)\big|_{t=0} = -\sum_{n=1}^{\infty} \omega_n B_n \sin(k_n x) \sin(\varphi_n) \end{cases} \tag{2.3.17}$$

利用弦的主振型的正交性，对上面两式等号两边分别乘以 $\sin(k_n x)\mathrm{d}x$，并从 0 到 l 积

分，得到

$$\begin{cases} B_n \cos\varphi_n = \dfrac{2}{l}\displaystyle\int_{x=0}^{l}\xi(x,0)\sin(k_n x)\mathrm{d}x \\[3mm] B_n \sin\varphi_n = -\dfrac{2}{l\omega_n}\displaystyle\int_{x=0}^{l}v(x,0)\sin(k_n x)\mathrm{d}x \end{cases} \tag{2.3.18}$$

由此可以确定 B_n 和 φ_n，则弦的振动位移就可以完全确定。

2.3.2 梁的纵振动

与弦振动不同的是，弹性梁依靠自身的劲度产生弹性恢复力。这里讨论的梁为横截面均匀的、细长的弹性梁，梁的横截面积为 S，密度为 ρ，梁长度为 l，梁材料的弹性模量为 E，弹性模量表示了材料劲度的大小。根据弹性体的胡克定律，在讨论单向拉伸或压缩时，在弹性范围内应力 σ 和应变 ε 满足 $\sigma = E\varepsilon$，其中 σ 为压应力，而 ε 为单位长度压缩变形量。以下针对图 2-17 所示的弹性梁进行分析。

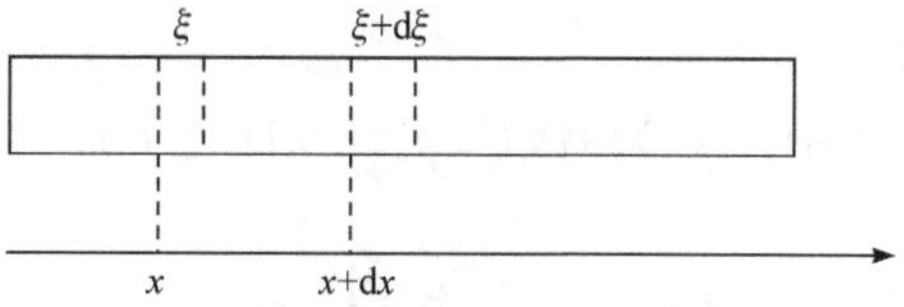

假设在弹性梁的一端施加一个力，在这个力的作用下，梁上各点将发生纵向振动，假设振动位移为 $\xi(x,t)$。取梁上 x 处的一个微段，

图 2-17 弹性梁的纵振动

微段长度为 $\mathrm{d}x$，则任意时刻微段两端的位移分别为 $\xi(x,t)$ 和 $\xi(x+\mathrm{d}x,t)$，微段总的压缩变形量为 $\xi(x,t)-\xi(x+\mathrm{d}x,t) = -\dfrac{\partial\xi(x,t)}{\partial x}\mathrm{d}x$，对应的相对变形量即应变为 $-\dfrac{\partial\xi(x,t)}{\partial x}$。微段的伸缩变形将对相邻段产生力的作用。同样，由于梁的劲度，相邻段对微段产生纵向的弹性力，假设相邻段对该微段端部的作用力为 F_x，则在微段端部产生的单位面积上的压应力为 $-\dfrac{F_x}{S}$，负号表示压应力方向与相邻段在微段上的作用力方向相反。根据胡克定律得到

$$F_x = ES\frac{\partial\xi(x,t)}{\partial x} \tag{2.3.19}$$

微段受到的沿 x 方向的合力为 $\mathrm{d}F_x = F_{x+\mathrm{d}x} - F_x = \dfrac{\partial F_x}{\partial x}\mathrm{d}x$，而微段沿 x 轴正方向的加速度则为 $\dfrac{\partial^2\xi(x,t)}{\partial t^2}$，根据牛顿运动定律得到

$$ES\frac{\partial^2\xi(x,t)}{\partial x^2}\mathrm{d}x = \rho S\mathrm{d}x\frac{\partial^2\xi(x,t)}{\partial t^2} \tag{2.3.20}$$

引入参数 $c = \sqrt{\dfrac{E}{\rho}}$，它表示梁的纵振动传播速度，梁的纵波速只与材料有关而与其他参数无关，它代表了材料的固有特性。式 (2.3.20) 经整理得到

$$\frac{\partial\xi^2(x,t)}{\partial x^2} = \frac{1}{c^2}\frac{\partial^2\xi(x,t)}{\partial t^2} \tag{2.3.21}$$

这就是梁的纵振动方程。这个方程在结构形式上与弦振动方程完全一致，可以通过分离变量法求解，解的一般形式为

$$\xi(x,t) = \left[A\cos(kx) + B\sin(kx) \right] \cos(\omega t - \varphi)$$ (2.3.22)

式中，$k = \dfrac{\omega}{c}$ 称为波数。梁的纵振动的定解条件就是它的边界条件和初始条件。下面讨论边界条件对梁振型的影响。

如图 2-18 所示，对于两端固定的梁，其边界条件是两端的位移为零，即

$$\xi(x,t)\big|_{x=0} = \xi(x,t)\big|_{x=l} = 0$$ (2.3.23)

将边界条件代入式(2.3.22)可以得到 $A=0$ 和 $\sin(kl)=0$，由此得到梁纵振动的固有频率为

$$f_n = \frac{nc}{2l}$$ (2.3.24)

式中，f_n 为谐频，$f_n(n>1)$ 与 f_1 成整数倍。

图 2-18　两端固定弹性梁

如图 2-19 所示，对于两端自由的梁，两端不受应力作用，因此边界条件为

$$\frac{\partial \xi(x,t)}{\partial x}\bigg|_{x=0} = \frac{\partial \xi(x,t)}{\partial x}\bigg|_{x=l} = 0$$ (2.3.25)

经类似分析发现，它的固有频率与两端固定的梁的固有频率完全相同。

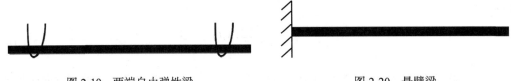

图 2-19　两端自由弹性梁　　　　　　　　　　　图 2-20　悬臂梁

对于如图 2-20 所示的悬臂梁，梁的一端满足固定边界条件，而另一端满足自由边界条件

$$\begin{cases} \xi(x,t)\big|_{x=0} = 0 \\ \dfrac{\partial \xi(x,t)}{\partial x}\bigg|_{x=l} = 0 \end{cases}$$ (2.3.26)

将边界条件代入式(2.3.22)可以得到 $A=0$ 和 $\cos(kl)=0$，则悬臂梁的固有频率为

$$f_n = \frac{2n-1}{4}\frac{c}{l}$$ (2.3.27)

很多情况下，梁的一端既非自由又非固定，而有一定的力学负载，如质量负载。如图 2-21 所示，梁的一端满足固定边界条件，而另一端有一质量负载 M，梁的负载端满足牛顿力学定律

图 2-21　有质量负载的悬臂梁

质量负载悬臂梁
的纵振动

$$-ES\frac{\partial \xi(x,t)}{\partial x}\bigg|_{x=l} = M\frac{\partial^2 \xi(x,t)}{\partial t^2}\bigg|_{x=l} \qquad (2.3.28)$$

结合固定端的边界条件，并代入式(2.3.22)，得到一端固定一端有质量负载的梁的频率方程为

$$\tan(kl) = \frac{ESk}{M\omega^2} \qquad (2.3.29)$$

梁的纵振动满足 $E = \rho c^2$，而梁的总质量为 $m = \rho l S$，因此式(2.3.29)可改写为

$$\frac{\cot(kl)}{kl} = \frac{M}{m} \qquad (2.3.30)$$

要直接获得这个方程的解析解十分困难，下面分几种情况分别讨论：

(1) 负载质量远小于梁的质量，即 $M \ll m$ 的情况下，有近似关系 $\cot(kl) \approx 0$，等价于 $\cos(kl) = 0$，这与悬臂梁的纵振动频率方程一致。此时，其振动状态近似于悬臂梁。

(2) 负载质量远大于梁的质量，即 $M \gg m$ 的情况下，有近似关系 $\tan(kl) \approx 0$，等价于 $\sin(kl) = 0$，这与两端固定的梁的频率方程一致。此时，其振动状态近似于两端固定的梁的纵振动。

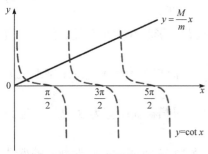

图 2-22　有质量负载的悬臂梁纵振动的固有频率图解法

(3) 在梁的质量和负载的质量可以相比拟的情况下，用图解法可以得到方程的近似解。假设 $x = kl$，作一条直线 $y = \frac{M}{m}x$ 与一系列的曲线 $y = \cot x$ 相交，如图 2-22 所示。每一个交点 x_n 对应一个 k_n，由此可以获得一系列的固有频率 $f_n = \frac{k_n c}{2\pi}$。当 $f_n(n>1)$ 与基频 f_1 不成整数倍关系时，则称 f_n 为泛频，此时梁的纵振动发出的声音不再和谐。

梁的弯曲振动(1)　梁的弯曲振动(2)

2.3.3　梁的弯曲振动

弹性梁除了纵振动方式之外，还可能产生弯曲振动。假设梁受到一个垂直于梁轴方向的力的作用，梁发生弯曲变形，由于梁自身劲度的作用，这种弯曲变形要恢复平衡状态，由此引起垂直于梁轴方向的振动。弯曲振动中波的传播方向垂直于振动方向，因此弯曲振动属于横振动。

同样选取一长为 l、横截面积为 S 的均匀弹性梁，假设梁受到一垂直作用力。如图 2-23

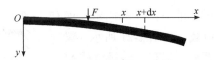

图 2-23　弹性梁的弯曲振动

所示在梁上 x 处取一微段，微段长度为 $\mathrm{d}x$，由于梁的弯曲将产生一弯矩。如图 2-24 所示，

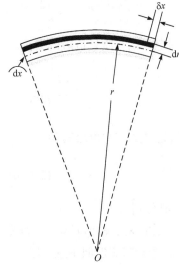

弯曲的微段上部被拉长，而下部被压缩，中间存在一个既不拉长也不压缩的中性面，而中性面在 (x,y) 平面上的投影称为中线，中线的长度就是 $\mathrm{d}x$。在距中线上方 $\mathrm{d}r$ 处选取一薄层，薄层的伸长量为 δx。假设微段中线的曲率半径为 r，则根据几何相似关系得到

$$\frac{\delta x}{\mathrm{d}x} = \frac{\mathrm{d}r}{r} \tag{2.3.31}$$

假设薄层的截面积为 $\mathrm{d}S$，根据弹性体的胡克定律，作用在 $\mathrm{d}S$ 面上的纵向力（x 方向的力）为 $\mathrm{d}F_x = -E\dfrac{\mathrm{d}r}{r}\mathrm{d}S$。在中线以上 $\mathrm{d}r$ 为正，因此产生的是拉力；在中线以下 $\mathrm{d}r$ 为负，因此产生的是压力。纵向力 $\mathrm{d}F_x$ 对中线的弯矩为 $\mathrm{d}M_x = \mathrm{d}r\mathrm{d}F_x = -\dfrac{E}{r}(\mathrm{d}r)^2\mathrm{d}S$，因此整个 x 截面

图 2-24　弹性梁微段弯曲变形分析

上的总弯矩为

$$M_x = \int_S \mathrm{d}M_x = -\frac{E}{r}\int_S (\mathrm{d}r)^2\,\mathrm{d}S = -\frac{EI}{r} \tag{2.3.32}$$

式中，积分 $I = \displaystyle\int_S (\mathrm{d}r)^2\,\mathrm{d}S$ 称为轴惯性矩。惯性矩只与横截面形状和大小有关。例如，横截面高度为 H、宽度为 B 的矩形梁的惯性矩为 $I = \dfrac{BH^3}{12}$，而与之等高等宽的工字形梁的惯性矩则为 $I = \dfrac{BH^3 - bh^3}{12}$，这里 h 为工字梁的肋高，工字梁横截面肋宽为 $B-b$。半径为 a 的圆形截面的惯性矩为 $I = \dfrac{\pi a^4}{4}$，而外径为 a、内外径之比为 b 的空心圆形截面的惯性矩为 $I = \dfrac{\pi a^4(1-b^4)}{4}$。

下面分析曲率半径 r 与梁上各点的位移 $\xi(x,t)$ 之间的关系。由高等数学知识得到 $r = \left[1 + \left(\dfrac{\partial \xi}{\partial x}\right)^2\right]^{\frac{3}{2}} \Big/ \dfrac{\partial^2 \xi}{\partial x^2}$，在弯曲变形比较小的情况下，$\dfrac{\partial \xi}{\partial x} \ll 1$，因此可以略去二阶以上小量，得到曲率半径的近似式为

$$r \approx \frac{1}{\partial^2 \xi / \partial x^2} \tag{2.3.33}$$

结合式(2.3.32)得到弯矩为

$$M_x = -EI \frac{\partial^2 \xi}{\partial x^2} \tag{2.3.34}$$

微段的两端受到的弯矩方向相反，如图 2-25 所示，设微段左边的邻段作用于 x 端的弯矩为逆时针方向 M_x，微段右边的邻段作用于 $x + \mathrm{d}x$ 端的弯矩为顺时针方向 $-M_{x+\mathrm{d}x}$，则微段受到的总的弯矩为

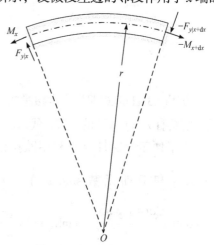

$$M_x - M_{x+\mathrm{d}x} = -\frac{\partial M_x}{\partial x} \mathrm{d}x \tag{2.3.35}$$

弯曲变形除了引起弯矩之外，在每一个截面上还产生剪切力，剪切力的方向垂直于 x 轴。设微段的左边邻段作用于 x 端的剪切力向上为 $F_y\big|_x$，而微段的右边邻段作用于 $x + \mathrm{d}x$ 端的剪切力向下为 $-F_y\big|_{x+\mathrm{d}x}$。根据动量矩守恒定律，由纵向力引起的弯矩与由切向力产生的力矩相平衡，即

图 2-25　梁弯曲振动微段力矩与弯矩平衡分析

$$F_y \mathrm{d}x = -\frac{\partial M_x}{\partial x} \mathrm{d}x \tag{2.3.36}$$

结合式(2.3.34)，得到

$$F_y = -\frac{\partial M_x}{\partial x} = EI \frac{\partial^3 \xi}{\partial x^3} \tag{2.3.37}$$

横截面上的剪切力是 x 的函数，在两端的剪切力的综合作用下，$\mathrm{d}F_y = F_y\big|_x - F_y\big|_{x+\mathrm{d}x} = -\frac{\partial F_y}{\partial x} \mathrm{d}x = -EI \frac{\partial^4 \xi}{\partial x^4} \mathrm{d}x$，微段产生加速度，根据牛顿第二运动定律得到

$$\mathrm{d}F_y = \rho S \mathrm{d}x \frac{\partial^2 \xi}{\partial t^2} \tag{2.3.38}$$

将式(2.3.37)代入式(2.3.38)得到梁的弯曲振动方程为

$$-EI \frac{\partial^4 \xi}{\partial x^4} = \rho S \frac{\partial^2 \xi}{\partial t^2} \tag{2.3.39}$$

梁的弯曲振动比纵振动具有更复杂的特性，在此仍然采用分离变量法来求解，令 $\xi(x,t) = Y(x)T(t)$，代入式(2.3.39)，得到

$$-\frac{EI}{\rho SY}\frac{\mathrm{d}^4 Y}{\mathrm{d}x^4} = \frac{1}{T}\frac{\mathrm{d}^2 T}{\mathrm{d}t^2} \tag{2.3.40}$$

式(2.3.40)左边是 x 的函数，而右边是 t 的函数，由两边相等即可推断它们等于恒定的常数，假设这一常数为 $-\omega^2$，并引入一个中间变量 $\alpha^4 = \omega^2 \dfrac{\rho S}{EI}$，则得到两个独立的微分方程

$$\frac{\mathrm{d}^2 T}{\mathrm{d}t^2} + \omega^2 T = 0 \tag{2.3.41}$$

$$\frac{\mathrm{d}^4 Y}{\mathrm{d}x^4} - \alpha^4 Y = 0 \tag{2.3.42}$$

方程(2.3.41)形式即为非常熟悉的二阶常微分方程，下面分析方程(2.3.42)的一般解。假设其解具有 $Y(x) = \mathrm{e}^{\gamma x}$ 的形式，代入(2.3.42)得到 $Y(x)$ 的四个特解 $\mathrm{e}^{\alpha x}$、$\mathrm{e}^{-\alpha x}$、$\mathrm{e}^{j\alpha x}$、$\mathrm{e}^{-j\alpha x}$。

为了便于化简计算，利用欧拉公式可将上述四个特解表达为三角函数 $\sin(\alpha x)$、$\cos(\alpha x)$ 和双曲函数 $\sinh(\alpha x)$、$\cosh(\alpha x)$，具体表示为 $\sin(\alpha x) = \dfrac{\mathrm{e}^{j\alpha x} - \mathrm{e}^{-j\alpha x}}{2j}$，$\cos(\alpha x) = \dfrac{\mathrm{e}^{j\alpha x} + \mathrm{e}^{-j\alpha x}}{2}$，$\sinh(\alpha x) = \dfrac{\mathrm{e}^{\alpha x} - \mathrm{e}^{-\alpha x}}{2}$ 和 $\cosh(\alpha x) = \dfrac{\mathrm{e}^{\alpha x} + \mathrm{e}^{-\alpha x}}{2}$。

因此方程(2.3.42)的解的一般形式就可以表示成

$$Y(x) = A_x \cosh(\alpha x) + B_x \sinh(\alpha x) + C_x \cos(\alpha x) + D_x \sin(\alpha x) \tag{2.3.43}$$

考虑时间项，则梁弯曲振动的一般解为

$$\xi(x,t) = \left[A\cosh(\alpha x) + B\sinh(\alpha x) + C\cos(\alpha x) + D\sin(\alpha x) \right]\cos(\omega t - \varphi) \tag{2.3.44}$$

其中参数 A、B、C 与 D 由边界条件确定。下面对几种常见的边界条件进行讨论。

如图 2-26 所示，对于两端固定的梁，其固定边界处位移为零，同时位移曲线在边界处的斜率也为零，因此

$$\begin{cases} \xi(x,t)\big|_{x=0,x=l} = 0 \\ \dfrac{\partial \xi(x,t)}{\partial x}\bigg|_{x=0,x=l} = 0 \end{cases} \tag{2.3.45}$$

图 2-26　两端固定弹性梁

由此可以方便地确定出 $C = -A$ 和 $D = -B$，以及

$$\begin{cases} A\big[\cosh(\alpha l) - \cos(\alpha l)\big] + B\big[\sinh(\alpha l) - \sin(\alpha l)\big] = 0 \\ A\big[\sinh(\alpha l) + \sin(\alpha l)\big] + B\big[\cosh(\alpha l) - \cos(\alpha l)\big] = 0 \end{cases} \tag{2.3.46}$$

要使式(2.3.46)成立且满足 A 与 B 为非零解的条件，就必须使其系数行列式等于零，即

$$\begin{vmatrix} \cosh(\alpha l) - \cos(\alpha l) & \sinh(\alpha l) - \sin(\alpha l) \\ \sinh(\alpha l) + \sin(\alpha l) & \cosh(\alpha l) - \cos(\alpha l) \end{vmatrix} = 0 \tag{2.3.47}$$

式(2.3.47)可进一步简化为

$$\cosh(\alpha l)\cos(\alpha l) = 1 \tag{2.3.48}$$

要直接获得这个频率方程的解析解是比较困难的，可用图解法求解获得一系列的固有频率 f_n。一般地，当 $n > 3$ 以后，可用 $\alpha_n l = \dfrac{(2n-1)\pi}{2}$ 来近似。梁的固有频率为

$$f_n = \frac{(\alpha_n l)^2}{2\pi l^2}\sqrt{\frac{EI}{\rho S}} \tag{2.3.49}$$

梁做弯曲振动时的总位移就是所有主振型的迭加。

对于如图 2-27 所示的两端简支的情况，端点处的位移为零，由于端部不存在纵向力，因此端部的弯矩为零

$$\begin{cases} \xi(x,t)\big|_{x=0,x=l} = 0 \\ \dfrac{\partial^2 \xi(x,t)}{\partial x^2}\bigg|_{x=0,x=l} = 0 \end{cases} \tag{2.3.50}$$

图 2-27　两端简支的梁　　　　　　　　图 2-28　两端自由弹性梁

而对于如图 2-28 所示的两端自由的弹性梁，端部由于不受外界作用，弯矩和剪切力都等于零，因此

$$\begin{cases} \dfrac{\partial^2 \xi(x,t)}{\partial x^2}\bigg|_{x=0,x=l} = 0 \\ \dfrac{\partial^3 \xi(x,t)}{\partial x^3}\bigg|_{x=0,x=l} = 0 \end{cases} \tag{2.3.51}$$

两端自由梁的频率方程与两端固定梁的频率方程一致。

悬臂梁是工程中常见的一种结构，如图 2-29 所示，其固定端满足固定边界条件，而自由端满足自由边界条件，根据边界条件可以确定 $C = -A$ 和 $D = -B$，以及

$$\begin{cases} A\big[\cosh(\alpha l) + \cos(\alpha l)\big] + B\big[\sinh(\alpha l) + \sin(\alpha l)\big] = 0 \\ A\big[\sinh(\alpha l) - \sin(\alpha l)\big] + B\big[\cosh(\alpha l) + \cos(\alpha l)\big] = 0 \end{cases} \tag{2.3.52}$$

要使式(2.3.52)成立且满足 A 与 B 为非零解的条件，就必须使其系数行列式等于零，即

图 2-29 悬臂梁

$$\begin{vmatrix} \cosh(\alpha l) + \cos(\alpha l) & \sinh(\alpha l) + \sin(\alpha l) \\ \sinh(\alpha l) - \sin(\alpha l) & \cosh(\alpha l) + \cos(\alpha l) \end{vmatrix} = 0 \tag{2.3.53}$$

式(2.3.53)可进一步简化为

$$\cosh(\alpha l)\cos(\alpha l) = -1 \tag{2.3.54}$$

这个频率方程与两端固定的弹性梁横振动的频率方程十分相似，同样可用图解法求解获得一系列的固有频率 f_n。特别是，当 $n > 3$ 以后，其振动方式与两端固定的弹性梁的横振动十分相似，两者的固有频率近似相等

$$f_n = \frac{\left(\dfrac{2n-1}{2}\pi\right)^2}{2\pi l^2}\sqrt{\frac{EI}{\rho S}} \quad (n > 3) \tag{2.3.55}$$

从悬臂梁横振动的固有频率表达式可以发现：悬臂梁做横振动时，固有频率与梁的长度平方成反比，梁的长度缩小一半，相应的固有频率就提高 4 倍。泛频与基频不成整数倍关系，也不成线性关系，n 次泛频远大于基频的 n 倍。因此，如果敲击悬臂梁，它发出的声音往往是音调尖而不和谐。但是，一般来说梁的振动总会受到阻尼作用而产生衰减，并且频率越高衰减得越快，所以开始时发出的声音尖而刺耳，很快就变成几乎全部是基频的纯音了。常用作标准频率的音叉就可以近似为两根悬臂梁，由音叉发出的声音是比较纯净的单频声。等截面的八音琴音条也是根据悬臂梁的原理设计的。

无论具有怎样的边界条件，梁振动系统都满足主振型的正交性。假设 $Y_m(x)$ 和 $Y_n(x)$ 分别代表两个不同的主振型函数，则它们必然满足方程(2.3.42)，即

$$EI\frac{\mathrm{d}^4 Y_n}{\mathrm{d}x^4} = \omega_n^2 \rho S Y_n \tag{2.3.56}$$

$$EI\frac{\mathrm{d}^4 Y_m}{\mathrm{d}x^4} = \omega_m^2 \rho S Y_m \tag{2.3.57}$$

用 Y_m 乘式(2.3.56)，并对梁全长进行积分

$$\int_0^l Y_m EI\frac{\mathrm{d}^4 Y_n}{\mathrm{d}x^4}\mathrm{d}x = \left(Y_m EI\frac{\mathrm{d}^3 Y_n}{\mathrm{d}x^3}\right)\bigg|_0^l - \left(\frac{\mathrm{d}Y_m}{\mathrm{d}x}EI\frac{\mathrm{d}^2 Y_n}{\mathrm{d}x^2}\right)\bigg|_0^l + \int_0^l EI\frac{\mathrm{d}^2 Y_n}{\mathrm{d}x^2}\frac{\mathrm{d}^2 Y_m}{\mathrm{d}x^2}\mathrm{d}x \tag{2.3.58}$$

$$= \omega_n^2 \int_0^l \rho S Y_m Y_n \mathrm{d}x$$

同样，用 Y_n 乘式(2.3.57)，并对梁全长进行积分

$$\int_0^l Y_n EI\frac{\mathrm{d}^4 Y_m}{\mathrm{d}x^4}\mathrm{d}x = \left(Y_n EI\frac{\mathrm{d}^3 Y_m}{\mathrm{d}x^3}\right)\bigg|_0^l - \left(\frac{\mathrm{d}Y_n}{\mathrm{d}x}EI\frac{\mathrm{d}^2 Y_m}{\mathrm{d}x^2}\right)\bigg|_0^l + \int_0^l EI\frac{\mathrm{d}^2 Y_m}{\mathrm{d}x^2}\frac{\mathrm{d}^2 Y_m}{\mathrm{d}x^2}\mathrm{d}x \tag{2.3.59}$$

$$= \omega_m^2 \int_0^l \rho S Y_m Y_n \mathrm{d}x$$

将上两式相减得到

$$\left(\omega_m^2 - \omega_n^2\right)\int_0^l \rho S Y_m Y_n \mathrm{d}x$$

$$= \left(Y_n EI\frac{\mathrm{d}^3 Y_m}{\mathrm{d}x^3} - Y_m EI\frac{\mathrm{d}^3 Y_n}{\mathrm{d}x^3}\right)\Bigg|_0^l - \left(\frac{\mathrm{d}Y_n}{\mathrm{d}x}EI\frac{\mathrm{d}^2 Y_m}{\mathrm{d}x^2} - \frac{\mathrm{d}Y_m}{\mathrm{d}x}EI\frac{\mathrm{d}^2 Y_n}{\mathrm{d}x^2}\right)\Bigg|_0^l \tag{2.3.60}$$

式(2.3.60)右边实际上是 $x=0$ 和 $x=l$ 的端点条件。无论是固定、刚性支承，还是自由边界，式(2.3.60)右边都等于零。因此只要 $m \neq n$、$\omega_m \neq \omega_n$，就有

$$\int_0^l \rho S Y_m Y_n \mathrm{d}x = 0 \tag{2.3.61}$$

这就是简单支承条件下梁的主振型对质量的正交性条件。将式(2.3.61)代入式(2.3.59)就得到简单支承条件下主振型对刚度的正交性条件

$$\int_0^l EI\frac{\mathrm{d}^2 Y_n}{\mathrm{d}x^2}\frac{\mathrm{d}^2 Y_m}{\mathrm{d}x^2}\mathrm{d}x = 0 \tag{2.3.62}$$

利用主振型正交性的条件，任何起始条件引起的自由振动和受迫振动都可以简化为多个独立的自由度系统，对每一个自由度系统求解，然后将所有自由度系统的解迭加，从而得到系统的解。

表 2-1 给出了三种不同边界条件下梁的弯曲振动前三阶振型云图及边界局部细节，展示了不同的边界约束对梁弯曲振动特性的影响。

表 2-1　三种不同边界条件下梁的弯曲振动及边界细节云图

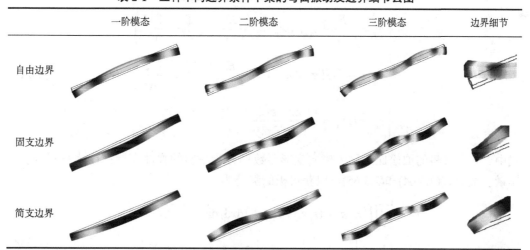

	一阶模态	二阶模态	三阶模态	边界细节
自由边界				
固支边界				
简支边界				

2.3.4　薄板的弯曲振动*

薄板的弯曲振动

薄板是工程中经常遇到的一类结构。假设在板的上下两面之间存在一个中面，如图 2-30 所示，以板变形前的中面为 xOy 平面建立坐标系，则板上任意一点的位置可以用它在变形之前的坐标 (x, y, z) 来确定。对于小挠度情况，横向位移 ξ 比厚度 h 小得多，板

的弯曲变形和面内变形是相互独立的，因此弯曲变形可以由中面各点的横向位移 $\xi(x,y,t)$ 完全确定。

当中面各点的横向位移为 $\xi(x,y,t)$ 时，板上任意点 $P(x,y,z)$ 沿 x、y、z 三个方向的位移分量 u_P、v_P、w_P 分别为

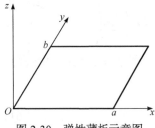

图 2-30　弹性薄板示意图

$$\begin{cases} u_P = -z\dfrac{\partial \xi}{\partial x} \\[2mm] v_P = -z\dfrac{\partial \xi}{\partial y} \\[2mm] w_P = \xi + \text{高阶小量} \end{cases} \tag{2.3.63}$$

式中，z 为任一点到中面的距离。

根据应变与位移的几何关系得到 xOy 平面上三个主要应变(2个线应变和1个剪应变)分量为

$$\begin{cases} \varepsilon_x = \dfrac{\partial u_P}{\partial x} = -z\dfrac{\partial^2 \xi}{\partial x^2} \\[2mm] \varepsilon_y = \dfrac{\partial v_P}{\partial y} = -z\dfrac{\partial^2 \xi}{\partial y^2} \\[2mm] \gamma_{xy} = \dfrac{\partial u_P}{\partial y} + \dfrac{\partial v_P}{\partial x} = -2z\dfrac{\partial^2 \xi}{\partial x\partial y} \end{cases} \tag{2.3.64}$$

根据广义胡克定律得到对应的三个主要应力分量为

$$\begin{cases} \sigma_x = \dfrac{E}{1-\nu^2}\left(\varepsilon_x + \mu\varepsilon_y\right) = -\dfrac{Ez}{1-\nu^2}\left(\dfrac{\partial^2 \xi}{\partial x^2} + \nu\dfrac{\partial^2 \xi}{\partial y^2}\right) \\[3mm] \sigma_y = \dfrac{E}{1-\nu^2}\left(\varepsilon_y + \mu\varepsilon_x\right) = -\dfrac{Ez}{1-\nu^2}\left(\dfrac{\partial^2 \xi}{\partial y^2} + \nu\dfrac{\partial^2 \xi}{\partial x^2}\right) \\[3mm] \tau_{xy} = G\gamma_{xy} = -\dfrac{Ez}{1+\nu}\dfrac{\partial^2 \xi}{\partial x\partial y} \end{cases} \tag{2.3.65}$$

式中，ν 为材料的泊松比或称为横向变形系数；E 为材料的弹性模量；G 为材料的剪切模量。根据式(2.3.64)和(2.3.65)可以获得板的势能为

$$\begin{aligned} U &= \frac{1}{2}\iiint \left(\sigma_x\varepsilon_x + \sigma_y\varepsilon_y + \tau_{xy}\gamma_{xy}\right)\mathrm{d}x\mathrm{d}y\mathrm{d}z \\[2mm] &= \frac{1}{2}\iint D\left\{\left(\nabla^2\xi\right)^2 - 2(1-\nu)\left[\dfrac{\partial^2 \xi}{\partial x^2}\dfrac{\partial^2 \xi}{\partial y^2} - \left(\dfrac{\partial^2 \xi}{\partial x\partial y}\right)^2\right]\right\}\mathrm{d}x\mathrm{d}y \end{aligned} \tag{2.3.66}$$

其中，板的弯曲刚度 $D = \dfrac{Eh^3}{12\left(1-\nu^2\right)}$，式中符号 $\nabla^2 = \dfrac{\partial^2}{\partial x^2} + \dfrac{\partial^2}{\partial y^2}$ 为拉普拉斯算子。板的动能可以通过式(2.3.63)计算得到，如果略去与水平速度有关的那部分高阶小量，可以得到

板的动能为

$$T = \frac{1}{2} \iiint \rho \dot{\xi}^2 \mathrm{d}x\mathrm{d}y\mathrm{d}z = \frac{1}{2} \iint \rho h \dot{\xi}^2 \mathrm{d}x\mathrm{d}y \qquad (2.3.67)$$

此外，还可以计算外力在相应虚位移 $\delta\xi$ 上的虚功，包括表面载荷的虚功和边界作用力的虚功。对于表面载荷 $q(x,y,t)$ 可以得到虚功的表达式为

$$\delta W_1 = \iint q\delta\xi \mathrm{d}x\mathrm{d}y \qquad (2.3.68)$$

对于边界作用力的虚功表达式为

$$\delta W_2 = -\oint \left(M_n\delta\frac{\partial\xi}{\partial n} - Q_n\delta\xi - M_{ns}\delta\frac{\partial\xi}{\partial s} \right)\mathrm{d}s \qquad (2.3.69)$$

式中，s 为边界曲线的弧长；M_n、Q_n 和 M_{ns} 分别表示作用在边界各点的弯矩、横向力和扭矩，如图 2-31 所示。

因此总的虚功为 $\delta W = \delta W_1 + \delta W_2$，根据哈密顿原理

$$\delta\int_{t_1}^{t_2}(T-U)\mathrm{d}t + \int_{t_1}^{t_2}\delta W\mathrm{d}t = 0 \qquad (2.3.70)$$

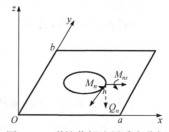

图 2-31　弹性薄板边界受力分析

根据这一变分原理，可以从一切可能发生的运动中确定真实发生的运动。只要建立弹性体的能量表达式，包括动能 T、势能 U 和虚功 δW，就可以建立振动微分方程，并得到力的边界条件。对于薄板振动，可以得到

$$\int_{t_1}^{t_2}\left\{\frac{1}{2}\iint \rho h\dot{\xi}^2\mathrm{d}x\mathrm{d}y - \frac{1}{2}\iint D\left[\left(\frac{\partial^2\xi}{\partial x^2}\right)^2 + \left(\frac{\partial^2\xi}{\partial y^2}\right)^2 + 2\nu\frac{\partial^2\xi}{\partial x^2}\frac{\partial^2\xi}{\partial y^2} + 2(1-\nu)\left(\frac{\partial^2\xi}{\partial x\partial y}\right)^2\right]\mathrm{d}x\mathrm{d}y\right\}\mathrm{d}t$$

$$+ \int_{t_1}^{t_2}\left\{\iint q\delta\xi\mathrm{d}x\mathrm{d}y - \oint\left[M_n\delta\frac{\partial\xi}{\partial n} - Q_n\delta\xi - M_{ns}\delta\frac{\partial\xi}{\partial s}\right]\mathrm{d}s\right\}\mathrm{d}t = 0$$

$$(2.3.71)$$

式(2.3.71)不仅适用于等厚度板，而且适用于变厚度板。为简单起见，下面仅分析等厚度板的情况。式(2.3.71)经过变分运算，并利用将面积分化为线积分的格林公式

$$\iint\left(\frac{\partial Y}{\partial x} - \frac{\partial X}{\partial y}\right)\mathrm{d}x\mathrm{d}y = \oint(X\mathrm{d}x + Y\mathrm{d}y) \qquad (2.3.72)$$

式(2.3.71)可写为

$$\delta\int_{t_1}^{t_2}\left(\iint F_1\delta\xi\mathrm{d}x\mathrm{d}y + \oint F_2\delta\frac{\partial\xi}{\partial n}\mathrm{d}s - \oint F_3\delta\xi\mathrm{d}s\right)\mathrm{d}t = 0 \qquad (2.3.73)$$

式中，$F_1 = D\left(\dfrac{\partial^4\xi}{\partial x^4} + 2\dfrac{\partial^4\xi}{\partial x^2\partial y^2} + \dfrac{\partial^4\xi}{\partial y^4}\right) + \rho h\ddot{\xi} - q$

$$F_2 = D\left[\left(\frac{\partial^2 \xi}{\partial x^2} + \nu \frac{\partial^2 \xi}{\partial y^2}\right)\cos^2\theta + \left(\frac{\partial^2 \xi}{\partial y^2} + \nu \frac{\partial^2 \xi}{\partial x^2}\right)\sin^2\theta + 2(1-\nu)\frac{\partial^2 \xi}{\partial x \partial y}\sin\theta\cos\theta\right] + M_n$$

$$F_3 = D\left[\left(\frac{\partial^3 \xi}{\partial x^3} + \frac{\partial^3 \xi}{\partial x \partial y^2}\right)\cos\theta + \left(\frac{\partial^3 \xi}{\partial y^3} + \frac{\partial^3 \xi}{\partial y \partial x^2}\right)\sin\theta\right]$$

$$+ D\frac{\partial}{\partial s}\left[\left(\frac{\partial^2 \xi}{\partial y^2} + \nu \frac{\partial^2 \xi}{\partial x^2}\right)\sin\theta\cos\theta - \left(\frac{\partial^2 \xi}{\partial x^2} + \nu \frac{\partial^2 \xi}{\partial y^2}\right)\sin\theta\cos\theta + (1-\nu)\frac{\partial^2 \xi}{\partial x \partial y}\left(\cos^2\theta - \sin^2\theta\right)\right]$$

$$+ Q_n - \frac{\partial M_{ns}}{\partial s}$$

其中，θ 是边界线的外法线和 x 轴之间的夹角。考虑到 $\delta\xi$ 是任意变分，而且在边界上 $\delta\frac{\partial \xi}{\partial n}$ 和 $\delta\xi$ 是相互独立的，因此由式(2.3.73)可以直接得出振动微分方程和动力边界条件。令 $F_1 = 0$ 就得到振动微分方程

$$D\left(\frac{\partial^4 \xi}{\partial x^4} + 2\frac{\partial^4 \xi}{\partial x^2 \partial y^2} + \frac{\partial^4 \xi}{\partial y^4}\right) + \rho h \ddot{\xi} = q \tag{2.3.74}$$

令 $F_2 = 0$ 和 $F_3 = 0$ 就得到动力边界条件，其中前者适用于边界上未给定 $\frac{\partial \xi}{\partial n}$ 的情况(如简支边界或自由边界)，而后者适用于边界上未给定 ξ 的情况(如自由边界)。需要注意的是，后面这个条件对于给定边界扭矩 M_{ns} 不等于零的情况要加以注意，当不给定 ξ 的边界有角点时，对于角点应有专门的给定力的条件，这里不再列出，只要在变分过程中注意到这种情况就可以得出。

除了动力边界条件之外，还有相应的位移边界条件。例如，对于固定边界 $\frac{\partial \xi}{\partial n} = 0$，对于固定或简支边界 $\xi = 0$。无论什么边界，在每个边界点都可以给定两个边界条件。

对于等厚度矩形薄板，可以写出其自由振动方程为

$$\frac{\partial^4 \xi}{\partial x^4} + 2\frac{\partial^4 \xi}{\partial x^2 \partial y^2} + \frac{\partial^4 \xi}{\partial y^4} + \frac{\rho h}{D}\frac{\partial^2 \xi}{\partial t^2} = 0 \tag{2.3.75}$$

周边固定、简支或自由边界是薄板振动问题经常遇见的情况，对应的边界条件分别为

假设固定边平行于 x 轴

$$\begin{cases} \xi = 0 \\ \dfrac{\partial \xi}{\partial x} = 0 \end{cases} \tag{2.3.76}$$

假设简支边平行于 x 轴

$$\begin{cases} \xi = 0 \\ \dfrac{\partial^2 \xi}{\partial x^2} = 0 \end{cases} \tag{2.3.77}$$

假设自由边平行于 x 轴

$$\begin{cases} \dfrac{\partial^2 \xi}{\partial x^2} + \nu \dfrac{\partial^2 \xi}{\partial y^2} = 0 \\[3mm] \dfrac{\partial^3 \xi}{\partial x^3} + (2-\nu) \dfrac{\partial^3 \xi}{\partial x \partial y^2} = 0 \end{cases} \tag{2.3.78}$$

假设矩形薄板自由振动方程的解的一般形式为 $\xi(x,y,t) = Z(x,y)\mathrm{e}^{\mathrm{j}\omega t}$，这里 $Z(x,y)$ 为振型函数，ω 为固有频率。代入式(2.3.75)得到

$$\frac{\partial^4 Z}{\partial x^4} + 2\frac{\partial^4 Z}{\partial x^2 \partial y^2} + \frac{\partial^4 Z}{\partial y^4} - k^4 Z = 0 \tag{2.3.79}$$

式中，$k^4 = \dfrac{\omega^2 \rho h}{D}$。方程(2.3.79)还可改写成如下形式

$$\nabla^4 Z - k^4 Z = 0 \tag{2.3.80}$$

或

$$\left(\nabla^4 - k^4\right)Z = 0 \tag{2.3.81}$$

式中，$\nabla^4 = \dfrac{\partial^4}{\partial x^4} + 2\dfrac{\partial^4}{\partial x^2 \partial y^2} + \dfrac{\partial^4}{\partial y^4} = \left(\nabla^2\right)^2$，运用代数因式分解方法分解算符 $\left(\nabla^4 - k^4\right) = \left(\nabla^2 - k^2\right)\left(\nabla^2 + k^2\right)$，方程(2.3.81)可进一步改写为

$$\left(\nabla^2 - k^2\right)\left(\nabla^2 + k^2\right)Z = 0 \tag{2.3.82}$$

这意味着方程的解应是以下两个方程的解的线性组合

$$\left(\nabla^2 - k^2\right)Z = 0 \tag{2.3.83}$$

$$\left(\nabla^2 + k^2\right)Z = 0 \tag{2.3.84}$$

式中，∇^2 为拉普拉斯算子，即 $\nabla^2 = \dfrac{\partial^2}{\partial x^2} + \dfrac{\partial^2}{\partial y^2}$。分离变量，令 $Z(x,y) = X(x)Y(y)$，代入式(2.3.84)，得到

$$\begin{cases} \dfrac{\mathrm{d}^2 X}{\mathrm{d}x^2} + k_m^2 X = 0 \\[3mm] \dfrac{\mathrm{d}^2 Y}{\mathrm{d}y^2} + k_n^2 Y = 0 \end{cases} \tag{2.3.85}$$

式中，$k_m^2 + k_n^2 = k^2$。式(2.3.85)解的一般形式是 $X = A_m \cos(k_m x) + B_m \sin(k_m x)$ 和 $Y = A_n \cos(k_n y) + B_n \sin(k_n y)$，因此方程(2.3.84)解的一般形式为

$$\begin{aligned} Z_1 = {} & A_{mn}\sin(k_m x)\sin(k_n y) + B_{mn}\cos(k_m x)\sin(k_n y) \\ & + C_{mn}\sin(k_m x)\cos(k_n y) + D_{mn}\cos(k_m x)\cos(k_n y) \end{aligned} \tag{2.3.86}$$

同样，方程(2.3.83)解的一般形式为

$$Z_2 = a_{mn}\sinh(k_m x)\sinh(k_n y) + b_{mn}\cosh(k_m x)\sinh(k_n y)$$
$$+ c_{mn}\sinh(k_m x)\cosh(k_n y) + d_{mn}\cosh(k_m x)\cosh(k_n y) \tag{2.3.87}$$

薄板的振型为两者的线性组合，$Z = \alpha Z_1 + \beta Z_2$。对于周边均为简支边界的矩形平板，其边界条件是

$$\begin{cases} \xi\big|_{x=0,x=a} = 0 \\[2mm] \dfrac{\partial^2 \xi}{\partial x^2}\bigg|_{x=0,x=a} = 0 \\[2mm] \xi\big|_{y=0,y=b} = 0 \\[2mm] \dfrac{\partial^2 \xi}{\partial y^2}\bigg|_{y=0,y=b} = 0 \end{cases} \tag{2.3.88}$$

由边界条件解得周边简支的矩形薄板的振型函数为

$$Z = A_{mn}\sin(k_m x)\sin(k_n y) \tag{2.3.89}$$

以及 $k_m = \dfrac{m\pi}{a}$、$k_n = \dfrac{n\pi}{b}$。根据 $k_m^2 + k_n^2 = k^2$，得到

$$\omega_{mn} = \frac{\left(\dfrac{m\pi}{a}\right)^2 + \left(\dfrac{n\pi}{b}\right)^2}{\sqrt{\dfrac{\rho h}{D}}} \quad (m,n=1,2,\cdots) \tag{2.3.90}$$

这就是周边四边简支的弹性薄板振动的固有频率。在矩形薄板振动问题中，周边四边简支的自由振动解是最简单的情况，也是较容易获得解析解的情况。

图 2-32 给出了板弯曲振动的前四阶振型。

(a) 第1阶振型　　　　　　　　　(b) 第2阶振型

(c) 第3阶振型　　　　　　　　　(d) 第4阶振型

图 2-32　矩形薄板前四阶振型云图

2.3.5　圆柱壳的弯曲振动*

壳体具有良好的承载能力，适用于自重轻且足够强度和刚度的结构，广泛应用在航空、航天、航海等工业领域。旋转薄壁圆柱壳模型如图 2-33 所示，采用柱坐标系 $O\text{-}x\theta z$ 描述薄壁圆柱壳系统，x 为中心轴，圆柱壳以角速度 ω 绕 x 轴转动，u、v 和 w 分别为圆柱

壳中面上任意一点在 x、θ 和 z 方向上的位移。L、R 和 H 分别为圆柱壳的长度、中面半径和壁厚，E、ν 和 ρ 分别为材料的弹性模量、泊松比和密度，x 和 θ 分别为轴向和周向坐标。

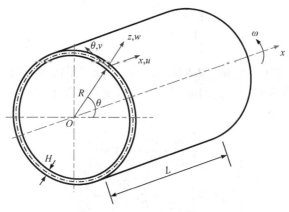

图 2-33　薄壁圆柱壳模型

　　一般把壳体分成薄壳和厚壳，当壳体的厚度 H 远小于壳体中面的最小曲率半径 R（$H \leqslant R/20$）时，这种壳体称为薄壳，反之则称为厚壳或中厚度壳。和弹性理论一样，薄壳理论假定壳体的材料是均匀、连续、各向同性的，并且应力与应变服从胡克定律，其中各点的位移较其厚度 H 小得多，这样就可使薄壳问题的方程式成为线性的。薄壳振动理论的基本假设包括：

　　(1) 变形前垂直于中面的直线在变形后仍然是直线，与变形后的中面保持垂直，且长度不变，也称直法线假设。

　　(2) 垂直于中面方向的应力与其他应力相比较可忽略不计。

　　(3) 相对壳体微体的移动惯性力，可忽略其转动惯性力矩。

　　(4) 法向挠度沿中曲面法线上各点是不变的。

　　根据壳体理论，圆柱壳上任意一点的应变依赖于中面的应变和曲率变化及扭率变化，应变与位移的关系式为

$$
\begin{cases}
\varepsilon_x = \dfrac{\partial u}{\partial x} - z\dfrac{\partial^2 w}{\partial x^2} \\[2mm]
\varepsilon_\theta = \dfrac{\partial v}{R\partial \theta} + \dfrac{w}{R} + \dfrac{z}{R^2}\left(\dfrac{\partial v}{\partial \theta} - \dfrac{\partial^2 w}{\partial \theta^2}\right) \\[2mm]
\gamma_{x\theta} = \dfrac{\partial v}{\partial x} + \dfrac{\partial u}{R\partial \theta} + \dfrac{z}{R}\left(\dfrac{\partial v}{\partial \theta} - 2\dfrac{\partial^2 w}{\partial x\partial \theta}\right)
\end{cases}
\tag{2.3.91}
$$

式中，z 表示任一点到中面的距离。

　　假设圆柱壳材料是均匀、连续、各向同性的，依据胡克定律，圆柱壳的应力与应变关系可写为

$$
\begin{cases}
\sigma_x = \dfrac{E}{1-v^2}(\varepsilon_x + v\varepsilon_\theta) \\[2mm]
\sigma_\theta = \dfrac{E}{1-v^2}(\varepsilon_\theta + v\varepsilon_x) \\[2mm]
\tau_{x\theta} = \dfrac{E}{2(1+v)}\gamma_{x\theta}
\end{cases}
\tag{2.3.92}
$$

式中，σ_x 是 x 方向应力；σ_θ 是 θ 方向应力；$\tau_{x\theta}$ 是 x-θ 平面内剪应力。

弹性体因受力发生变形，而内部产生应变和应力。基于应变与应力，圆柱壳的各个内力和内力矩可表示为

$$
\begin{cases}
N_x = K\left[\dfrac{\partial u}{\partial x} + \dfrac{v}{R}\left(\dfrac{\partial v}{\partial \theta} + w\right)\right] \\[3mm]
N_\theta = K\left[v\dfrac{\partial u}{\partial x} + \dfrac{1}{R}\left(\dfrac{\partial v}{\partial \theta} + w\right)\right] \\[3mm]
N_{x\theta} = K\dfrac{1-v}{2}\left(\dfrac{\partial v}{\partial x} + \dfrac{1}{R}\dfrac{\partial u}{\partial \theta}\right) \\[3mm]
M_x = D\left[-\dfrac{\partial^2 w}{\partial x^2} + \dfrac{v}{R^2}\left(\dfrac{\partial v}{\partial \theta} - \dfrac{\partial^2 w}{\partial \theta^2}\right)\right] \\[3mm]
M_\theta = D\left[-v\dfrac{\partial^2 w}{\partial x^2} + \dfrac{1}{R^2}\left(\dfrac{\partial v}{\partial \theta} - \dfrac{\partial^2 w}{\partial \theta^2}\right)\right] \\[3mm]
M_{x\theta} = D\dfrac{1-v}{2R}\left(\dfrac{\partial v}{\partial x} - 2\dfrac{\partial^2 w}{\partial x\partial \theta}\right)
\end{cases}
\tag{2.3.93}
$$

式中，薄膜刚度 $K = \dfrac{EH}{1-v^2}$；弯曲刚度 $D = \dfrac{EH^3}{12(1-v^2)}$；$N_x$ 和 N_θ 为薄膜力；$N_{x\theta}$ 为薄膜剪切力；M_x 和 M_θ 为弯矩；$M_{x\theta}$ 为扭矩。

薄壁圆柱壳的动平衡方程可表示为

$$
\begin{cases}
\dfrac{\partial N_x}{\partial x} + \dfrac{1}{R}\dfrac{\partial N_{x\theta}}{\partial \theta} = \rho H\dfrac{\partial^2 u}{\partial t^2} \\[3mm]
\dfrac{1}{R}\dfrac{\partial N_\theta}{\partial \theta} + \dfrac{\partial N_{x\theta}}{\partial x} + \dfrac{Q_\theta}{R} = \rho H\dfrac{\partial^2 v}{\partial t^2} \\[3mm]
\dfrac{\partial Q_x}{\partial x} + \dfrac{\partial Q_\theta}{R\partial \theta} - \dfrac{N_\theta}{R} = \rho H\dfrac{\partial^2 w}{\partial t^2}
\end{cases}
\tag{2.3.94}
$$

其中，沿 x 方向和 θ 方向的剪力 Q_x 和 Q_θ 分别为 $Q_x = \dfrac{\partial M_x}{\partial x} + \dfrac{\partial M_{x\theta}}{R\partial \theta}$，$Q_\theta = \dfrac{\partial M_{x\theta}}{\partial x} + \dfrac{\partial M_\theta}{R\partial \theta}$。

式(2.3.94)给出了由内力和内力矩表示的薄壁圆柱壳的振动平衡方程，三个方程分别为薄壁圆柱壳的轴向振动、周向振动和径向振动微分方程。

由此得到薄壁圆柱壳的振动微分方程为

$$\begin{cases} \dfrac{\partial^2 u}{\partial x^2} + \dfrac{1-\nu}{2}\dfrac{\partial^2 u}{R^2\partial\theta^2} + \dfrac{1+\nu}{2}\dfrac{\partial^2 v}{R\partial x\partial\theta} + \nu\dfrac{\partial w}{R\partial x} = \dfrac{\rho H}{K}\dfrac{\partial^2 u}{\partial t^2} \\[2mm] \dfrac{1-\nu}{2}\dfrac{\partial^2 v}{\partial x^2} + \dfrac{\partial^2 v}{R^2\partial\theta^2} + \dfrac{1+\nu}{2}\dfrac{\partial^2 u}{R\partial x\partial\theta} + \dfrac{\partial w}{R^2\partial\theta} = \dfrac{\rho H}{K}\dfrac{\partial^2 v}{\partial t^2} \\[2mm] \nu\dfrac{\partial u}{R\partial x} + \dfrac{\partial v}{R^2\partial\theta} + \dfrac{w}{R^2} + \dfrac{H^2}{12}\nabla^2\nabla^2 w = -\dfrac{\rho H^3}{12D}\dfrac{\partial^2 w}{\partial t^2} \end{cases} \tag{2.3.95}$$

式中，$\nabla^2 = \dfrac{\partial^2}{\partial x^2} + \dfrac{\partial^2}{R^2\partial\theta^2}$。

对于两端简支的薄壁圆柱壳，振动响应可表示为

$$\begin{cases} u(x,\theta,t) = \displaystyle\sum_{m=1}^{\infty}\sum_{n=1}^{\infty} U_{mn}\cos(k_m x)\cos(n\theta + \omega_{mn}t) \\[2mm] v(x,\theta,t) = \displaystyle\sum_{m=1}^{\infty}\sum_{n=1}^{\infty} V_{mn}\sin(k_m x)\sin(n\theta + \omega_{mn}t) \\[2mm] w(x,\theta,t) = \displaystyle\sum_{m=1}^{\infty}\sum_{n=1}^{\infty} W_{mn}\sin(k_m x)\cos(n\theta + \omega_{mn}t) \end{cases} \tag{2.3.96}$$

式中，U_{mn}、V_{mn} 和 W_{mn} 表示为位移幅值，下角标中的 m 和 n 分别表示为轴向和周向的模态数；ω_{mn} 为固有频率，波数 $k_m = \dfrac{m\pi}{L}$，固有频率可表示为

$$f_{mn} = \dfrac{\pi}{2}\sqrt{\dfrac{(m/L)^2 + (n/2\pi R)^2}{\sqrt{\rho H/D}}} \quad m,n = 1,2,\cdots \tag{2.3.97}$$

圆柱壳若要形成周向的弯曲振动，必须满足周向长度大于对应的弯曲波波长的条件，即 $\lambda \leqslant 2\pi R$。此时圆柱壳周向弯曲振动的临界频率成为环频率 f_r，只有高于环频率的波才能在周向形成弯曲振动。环频率 f_r 的表达式为

$$f_r = \dfrac{1}{2\pi R}\sqrt{\dfrac{E}{\rho(1-\nu^2)}} \tag{2.3.98}$$

图 2-34 给出了圆柱壳弯曲振动的一些典型振型，圆柱壳的弯曲振动是所有振型共同作用的结果。

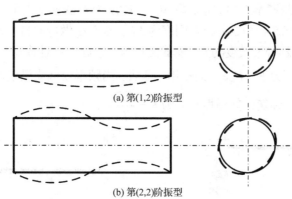

(a) 第(1,2)阶振型

(b) 第(2,2)阶振型

图 2-34　圆柱壳弯曲振动的典型振型

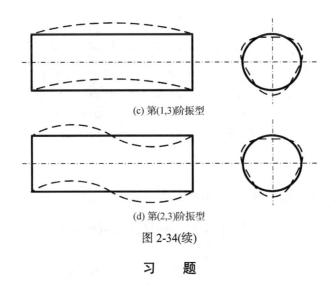

(c) 第(1,3)阶振型

(d) 第(2,3)阶振型

图 2-34(续)

习　题

1. 已知一质点振动系统的固有频率为 f_0，但质量 M 和刚度 K 未知。现在质量块上附加一质量为 m 的质量块，并测得新的振动系统的固有频率为 f_0'。求系统的质量 M 和刚度 K。

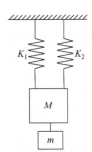

习题 1 图

2. 一质量为 M 的质量块与两个刚度分别为 K_1 和 K_2 的弹簧构成振动系统，求该系统的固有频率。

3. 当力学品质因子 $Q \leqslant 0.5$ 时，求质点衰减振动方程的解。

4. 一均匀弹性梁左端固定，右端附有一个质量为 M 的重物，并和一刚度为 K 的弹簧相连，已知梁的长度为 l，体积密度为 ρ，横截面积为 S，梁材料的弹性模量为 E。求系统纵向自由振动的频率方程。

5. 一均匀弹性悬臂梁左端固定，右端附有一个质量为 M 的重物，已知梁的长度为 l，体积密度为 ρ，横截面积为 S，抗弯刚度为 EI。求系统做弯曲自由振动的频率方程。

习题 4 图　　　　　　　　　　　　　　　习题 5 图

6. 一均匀弹性悬臂梁左端固定，右端由一刚度为 K 的弹簧支承，已知梁的长度为 l，体积密度为 ρ，横截面积为 S，抗弯刚度为 EI。求系统做弯曲自由振动的频率方程。

7. 一均匀弹性悬臂梁长度为 l，横截面积为 S，材料弹性模量为 E。假设在自由端受到沿梁轴向的简谐力 $F = F_A \mathrm{e}^{\mathrm{j}\omega t}$ 的作用。证明：当频率较低或梁较短时，此梁就相当于集中参数系统的一个弹簧，其弹性系数为 $K = \dfrac{ES}{l}$。

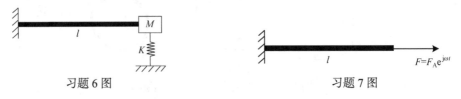

习题 6 图　　　　　　　　　　　　　　　习题 7 图

第 3 章

噪声产生与传播机理

物体的振动在一定条件下会产生声音。例如，人的讲话声来自声带的振动，各种机器运转中发出的噪声来源于机械结构之间的撞击和摩擦。人们把能够发声的物体称为声源。声源可以是固体，也可以是流体。例如，飞机在飞行过程中产生的流噪声主要是由于流体本身的剧烈运动引起的，是典型的流体发声。

声源发出的声音必须通过介质才能传播出去，按照固体、空气与水等传播介质的不同，声音可划分为结构声、空气声与水声等类型。在噪声控制中，人们普遍关心的是空气声和水声，其中在工业噪声控制中空气声是最主要的，而船舶噪声还包括水下辐射噪声。

■ 3.1 声学基本概念

3.1.1 声压与声压级

声音通过介质传播，但介质本身并不会随声音一起传播出去，它只是在平衡位置附近来回振动。声音的传播过程也就是振动的传播过程，传播的是物体的运动，而不是物体本身，这种运动方式称为波动。声波本质上是一种机械波，只能在弹性介质中传播。本书着重讨论理想流体介质。理想流体介质在体积改变时产生弹性恢复力，但不出现切向恢复力，所以理想流体介质中声音传播的方向与介质质点振动的方向是一致的，即理想流体介质中传播的是纵波。

适当频率和强弱的声波传到人的耳朵，人们就感觉到了声音。人耳能够感觉到的声波的频率范围从 20Hz 到 20kHz，一般称为音频。频率低于 20Hz 的声音称为次声波，而频率高于 20kHz 的声音则称为超声波。

描述声波过程的物理量有很多，如压强和速度的变化量等，其中声压是最常用的物理量，声压 p 就是介质受到扰动后在静态压强基础上所产生的微小压强增量。设体积元受扰动后压强由 P_0 改变为 P_1，则由声扰动产生的逾量压强就称为声压，即

$$p = P_1 - P_0 \tag{3.1.1}$$

存在声压的空间称为声场，声场中某一瞬时的声压称为瞬时声压，在一定时间间隔

内最大的瞬时声压称为峰值声压，在一定时间间隔内瞬时声压对时间取均方根称为有效声压

$$p_{\mathrm{e}} = \sqrt{\frac{1}{T} \int_0^T p^2 \mathrm{d}t} \tag{3.1.2}$$

式中，下标 e 代表有效值；T 代表时间间隔。

声压的大小反映了声波的强弱，声压的单位是帕斯卡，简称帕(Pa)。人耳对不同频率声音的可听阈是不同的，例如对 1kHz 纯音的可听阈约为 $2 \times 10^{-5} \mathrm{Pa}$。人耳对声音的强度感觉并不与声压值呈线性关系，而是接近于与声压的对数成正比，因此声学中普遍采用声压级来度量声音的强度，声压级以符号 L_P 表示，其定义为

$$L_P = 20 \lg \frac{p_{\mathrm{e}}}{p_{\mathrm{ref}}} \tag{3.1.3}$$

式中，p_{ref} 为参考声压。空气中的参考声压一般取 $2 \times 10^{-5} \mathrm{Pa}$，也就是人耳对 1kHz 纯音的可听阈。水下的参考声压一般取 $1 \times 10^{-6} \mathrm{Pa}$。

3.1.2 声能量与声能量密度

设想在声场中取一足够小的体积元，初始体积为 V_0，压强为 P_0，密度为 ρ_0，声扰动使该体积元得到的动能为

$$\Delta E_{\mathrm{k}} = \frac{1}{2} (\rho_0 V_0) v^2 \tag{3.1.4}$$

由于声扰动，该体积元压强从 P_0 升高为 $P_0 + p$，于是该体积元里具有了位能

$$\Delta E_{\mathrm{p}} = -\int_0^p p \mathrm{d}V \tag{3.1.5}$$

式中负号表示在体积元内压强和体积的变化方向相反。例如压强增加时体积将缩小，此时外力对体积元做功，使它的位能增加，即压缩过程使系统贮存能量；反之，当体积元对外做功时，体积里的位能就会减小，即膨胀过程使系统释放能量。

下面来具体推导式(3.1.5)，因为媒质体积的变化与压强的变化是互相联系的，也就是由物态方程所描述的关系

$$\mathrm{d}p = c_0^2 \mathrm{d}\rho' \tag{3.1.6}$$

该式描述了声场中压强的微小变化 p 与密度的微小变化 ρ' 之间的关系。

考虑到体积元在压缩和膨胀的过程中质量保持一定，则体积元体积的变化和密度的变化之间存在着关系 $\frac{\mathrm{d}\rho}{\rho} = -\frac{\mathrm{d}V}{V}$，也就是 $\frac{\mathrm{d}\rho'}{\rho} = -\frac{\mathrm{d}V}{V}$，对小振幅声波，则可简化为 $\frac{\mathrm{d}\rho'}{\rho_0} = -\frac{\mathrm{d}V}{V_0}$，将它代入式(3.1.6)得

$$\mathrm{d}p = -\frac{\rho_0 c_0^2}{V_0} \mathrm{d}V \tag{3.1.7}$$

由此解出 $\mathrm{d}V$ ，代入式(3.1.5)，再对 p 积分得

$$\Delta E_{\mathrm{p}} = \frac{V_0}{\rho_0 c_0^2} \int_0^p p\mathrm{d}p = \frac{V_0}{2\rho_0 c_0^2} p^2 \tag{3.1.8}$$

体积元里总的声能量为动能与位能之和，即

$$\Delta E = \Delta E_{\mathrm{k}} + \Delta E_{\mathrm{p}} = \frac{V_0}{2}\rho_0\left(v^2 + \frac{1}{\rho_0^2 c_0^2}p^2\right) \tag{3.1.9}$$

单位体积里的声能量称为声能量密度 D ，即

$$D = \frac{\Delta E}{V_0} = \frac{1}{2}\rho_0\left(v^2 + \frac{1}{\rho_0^2 c_0^2}p^2\right) \tag{3.1.10}$$

在推导式(3.1.10)时并未对声场作出特殊的限制，因而式(3.1.10)是一个既适用于平面声波，也适用于球面波及其他类型声波的普遍表达式。

对于平面波，将声压 $p(x,t) = p_A \mathrm{e}^{\mathrm{j}(\omega t - kx)}$ 及质点速度 $v(x,t) = v_A \mathrm{e}^{\mathrm{j}(\omega t - kx)}$ (详见后文 3.2.2 节推导)取实部后代入式(3.1.9)即可得到

$$\begin{aligned}\Delta E &= \frac{V_0}{2}\rho_0\left[\frac{p_A^2}{\rho_0^2 c_0^2}\cos^2(\omega t - kx) + \frac{p_A^2}{\rho_0^2 c_0^2}\cos^2(\omega t - kx)\right] \\ &= V_0\frac{p_A^2}{\rho_0 c_0^2}\cos^2(\omega t - kx)\end{aligned} \tag{3.1.11}$$

式(3.1.11)代表体积元内声能量的瞬时值，如果在一个周期内取平均，则得到声能量的时间平均值

$$\overline{\Delta E} = \frac{1}{T}\int_0^T \Delta E \mathrm{d}t = \frac{1}{2}V_0\frac{p_A^2}{\rho_0 c_0^2} \tag{3.1.12}$$

单位体积里的平均声能量称为平均声能量密度，即

$$\overline{D} = \frac{\overline{\Delta E}}{V_0} = \frac{p_A^2}{2\rho_0 c_0^2} = \frac{p_{\mathrm{e}}^2}{\rho_0 c_0^2} \tag{3.1.13}$$

式中， $p_{\mathrm{e}} = \dfrac{p_A}{\sqrt{2}}$ 为有效声压。因为在理想媒质平面声场中，声压幅值是不随距离改变的常数，所以平均声能量密度处处相等，这也是理想媒质中平面声场的特征。

3.1.3　声功率与声强

单位时间内通过垂直于声传播方向的面积 S 的平均声能量称为平均声能量流或称为平均声功率，记 $\overline{W}$ 。因为声能量是以声速 c_0 传播的，所以平均声能量流应等于声场中面积 S 、高度为 c_0 的柱体内所包括的平均声能量，即

$$\overline{W} = \overline{D}c_0 S \tag{3.1.14}$$

平均声能量流的单位是瓦(W)，$1\mathrm{W} = 1\mathrm{J/s}$ 。

通过垂直于声传播方向的单位面积上的平均声能量流称为平均声能量流密度或称为声强，即

$$I = \frac{\overline{W}}{S} = \overline{D}c_0 \tag{3.1.15}$$

根据声强的定义，它还可用单位时间内在单位面积上的声波向前进方向毗邻的媒质所做的功来表示，因此也可写成

$$I = \frac{1}{T}\int_0^T \mathrm{Re}(p)\mathrm{Re}(v)\mathrm{d}t \tag{3.1.16}$$

式中，Re代表取实部，声强I的单位是瓦每平方米$(\mathrm{W}/\mathrm{m}^2)$。

对沿正方向传播的平面声波，将式(3.1.13)代入式(3.1.15)可以得到

$$I = \frac{p_A^{\ 2}}{2\rho_0 c_0} = \frac{p_e^{\ 2}}{\rho_0 c_0} = \frac{1}{2}\rho_0 c_0 v_A^2 = \rho_0 c_0 v_e^2 = \frac{1}{2}p_A v_A = p_e v_e \tag{3.1.17}$$

式中，$v_e = \dfrac{v_A}{\sqrt{2}}$为有效质点速度。

对沿负方向传播的平面声波，可以得到

$$I = -\overline{D}c_0 = -\frac{p_A^{\ 2}}{2\rho_0 c_0} = -\frac{1}{2}\rho_0 c_0 v_A^{\ 2} \tag{3.1.18}$$

这种情况下声强是负值，这表明声能量向负方向传递。可见声强是有方向的量，它的指向就是声传播的方向。可以预料，当同时存在前进波与反射波时，总声强应为$I = I_+ + I_-$，如果前进波与反射波相等，则$I = 0$。因而在有反射波存在的声场中，声强这一量往往不能反映其能量关系，此时必须用平均声能量密度$\overline{D}$来描述。

由式(3.1.17)及式(3.1.18)可见，声强与声压幅值或质点速度幅值的平方成正比；此外，在相同质点速度幅值的情况下，声强还与媒质的特性阻抗成正比。例如，在空气和水中有两列相同频率、相同速度幅值的平面声波，这时水中的声强约是空气中的声强的3600倍，可见在特性阻抗较大的媒质中，声源只需用较小的振动速度就可以产生较大的能量，从声源利用的角度来看这是很有利的。

3.1.4 倍频程分析

若声压随时间呈正余弦规律变化，则此声音为只包含单一频率成分的纯音。现实中存在少量声源可实现单频纯音，如音叉、音频振荡器等。音叉在生活中常用于乐器调音，在教学中常用来演示共振等。而对于生活中存在的声音尤其是噪声，一般包含许多频率成分。而且不同噪声所包含的频率成分及各频率成分上的能量分布也不同，频谱就是用来表征频率成分与能量分布关系的。而将各频率与其对应能量分布绘制成的图形就称为频谱图。

由于人耳可听声频率范围为20Hz～20kHz，因此对噪声作频谱分析时一般不需要对每一频率成分进行详细分析。为方便起见，人们把20Hz～20kHz声频范围分为几个频带，每个频带称为一个频程。频程的划分采用恒百分比(恒定带宽比)方式，即保持频带上、下

限频率之比为一常数。若使每一频带的上限频率为下限频率的两倍，即频率之比为 2，这样划分的每一个频程称为1/1倍频程，简称倍频程。如果在每个1/1倍频程的上、下限频率之间再插入两个频率，使 4 个频率之间的比值相同(相邻两频率比值约为 1.26)，由此将一个1/1倍频程划分为 3 个频程，称这种频程为1/3倍频程。

倍频程也称为恒比带宽，即保持频带相对宽度恒定。对于1/n 倍频程分析，分析频带的上、下限满足如下关系

$$f_{\text{h}} = 2^{\frac{1}{n}} \cdot f_1 \qquad (3.1.19)$$

式中，n 可取 1、3、6、12 等值。

对噪声和振动信号作分析时，n 值经常取 1 或 3，分别称为1/1倍频程和1/3倍频程，1/6倍频程、1/12倍频程等在特殊场合中也会用到。

倍频程还涉及的另外一个概念为中心频率，中心频率是上限频率与下限频率的乘积的开方。对于1/n 倍频程，各中心频率 f_0、频带的上限频率 f_{h} 和下限频率 f_1 之间的关系满足下式

$$f_0 = \sqrt{f_1 \cdot f_{\text{h}}} \qquad (3.1.20)$$

对于常用的1/1倍频程或1/3倍频程分析，表 3-1 给出了常用的中心频率及上下限频率。分析频率越高，对应的频带也就越宽。

表 3-1　中心频率及其对应的上下限频率表(单位：Hz)

1/1 倍频带			1/3 倍频带		
下限频率	中心频率	上限频率	下限频率	中心频率	上限频率
			14.1	16	17.8
11	16	22	17.8	20	22.4
			22.4	25	28.2
			28.2	31.5	35.5
22	31.5	44	35.5	40	44.7
			44.7	50	56.2
			56.2	63	70.8
44	63	88	70.8	80	89.1
			89.1	100	112
			112	125	141
88	125	177	141	160	178
			178	200	224
			224	250	282
177	250	355	282	315	355
			355	400	447

续表

1/1 倍频带			1/3 倍频带		
下限频率	中心频率	上限频率	下限频率	中心频率	上限频率
			447	500	562
355	500	710	562	630	708
			708	800	891
			891	1000	1122
710	1000	1420	1122	1250	1413
			1413	1600	1778
			1778	2000	2239
1420	2000	2840	2239	2500	2818
			2818	3150	3458
			3458	4000	4467
2840	4000	5680	4467	5000	5623
			5623	6300	7079
			7079	8000	8913
5680	8000	11360	8913	10000	11220
			11220	12220	14130
			14130	16000	17880
11360	16000	22720	17880	20000	22390

恒百分比带宽滤波器的滤波带宽 B 与中心频率 f_0 之比称为相对带宽。对于 1/1 倍频程滤波器，相对带宽 $B/f_0 \approx 70.7\%$；对于 1/3 倍频程滤波器，相对带宽 $B/f_0 \approx 23.0\%$。

带宽分析按分析频段宽度可分为宽频带宽与窄频带宽。通常认为相对带宽小于 10% 则为窄频带宽，相反则为宽频带宽。一般认为倍频程为宽频带宽，宽频带宽与窄频带宽并没有严格的区分，二者是一个相对的概念。

此外，频谱分析还包括恒定带宽分析。恒定带宽保持频带宽度恒定，即采用频带的线性刻度，常用于窄频带宽分析。

如果各频率成分的声能量分布比较均匀，则一般采用倍频程分析。若某些频率下声能量远远超过其他频率分量，表现出明显的线谱特性，则宜采用窄频带宽分析。

无论是振动信号还是声信号，不同频率成分的信号是不相干的，波的总能量是各个频率成分能量的总贡献。宽频带宽频谱计算时可基于能量关系通过窄频带宽频谱数据换算获得。实际分析中可首先获取窄频带宽频谱数据，再进一步根据实际分析需求，换算获得宽频带宽频谱数据。倍频程声压级计算时经常利用与窄频带宽声压级之间的关系，基于声压的非相干叠加原理直接换算得到。若每个 $1/n$ 倍频程内含有 m 个窄频带宽，各 $1/n$ 倍频程内的声音彼此是不相干的，则每个 $1/n$ 倍频程内声压级为 m 个窄频带宽的声压级按能量进行叠加之和。

与声压级类似，运用不同频率的加速度级的叠加原理，倍频程加速度级与窄频带宽加速度级之间换算关系为

$$L_a = 10\lg\left(\sum_{i=1}^{m} 10^{\frac{L_{ai}}{10}}\right)$$ (3.1.21)

例如，在薄板结构振动测试中，通过测试可以得到如表 3-2 所示的倍频程平均加速度级。

表 3-2　薄板结构倍频程加速度级示例数据

频率/Hz	31.5	63	125	250	500	1000	2000	4000
加速度级/dB	121.7	123.8	126.0	129.0	131.5	132.0	131.8	129.9

与其对应的1/3 倍频程及1/1 倍频程加速度级频谱如图 3-1 所示。

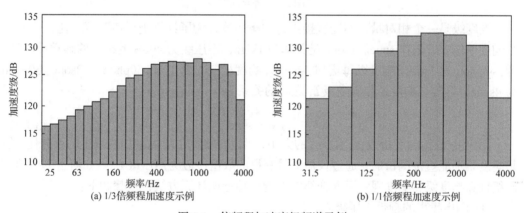

(a) 1/3倍频程加速度示例　　　　(b) 1/1倍频程加速度示例

图 3-1　倍频程加速度级频谱示例

3.1.5　响度级与等响曲线

人们经常谈到的声音大小是从耳朵的感受来说的，如果只用声压级表示声音的强弱，那么人耳所感受的声响不只是与声压级有关，而且和频率有关。也就是说，声压级相同而频率不同的声音听起来可能不一样响，因此声音的响度是关于声压级和频率的函数。

响度级是表示响度的主观量，它是以 1kHz 的纯音作为基准，其噪声听起来与该纯音一样响时，就把这个纯音的声压级称为该噪声的响度级，单位是方，记作 phon。例如，一个噪声与声压级是 85dB 的 1kHz 纯音一样响，则该噪声的响度级就是 85phon。

以 1kHz 纯音为标准，测出整个听觉频率范围纯音的响度级，称为等响曲线(简称 ISO 曲线)，如图3-2 所示。

等响曲线族中每一条曲线相当于声压级和频率不同而响度相同的声音。最下面的曲线是听阈曲线，最上面的曲线是痛阈曲线，中间是人耳可以听到的正常声音。

从等响曲线可以看出，当声压级小而频率低时，声压级和响度级差别很大。例如，声压级为 40dB、频率为 50Hz 的低频声是人耳听不见的，而声压级为 40dB 的 80Hz 声音的响度是 20phon，可以被听见。

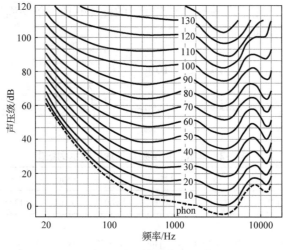

图 3-2　等响曲线

响度级是一个相对量，不能直接进行加减运算，为了计算绝对值和百分比，引入一个响度单位宋，记作 sone。1sone 是频率为 1kHz、声压级为 40dB 的纯音的感觉反应量，即：40phon 为 1sone。响度级每增加 10phon，响度相应改变 1 倍，50phon 为 2sone，60phon 为 4sone，等等。响度 S 和响度级 L_S 之间的关系为

$$S = 2^{\frac{L_S - 40}{10}} \qquad (3.1.22)$$

用响度(或称响度指数)表示声音的大小，可以直接算出声响增加或减小的百分比。但是响度是不能直接测量的，通过仪器测量获得的数值一般为声压级 L_P。如何由测出的声压级计算响度级和响度呢？下面介绍响度的一种近似计算方法，步骤如下：

(1) 测出噪声的频带声压级 L_P。

(2) 由图 3-3 查出各频带级所相应的响度指数 S。

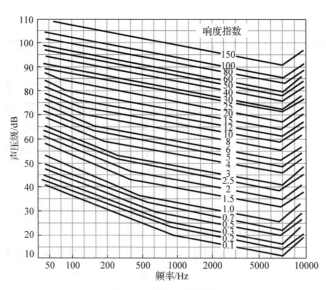

图 3-3　响度指数曲线

(3) 求出频带级中最大的响度指数 $S_{\max}$。

(4) 求总响度 $S = \alpha \sum\limits_{i=1}^{n} S_i + (1-\alpha) S_{\max}$，这里系数 α 与所选频带有关，对于倍频程 $\alpha = 0.3$，对于 $1/2$ 倍频程 $\alpha = 0.2$，对于 $1/3$ 倍频程 $\alpha = 0.15$。

【例 3-1】　用倍频程分析仪测量的结果与相应的响度指数如表 3-3 所示，求其总响度与响度级。

表 3-3　倍频带与响度指数表

中心频率/Hz	63	125	250	500	1000	2000	4000	8000
声压级/dB	42	40	47	54	60	58	60	72
响度指数/sone	0.16	0.37	1.44	2.84	4.8	5.2	7.0	17.5

解　总响度为

$$S = 0.3 \times (0.16 + 0.37 + 1.44 + 2.84 + 4.8 + 5.2 + 7.0 + 17.5) + 0.7 \times 17.5$$
$$= 24.0 (\text{sone})$$

对应的响度级表示为

$$L_S = 10 \lg \frac{S}{2} + 40 = 85.9 (\text{phon})$$

3.1.6　计权网络

人耳对声音强弱的感觉主要取决于声音的强度，但也与频率有关，所以在衡量或测量声音的强弱时必须考虑到人耳的特性，使得用这种方法所得出来的结果与人耳的感觉相一致。

人耳对于声强相同的声音在 1kHz～4kHz 之间听起来最响，随着频率的降低或升高响度越来越弱，频率低于 20Hz 或高于 20kHz 的声音人耳一般听不见。因此，人耳实际上是一个滤波器，对不同频率的响应不一样。

用来模拟人耳的等响特性而制成的测量声级大小的仪器——声级计，其总频率响应与人耳的等响曲线相适应。常用声级计由电子器件组成，其频响曲线由频率计权网络即特殊滤波器来完成。

计权网络若是模拟人耳对 40phon 纯音的等响曲线称为 A 计权网络，测出的值称为 A 声级，其单位一般用 dB(A) 表示。类似地还有 B 计权网络和 C 计权网络。B 计权网络是模拟人耳对 70phon 纯音的等响曲线，称为 B 声级，表示为 dB(B)。C 计权网络是模拟人耳对 100phon 纯音的等响曲线，称为 C 声级，单位用 dB(C) 表示。声级计的计权网络特性曲线如图 3-4 所示。

A 声级可以直接利用声级计的 A 计权网络测量，也可以先测量线性频带级再进行 A 特性修正，修正量见表 3-4。

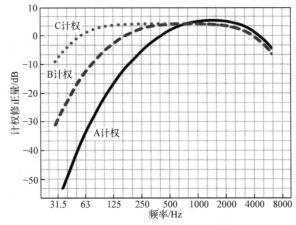

图 3-4　A、B、C 计权网络的频率响应

表 3-4　A、B、C 计权修正量

频率/Hz	A 计权修正/dB	B 计权修正/dB	C 计权修正/dB	频率/Hz	A 计权修正/dB	B 计权修正/dB	C 计权修正/dB
10	−70.4	−38.2	−14.3	500	−3.2	−0.3	0
12.5	−63.4	−33.2	−11.2	630	−1.9	−0.1	0
16	−56.7	−28.5	−8.5	800	−0.8	0	0
20	−50.5	−24.2	−6.2	1000	0	0	0
25	−44.7	−20.4	−4.4	1250	+0.6	0	0
31.5	−39.4	−17.1	−3.0	1600	+1.0	0	−0.1
40	−34.6	−14.2	−2.0	2000	+1.2	−0.1	−0.2
50	−30.2	−11.6	−1.3	2500	+1.3	−0.2	−0.3
63	−26.2	−9.3	−0.8	3150	+1.2	−0.4	−0.5
80	−22.5	−7.4	−0.5	4000	+1.0	−0.7	−0.8
100	−19.1	−5.6	−0.3	5000	+0.5	−1.2	−1.3
125	−16.1	−4.2	−0.2	6300	−0.1	−1.9	−2.0
160	−13.4	−3.0	−0.1	8000	−1.1	−2.9	−3.0
200	−10.9	−2.0	0	10000	−2.5	−4.3	−4.4
250	−8.6	−1.3	0	12500	−4.3	−6.1	−6.2
315	−6.6	−0.8	0	16000	−6.6	−8.4	−8.5
400	−4.8	−0.5	0	20000	−9.3	−11.4	−11.2

　　人们工作的环境有可能是稳态的噪声(噪声的强度和频率基本不随时间变化)环境,也可能是非稳态的噪声环境。例如,某人处于稳态噪声 85dB(A)下工作 8h,而另一个人处于噪声 85dB(A)下工作 3h,95dB(A)下工作 1h,75dB(A)下工作 4h,那么后者处于一种非稳态的噪声环境下。如何来评价这两个人谁受到的噪声干扰大? 这就需要将非稳态噪声折算成等效连续 A 声级,才能进行比较。

　　等效连续 A 声级的定义是:某段时间内的非稳态噪声的 A 声级,用能量平均的方法,以一个连续不变的 A 声级来表示该段时间内噪声的声级,用公式表示就是

$$L_{eq} = 10 \lg \frac{\int_0^T 10^{\frac{L_A}{10}} \, \mathrm{d}t}{T} \tag{3.1.23}$$

式中，L_{eq} 称为等效连续 A 声级，单位 dB(A)；L_A 为测得的 A 声级；T 为噪声暴露时间。

当测量值 L_A 是非连续离散值时，式(3.1.23)可改写为

$$L_{eq} = 10 \lg \frac{\sum_n 10^{\frac{L_{Ai}}{10}} t_i}{\sum_n t_i} \tag{3.1.24}$$

式中，L_{Ai} 表示第 i 段时间内的 A 声级。

假如时间 t_i 很分散，利用式(3.1.24)计算就不太方便，下面介绍一种近似计算的方法。假如把一段时间内(如一个工作日)的 A 声级从小到大排列，并略去小声级，如略去 78.5dB(A)以下的声级，第一段规定用中心声级 80dB(A)代替 78.5～82.5dB(A)，其余各段依此类推，相邻段中心声级相差 5dB(A)，列出段数和相应的中心声级和暴露时间，如表 3-5 所示。

表 3-5　各段中心声级和暴露时间

段数	1	2	3	4	5	6	7	8
中心声级 L_{Ai}/dB	80	85	90	95	100	105	110	115
暴露时间 t_i/min	t_1	t_2	t_3	t_4	t_5	t_6	t_7	t_8

对应表 3-5 的等效连续 A 声级为

$$L_{eq} = 80 + 10 \lg \frac{\sum_n 10^{\frac{i-1}{2}} t_i}{\sum_n t_i} \tag{3.1.25}$$

对于等时间间隔取样，若时间划分的段数为 N，则一段时间内的等效连续 A 声级为

$$L_{eq} = 80 + 10 \lg \frac{\sum_{i=1}^{N} 10^{\frac{L_{Ai}}{10}}}{N} \tag{3.1.26}$$

在对非稳态噪声的大规模调查中，已经证明等效连续 A 声级与人的主观反应有很好的相关性。不少国家的噪声标准中，都规定用等效连续 A 声级作为评价指标。

【例 3-2】 某人一天工作 8h，其中 4h 在 90dB(A)的噪声下工作，3h 在 85dB(A)的噪声下工作，1h 在 80dB(A)噪声下工作，计算等效连续 A 声级。

解

$$L_{eq} = 10 \lg \frac{4 \times 10^{\frac{90}{10}} + 3 \times 10^{\frac{85}{10}} + 1 \times 10^{\frac{80}{10}}}{4+3+1} = 88 \, \mathrm{dB(A)}$$

由于人们在夜间对噪声比较敏感，近年来在等效连续 A 声级的基础上又提出了昼夜

等效 A 声级的概念来评价环境噪声。对于夜里 22 时起到次日晨 6 时之间的声压级，作了附加 10dB(A)的处理。昼夜等效 A 声级可以表示为

$$L_{dn} = 10\lg\frac{16\times10^{\frac{L_d}{10}} + 8\times10^{\frac{L_n+10}{10}}}{24} \tag{3.1.27}$$

式中，L_{dn} 称为昼夜等效 A 声级；L_d 为白天 16 个小时(6:00～22:00)的等效连续 A 声级；L_n 表示夜间 8 个小时(22:00～6:00)的等效连续 A 声级。

A 声级、等效连续 A 声级和昼夜等效 A 声级广泛用于环境噪声、交通噪声、车间噪声等的评价。

3.1.7 声波叠加原理

先以两列波的叠加为例，然后推广到多列波的情况。设有两列声波，它们的声压分别为 p_1 和 p_2，其合成声场的声压设为 p。因为导出的声波方程只是应用了媒质的基本特性，所合成声场的声压 p 一定也满足波动方程，即

$$\nabla^2 p = \frac{1}{c_0^2}\frac{\partial^2 p}{\partial t^2} \tag{3.1.28}$$

另一方面，声压 p_1 及 p_2 自然应分别满足声波方程，即

$$\nabla^2 p_1 = \frac{1}{c_0^2}\frac{\partial^2 p_1}{\partial t^2} \tag{3.1.29}$$

$$\nabla^2 p_2 = \frac{1}{c_0^2}\frac{\partial^2 p_2}{\partial t^2} \tag{3.1.30}$$

将上面两式相加，由于每个方程都是线性的，所以得到

$$\nabla^2\left(p_1 + p_2\right) = \frac{1}{c_0^2}\frac{\partial^2\left(p_1 + p_2\right)}{\partial t^2} \tag{3.1.31}$$

比较式(3.1.28)及式(3.1.31)，并考虑到声学边界条件也是线性的，所以得到

$$p = p_1 + p_2 \tag{3.1.32}$$

这就是说两列声波合成声场的声压等于每列声波的声压之和，这就是声波的叠加原理，显然此结论可以推广到多列声波同时存在的情况。

在考虑声波叠加时，声波的相位也是影响合成声场特性的因素之一。现在讨论两列声波具有相同频率、固定相位差的声波叠加，此时会发生干涉现象。设两声源发出的两列声波分别为

$$p_1 = p_{1a}\cos\left(\omega t - \varphi_1\right) \tag{3.1.33}$$

$$p_2 = p_{2a}\cos\left(\omega t - \varphi_2\right) \tag{3.1.34}$$

并设两列声波到达某位置时的相位差 $\psi = \varphi_2 - \varphi_1$ 不随时间变化，即两列声波始终以一定的相位差到达该位置。

由叠加原理，合成声场的声压为

$$p = p_1 + p_2 = p_{1a} \cos(\omega t - \varphi_1) + p_{2a} \cos(\omega t - \varphi_2)$$
$$= p_a \cos(\omega t - \varphi) \tag{3.1.35}$$

式中

$$p_a^2 = p_{1a}^2 + p_{2a}^2 + 2 p_{1a} p_{2a} \cos(\varphi_2 - \varphi_1) \tag{3.1.36}$$

$$\varphi = \arctan \frac{p_{1a} \sin\varphi_1 + p_{2a} \sin\varphi_2}{p_{1a} \cos\varphi_1 + p_{2a} \cos\varphi_2} \tag{3.1.37}$$

式(3.1.35)和式(3.1.36)说明，该位置上合成声压仍然是一个相同频率的声波，但合成声压的振幅并不等于两列声波的振幅之和，而是与两列声波的相位差 ψ 有关。

声压振幅的平方反映了声场中平均能量密度的大小，它们的关系可以由式(3.1.13)表示。因此式(3.1.36)对应的平均能量密度为

$$\overline{D} = \overline{D_1} + \overline{D_2} + \frac{p_{1a} p_{2a}}{\rho_0 c_0^2} \cos\psi \tag{3.1.38}$$

式中，$\overline{D_1}$ 和 $\overline{D_2}$ 分别为 p_1 和 p_2 的平均能量密度。式(3.1.38)说明声场中各位置的平均能量密度与两列声波到达该位置时的相位差 ψ 有关。

如果某些位置上有 $\psi = 0, \pm 2\pi, \pm 4\pi, \cdots$，意味着两列声波始终以相同的相位到达，即

$$\begin{cases} p_a = p_{1a} + p_{2a} \\ \overline{D} = \overline{D_1} + \overline{D_2} + \dfrac{p_{1a} p_{2a}}{\rho_0 c_0^2} \end{cases} \tag{3.1.39}$$

如果某些位置上有 $\psi = \pm\pi, \pm 3\pi, \cdots$，意味着两列声波始终以相反的相位到达，即

$$\begin{cases} p_a = p_{1a} - p_{2a} \\ \overline{D} = \overline{D_1} + \overline{D_2} - \dfrac{p_{1a} p_{2a}}{\rho_0 c_0^2} \end{cases} \tag{3.1.40}$$

式(3.1.39)和式(3.1.40)说明，在两列具有相同频率、固定相位差的声波叠加以后的合成声场中，任一位置的平均能量密度并不简单地等于两列声波的平均能量密度之和，而是与两列声波到达该位置时的相位差有关，特别在某些位置上，声波存在加强或抵消作用。

3.1.8　驻波

先讨论一个特殊情况，即由两列相同频率但以相反方向行进的平面波叠加的合成声场。两列沿相反方向行进的平面波可分别表示为

$$p_i = p_{iA} \mathrm{e}^{\mathrm{j}(\omega t - kx)} \tag{3.1.41}$$

$$p_r = p_{rA} \mathrm{e}^{\mathrm{j}(\omega t + kx)} \tag{3.1.42}$$

根据叠加原理，合成声场的声压为

$$p = p_i + p_r = 2 p_{rA} \cos(kx) \mathrm{e}^{\mathrm{j}\omega t} + (p_{iA} - p_{rA}) \mathrm{e}^{\mathrm{j}(\omega t - kx)} \tag{3.1.43}$$

由式(3.1.43)可见合成声场由两部分组成：第一项代表一种驻波场，各位置的质点都做同相位振动，但振幅大小随位置而异，当 $kx=n\pi$，即 $x=n\dfrac{\lambda}{2}$（$n=1,2,\cdots$）时，声压振幅最大，称为声压波腹，而当 $kx=(2n-1)\dfrac{\pi}{2}$，即 $x=(2n-1)\dfrac{\lambda}{4}$（$n=1,2,\cdots$）时，声压振幅为零，称为声压波节；第二项代表向 x 方向行进的平面行波，其振幅为原先两列波的振幅之差。驻波波动如图 3-5 所示。

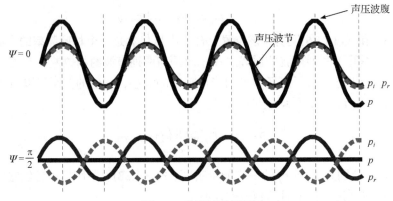

图 3-5　驻波波动图示

从上面简单的分析可以发现一个重要的规律：如果存在沿相反方向行进的波的叠加，例如在房间中入射波与由墙壁产生的反射波相叠加，则空间中合成声压的振幅将随位置出现极大和极小的变化，这样就破坏了平面自由声场的性质，如果反射波越强 p_{rA} 越大，则第一项比第二项的作用更大，即自由声场的条件不再成立。特别是如果反射波的振幅等于入射波的振幅(全反射)，$p_{rA}=p_{iA}$，则式(3.1.43)的第二项为零，只剩下第一项，这时的合成声场就是一个纯粹的驻波，亦称定波。

■ 3.2　理想介质中的声传播

3.2.1　理想流体介质中的声波方程

所谓理想流体介质，就是介质在运动过程中没有能量的损耗，即介质是无黏的。此外，还必须假设介质是连续、静态和均匀的流体，并且在介质中传播的是小振幅声波。理想介质中声波传播的基本规律可以通过三个方程描述，即：连续性方程、运动方程和状态方程。

连续性方程是根据质量守恒定律得到的。如图 3-6 所示，声场中任意一点 $B(x,y,z)$，以 B 点为中心选取一边长分别为 dx、dy、dz 的体积元，则体积元的体积为 $dV=dxdydz$。

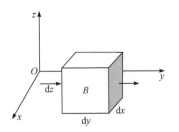

图 3-6　体积元分析示意图

假设某一瞬时，介质质点流过 B 点的速度向量为 $v(x,y,z,t)$，B 点的密度为 $\rho(x,y,z,t)$。

根据质量守恒定律，得到连续性方程

$$\nabla(\rho v) + \frac{\partial \rho}{\partial t} = 0 \tag{3.2.1}$$

在声波作用下介质产生疏密相间的变化，因此介质的密度和压强都发生了变化，即介质的状态发生了变化。理想介质的状态方程为

$$p = c^2 \mathrm{d}\rho \tag{3.2.2}$$

小振幅声波中的运动方程为

$$\rho_0 \frac{\partial v}{\partial t} = -\nabla p \tag{3.2.3}$$

根据上述三个方程可以获得理想流体介质中小振幅声波传播的波动方程

$$\nabla^2 p = \frac{1}{c^2} \frac{\partial^2 p}{\partial t^2} \tag{3.2.4}$$

波动方程反映了声压随时空变化的关系。

平面波、球面波
和柱面波

3.2.2　平面波、球面波和柱面波

空间行波在同一时刻由相位相同的各点构成的轨迹曲面称为波阵面，波阵面垂直于波传播的方向。平面波是波阵面为平面的波，球面波是波阵面为同心球面的波，而柱面波是波阵面为同轴柱面的波。

对于平面波，由于它只在一个方向传播，因此波动方程可以简化为

$$\frac{\partial^2 p}{\partial x^2} = \frac{1}{c^2} \frac{\partial^2 p}{\partial t^2} \tag{3.2.5}$$

方程(3.2.5)可以通过分离变量法求解，其解的一般形式为

$$p(x,t) = \left(A\mathrm{e}^{-\mathrm{j}kx} + B\mathrm{e}^{\mathrm{j}kx} \right)\mathrm{e}^{\mathrm{j}\omega t} \tag{3.2.6}$$

式中，波数 $k = \dfrac{\omega}{c}$。式(3.2.6)中第一项代表沿 x 轴正方向传播的波，而第二项代表沿 x 轴负方向传播的波。若讨论的是无限介质中波的传播，由于声场中没有反射物，波沿着一个方向传播，因此 $B = 0$。式(3.2.6)可以改写成

$$p(x,t) = p_A \mathrm{e}^{\mathrm{j}(\omega t - kx)} \tag{3.2.7}$$

式中，p_A 对应为声压幅度。根据运动方程，可以进一步得到质点振速为

$$v(x,t) = -\frac{1}{\rho_0} \int \frac{\partial p}{\partial x} \mathrm{d}t = \frac{p_A}{\rho_0 c} \mathrm{e}^{\mathrm{j}(\omega t - kx)} = v_A \mathrm{e}^{\mathrm{j}(\omega t - kx)} \tag{3.2.8}$$

在此引入几个新的参量，参数 $\rho_0 c$ 称为特性阻抗，它与介质的特性有关；$Z_s = \dfrac{p}{v}$ 称为声阻抗率，声阻抗率是有方向性的，当平面波向正方向传播时 $Z_s = \rho_0 c$，当平面波向

负方向传播时 $Z_s = -\rho_0 c$；声强 I 是通过垂直于声传播方向的单位面积上的平均声功率，对于平面波 $I = \dfrac{p_A^2}{2\rho_0 c} = \dfrac{p_e^2}{\rho_0 c}$。声强级 $L_I = 10\lg\dfrac{I}{I_{\text{ref}}}$，单位 dB，参考声强一般取 $I_{\text{ref}} = 1 \times 10^{-12}\,\text{W/m}^2$。

声压级与声强级的关系为

$$L_I = L_P + 10\lg\frac{400}{\rho_0 c} \tag{3.2.9}$$

声功率 $W = IS$ 表示单位时间内通过波阵面的平均能量，单位是瓦，记作 W，平面波的

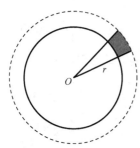

声功率为 $W = \dfrac{1}{2}\dfrac{p_e^2}{\rho_0 c}S$。声功率级 $L_W = 10\lg\dfrac{W}{W_{\text{ref}}}$，空气中的参考声功率 $W_{\text{ref}} = 1 \times 10^{-12}\,\text{W}$，而水下的参考声功率为 $W_{\text{ref}} = 6.67 \times 10^{-19}\,\text{W}$。声源辐射的声功率与声源的安放位置、声源形式和所处的环境有关。

当声波以球面波形式传播时，在距离 r 处的波阵面面积就是球面面积 $S = 4\pi r^2$，如图 3-7 所示，声压 p 只与球面坐标

图 3-7　球面波传播示意图

r 有关，而与角度无关，因此球面波的波动方程可以简化为

$$\frac{\partial^2 p}{\partial r^2} + \frac{2}{r}\frac{\partial p}{\partial r} = \frac{1}{c^2}\frac{\partial^2 p}{\partial t^2} \tag{3.2.10}$$

令 $y(r,t) = rp(r,t)$，代入式(3.2.10)得到

$$\frac{\partial^2 y}{\partial r^2} = \frac{1}{c^2}\frac{\partial^2 y}{\partial t^2} \tag{3.2.11}$$

这与平面波的波动方程完全一致，由此得到球面波的解的一般形式为

$$p(r,t) = \left(\frac{A}{r}e^{-jkr} + \frac{B}{r}e^{jkr}\right)e^{j\omega t} \tag{3.2.12}$$

式中，第一项代表向外辐射的波，而第二项代表向内辐射的波。这里讨论的是球面波向无限介质空间辐射的情况，因而没有向内辐射的会聚波，式(3.2.12)变为

$$p(r,t) = \frac{A}{r}e^{j(\omega t - kr)} \tag{3.2.13}$$

根据运动方程得到径向质点振速与声压的关系

$$v(r,t) = -\frac{1}{\rho_0}\int\frac{\partial p}{\partial r}dt = \frac{A}{r\rho_0 c}\left(1 + \frac{1}{jkr}\right)e^{j(\omega t - kr)} \tag{3.2.14}$$

因此球面波的声阻抗率为

$$Z_s = \frac{p}{v_r} = \rho_0 c\frac{jkr}{1 + jkr} \tag{3.2.15}$$

与平面波不同的是，球面波的声阻抗率不但有实部，还有虚部，这说明球面波在辐射

的过程中，除了声能量的损耗之外，还有声能量的存储。分析发现：当 $kr \gg 1$，即在远离声源或频率很高的情况下，$Z_s \approx \rho_0 c$，近似等于平面波的声阻抗率。在无限介质空间中，如果接收点远离球面波声源，此时可以近似认为接收到的就是平面波。后续学习还将发现这一结论不但对球面波适用，而且对无指向性或指向性很弱的其他声源同样适用。

球面波的波阵面为球形，波阵面面积 $S = 4\pi r^2$，因此球面波的辐射声功率为 $W = 4\pi r^2 \dfrac{p_e^2}{\rho_0 c}$，由此得到无限介质空间中球面波的声功率级与声压级之间的关系为

$$L_W = L_P + 20\lg r + 10\lg \frac{16 \times 10^2 \pi}{\rho_0 c} \tag{3.2.16}$$

对于空气介质，$10\lg \dfrac{16 \times 10^2 \pi}{\rho_0 c} \approx 11\text{dB}$。对于球面波，单位时间内通过波阵面的声功率总是一定的，而声压的强弱与接收点位置有关。式(3.2.16)表明：球面波的声压级随接收点与声源之间的距离增大而减小，距离增加 1 倍，则声压级降低 6dB。

如图 3-8 所示，如果声源为长圆柱形，其长度远大于圆柱的直径和声波波长，则辐射的声波为柱面波，柱面波的波动方程为

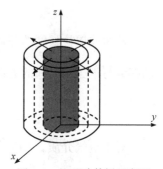

$$\frac{\partial^2 p}{\partial r^2} + \frac{1}{r}\frac{\partial p}{\partial r} = \frac{1}{c^2}\frac{\partial^2 p}{\partial t^2} \tag{3.2.17}$$

图 3-8　柱面波传播示意图

分离变量，令 $p(r,t) = R(r)\mathrm{e}^{\mathrm{j}\omega t}$，代入式(3.2.17)得到

$$\frac{\mathrm{d}^2 R}{\mathrm{d}r^2} + \frac{1}{r}\frac{\mathrm{d}R}{\mathrm{d}r} + k^2 R = 0 \tag{3.2.18}$$

式中，$k = \dfrac{\omega}{c}$ 称为波数。式(3.2.18)就是零阶贝塞尔方程，它的解可以用零阶贝塞尔函数和零阶诺依曼函数表示

$$R(r) = AJ_0(kr) + BN_0(kr) \tag{3.2.19}$$

式中，$J_0(x)$ 为零阶贝塞尔函数，而 $N_0(x)$ 为零阶诺依曼函数。当 x 为实数时，$J_0(x)$ 和 $N_0(x)$ 都是实数，它们随 x 变化的规律见图 3-9 和图 3-10。其中 $N_0(x)$ 在 $x = 0$ 处有极点，$N_0(x) \underset{x \to 0}{\to} \infty$，它表示在 $x = 0$ 处有源存在的情况。当 $x \to 0$ 时，$J_0(x) \approx \sqrt{2/\pi} \cdot \cos\left(x - \dfrac{\pi}{4}\right)\Big/\sqrt{x}$ 且 $N_0(x) \approx \sqrt{2/\pi} \cdot \sin\left(x - \dfrac{\pi}{4}\right)\Big/\sqrt{x}$，由此说明在柱面波声场中，如果距离足够远或频率足够高，则声压与距离的平方根成反比，即距离每增加 1 倍，声压级降低 3dB，此时

$$p(r,t) = \frac{A}{\sqrt{\dfrac{\pi}{2}kr}}\mathrm{e}^{\mathrm{j}\left(\omega t - kr + \frac{\pi}{4}\right)} \tag{3.2.20}$$

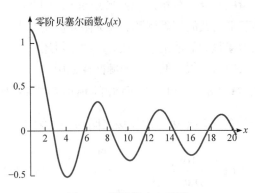

图 3-9　零阶贝塞尔函数

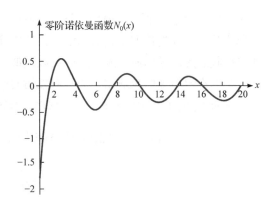

图 3-10　零阶诺依曼函数

同样可得到柱面波的声阻抗率为

$$Z_s \approx \rho_0 c \tag{3.2.21}$$

柱面波单位长度的辐射声功率为 $W = 2\pi r \dfrac{p_e^2}{\rho_0 c}$，由此得到无限介质空间中柱面波的声功率级与声压级之间的关系为

$$L_W = L_P + 10\lg r + 10\lg \frac{8 \times 10^2 \pi}{\rho_0 c} \tag{3.2.22}$$

对于空气介质，$10\lg \dfrac{8 \times 10^2 \pi}{\rho_0 c} \approx 8\text{dB}$。对于柱面波，由于单位时间内通过波阵面的声功率总是一定的，故声压的强弱与接收点位置有关，式(3.2.22)表明：柱面波的声压级随接收点与声源之间的距离增大而减小，距离增加 1 倍，声压级降低 3dB。

声波的反射与透射

3.2.3　声波的反射与透射

平面波入射到两种介质的平面分界面上，部分声能反射，形成反射波，部分声能穿透界面进入另一种介质，形成折射波。平面声波在无限、均匀介质分界面上的反射是声反射现象中最简单的一种。

如图 3-11 所示。假设入射波声压为 $p_i = p_{iA}\mathrm{e}^{\mathrm{j}(\omega_i t - k_i x\cos\theta_i - k_i z\sin\theta_i)}$，反射波和折射波的声压分别为 $p_r = p_{rA}\mathrm{e}^{\mathrm{j}(\omega_i t - k_r x\cos\theta_r - k_r z\sin\theta_r)}$ 和 $p_t = p_{tA}\mathrm{e}^{\mathrm{j}(\omega_i t - k_t x\cos\theta_t - k_t z\sin\theta_t)}$，则在第一种介质中的声压为入射声压与反射声压之和，$p_1 = p_i + p_r$，第二种介质中的声压就是折射声压，$p_2 = p_t$，它们均满足平面声波的波动方程

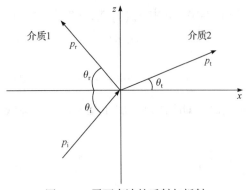

图 3-11　平面声波的反射与折射

$$\frac{\partial^2 p_n}{\partial x^2} + \frac{\partial^2 p_n}{\partial z^2} = \frac{1}{c_n^2}\frac{\partial^2 p_n}{\partial t^2} \quad n = 1, 2, \cdots \tag{3.2.23}$$

在分界面 $z=0$ 处，满足声压连续条件 $p_1|_{z=0}=p_2|_{z=0}$ 和法向振速相等条件 $v_{1z}|_{z=0}=v_{2z}|_{z=0}$，将入射波、反射波和折射波的表达式代入边界条件，得到

$$\begin{cases} \omega_i = \omega_r = \omega_t \\ k_i \sin\theta_i = k_r \sin\theta_r = k_t \sin\theta_t \end{cases} \tag{3.2.24}$$

式(3.2.24)表明：声波遇到不同介质发生反射和折射后，声波的频率不变。式(3.2.24)经整理后得到 $\theta_i = \theta_r$，以及

$$\frac{\sin\theta_i}{\sin\theta_t} = \frac{k_t}{k_i} = \frac{c_1}{c_2} \tag{3.2.25}$$

这就是声波的反射与折射定律。

平面声波在无限大介质中反射的最简单的情况就是垂直入射，如图 3-12 所示。

由于入射波和透射波沿 x 轴正方向，而反射波沿 x 轴负方向，因此在介质 1 和介质 2 中传播的声波可以分别写成

$$\begin{cases} p_1 = \left(p_{iA} e^{-jk_1 x} + p_{rA} e^{jk_1 x} \right) e^{j\omega t} \\ p_2 = p_{tA} e^{-jk_2 x} e^{j\omega t} \end{cases} \tag{3.2.26}$$

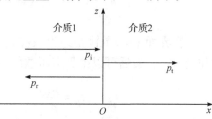

图 3-12　垂直入射声波的反射与透射

相应的两种介质中的质点垂直振速分别为

$$\begin{cases} v_1 = \left(\dfrac{p_{iA}}{\rho_1 c_1} e^{-jk_1 x} + \dfrac{p_{rA}}{\rho_1 c_1} e^{jk_1 x} \right) e^{j\omega t} \\ v_2 = \dfrac{p_{tA}}{\rho_2 c_2} e^{-jk_2 x} e^{j\omega t} \end{cases} \tag{3.2.27}$$

根据边界 $x=0$ 处的声压连续和垂直振速相等的条件，得到声压反射系数

$$r_p = \frac{p_{rA}}{p_{iA}} = \frac{\rho_2 c_2 - \rho_1 c_1}{\rho_2 c_2 + \rho_1 c_1} = \frac{Z_{s2} - Z_{s1}}{Z_{s2} + Z_{s1}} \tag{3.2.28}$$

以及声压透射系数

$$t_p = \frac{p_{tA}}{p_{iA}} = \frac{2\rho_2 c_2}{\rho_2 c_2 + \rho_1 c_1} = \frac{2Z_{s2}}{Z_{s2} + Z_{s1}} \tag{3.2.29}$$

前面讨论的是无限介质的情况，工程实际中有很多介质是有限大小的，如隔声墙。如图 3-13 所示，设有一厚度为 h、特性阻抗 $Z_{s2}=\rho_2 c_2$ 的中间介质置于特性阻抗为 $Z_{s1}=\rho_1 c_1$ 的无限介质中。

当入射声波垂直入射到中间层界面上时，一部分反射回介质 1，另一部分穿透介质 2，透射的声波遇到另一个界面，其中的一部分又反射回介质 2，而另一部分继续透射，进入介质 1。因此，三个区域中的声压可以分别表示成

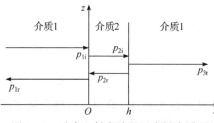

图 3-13　垂直入射声波通过中间介质层

$$\begin{cases} p_1 = \left(p_{1iA} \mathrm{e}^{-jk_1 x} + p_{1rA} \mathrm{e}^{jk_1 x} \right) \mathrm{e}^{j\omega t} \\ p_2 = \left(p_{2iA} \mathrm{e}^{-jk_2 x} + p_{2rA} \mathrm{e}^{jk_2 x} \right) \mathrm{e}^{j\omega t} \\ p_3 = p_{3tA} \mathrm{e}^{-jk_3 x} \mathrm{e}^{j\omega t} \end{cases} \tag{3.2.30}$$

对应的质点振速分别为

$$\begin{cases} v_1 = \left(\dfrac{p_{1iA}}{Z_{s1}} \mathrm{e}^{-jk_1 x} + \dfrac{p_{1rA}}{Z_{s1}} \mathrm{e}^{jk_1 x} \right) \mathrm{e}^{j\omega t} \\ v_2 = \left(\dfrac{p_{2iA}}{Z_{s2}} \mathrm{e}^{-jk_2 x} + \dfrac{p_{2rA}}{Z_{s2}} \mathrm{e}^{jk_2 x} \right) \mathrm{e}^{j\omega t} \\ v_3 = \dfrac{p_{3tA}}{Z_{s1}} \mathrm{e}^{-jk_3 x} \mathrm{e}^{j\omega t} \end{cases} \tag{3.2.31}$$

在界面 $x=0$ 处满足边界条件 $p_1 = p_2$ 和 $v_1 = v_2$，在界面 $x=h$ 处满足边界条件 $p_2 = p_3$ 和 $v_2 = v_3$，最后可以得到声压透射系数为

$$t_p = \frac{p_{3tA}}{p_{1iA}} = \frac{2}{\sqrt{4\cos^2\left(k_2 h\right) + \left(z_{12} + z_{21}\right)^2 \sin^2\left(k_2 h\right)}} \tag{3.2.32}$$

式中，$z_{12} = Z_{s1}/Z_{s2}$，为两种介质的特性阻抗之比。式(3.2.32)表明：声波通过中间层时的透射特性不仅与两种介质的特性阻抗比有关，还与中间层的厚度 h 以及声波在中间层的波数 k_2 有关。

当 $k_2 h \ll 1$ 时，式(3.2.32)可以简化为 $t_p \approx 1$，说明在中间层厚度相对于波长而言很小的情况下，中间层在声学上就像不存在一样，声波能够全部通过。

当 $k_2 h = n\pi$，也即 $h = n\dfrac{\lambda_2}{2}$，$(n=1,2,\cdots)$，式 (3.2.32) 可以简化为 $t_p \approx 1$。这里 $\lambda_2 = \dfrac{c_2}{f_2} = \dfrac{2\pi}{k_2}$ 表示声波在介质 2 中的波长。由此说明当中间层的厚度等于半波长的整数倍时，声波也可以完全透过，就像中间层不存在一样。

当 $k_2 h = \left(n - \dfrac{1}{2}\right)\pi$，也即 $h = \dfrac{2n-1}{4}\lambda_2$ 时，式(3.2.32)可以简化为 $t_p \approx 0$，即中间层的厚度为 $\dfrac{1}{4}$ 波长的奇数倍时，声波完全不能透过，中间层隔绝了声波。这一规律为隔声技术提供了理论基础。

3.3 结构振动及其声辐射

物体在弹性介质中振动会引起周围介质的振动，从而激发声波。在 3.2 节里介绍了声波在传播过程中的一些基本特性，在这一节将介绍声波与声源之间的关系。

分析声源的声辐射有助于认识声源振动对辐射声场的贡献、掌握声辐射的基本特性和规律。声源的形式是多种多样的，实际声源的结构形式往往是十分复杂的，要想从数学上严格求解几乎是不可能的。理论分析中常用的处理方法就是将实际复杂的声源简化处理成各种典型声源，如球声源、点声源、活塞式声源等。例如，机器在运转过程中辐射噪声，在声场的远场分析中就可以把机器看成是一个点声源；公路上川流不息的汽车在行驶过程中辐射噪声，在远场分析中可以把它们作为线声源处理；飞机或船舶在航行过程中依靠螺旋桨提供推力，螺旋桨运动过程中产生噪声，根据所产生噪声的特性，可把它作为偶极子或四极子处理。

本节首先介绍声辐射效率相关概念，在此基础上介绍脉动球源、点声源以及由点声源构成的偶极子和线声源。此外在工程振动与噪声分析中，还会遇到号筒声辐射、扬声器纸盆振动这一类的问题，这类问题可以用无限障板上活塞的振动来近似，因此本节还将介绍无限障板上的活塞振动及其辐射噪声。

薄壳结构的弯曲振动是辐射噪声的主要原因，作为复杂结构振动与噪声控制的理论基础，有限薄板的弯曲振动声辐射十分重要，因此本节专门对此作介绍。

3.3.1 辐射效率概念

结构的声辐射效率体现了结构在载荷激励下对于声场的辐射能力，即振动能量向声能的转化。声辐射效率 σ_{rad} 是一个无量纲量，需要注意的是，声辐射效率在一些频点处的值也可以大于 1。稳态激励作用下，结构的声辐射效率定义如下

$$\sigma_{rad} = \frac{W}{\rho_0 c S \langle u^2 \rangle} \tag{3.3.1}$$

式中，W 为结构的辐射声功率；$\langle u^2 \rangle$ 表示振源表面振动速度平方的时间平均值；S 为结构表面辐射面积。

3.3.2 脉动球源、点声源和多极子声源

单极子声源
与偶极子声源

脉动球源是指进行均匀舒展和收缩的球面声源，球源表面各点沿径向做同振幅、同相位的振动。如图 3-14 所示，假设脉动球源的半径为 a，表面振动位移为 $\xi = dr$，随着表面位移的和谐变化，球面向外辐射声波，显然辐射的是球面波。球面波的传播规律已在上节作了介绍。无限介质中的声压为

$$p(r,t) = \frac{A}{r} e^{j(\omega t - kr)} \tag{3.3.2}$$

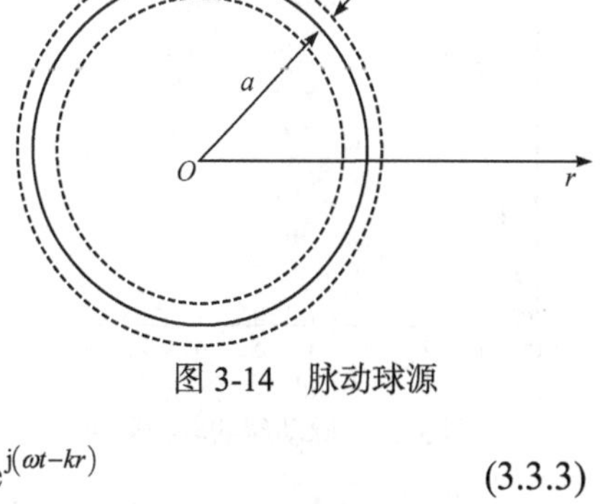

介质中的质点振速则为

图 3-14 脉动球源

$$v_r(r,t) = \frac{A}{r\rho_0 c}\left(1 + \frac{1}{jkr}\right)e^{j(\omega t - kr)} \tag{3.3.3}$$

在球源的表面处，介质的质点振速与球源表面的振动速度一致，假设球源的振动速

度为 $u = u_A \mathrm{e}^{\mathrm{j}(\omega t - ka)}$，代入式(3.3.3)可得

$$A = \frac{\mathrm{j}ka^2 \rho_0 c u_A}{1 + \mathrm{j}ka} = |A| \mathrm{e}^{\mathrm{j}\theta} \tag{3.3.4}$$

由此可以完全确定脉动球源的辐射声压

$$p(r, t) = \frac{A}{r} \mathrm{e}^{\mathrm{j}(\omega t - kr)} = \frac{|A|}{r} \mathrm{e}^{\mathrm{j}(\omega t - kr + \theta)} \tag{3.3.5}$$

脉动球源辐射声压与球源的大小、球源振动频率及速度关系密切。进一步对式(3.3.5)作分析，可以发现：对于相同大小的球源，脉动频率比较高的球源辐射声压也比较大；对于以相同频率和速度脉动的球源，球源越大则辐射声压就越大。这一规律不但对脉动球源适用，而且具有普遍性，一般而言，辐射面积大的振动物体的辐射声压大于辐射面积小的物体。

通过波阵面的声强为

$$I = \frac{1}{T} \int_0^T \mathrm{Re}(p) \mathrm{Re}(v)\, \mathrm{d}t = \frac{1}{2} \rho_0 c \left(\frac{a}{r}\right)^2 u_A^2 \frac{(ka)^2}{1 + (ka)^2} \tag{3.3.6}$$

由此得到脉动球辐射的声功率为

$$W = 4\pi r^2 I = 2\pi a^2 \rho_0 c u_A^2 \frac{(ka)^2}{1 + (ka)^2} \tag{3.3.7}$$

脉动球表面以简谐规律振动 $u = u_A \mathrm{e}^{\mathrm{j}(\omega t - ka)}$，因此 $\langle u^2 \rangle = \frac{1}{2} u_A^2 \cos^2(ka) \approx \frac{1}{2} u_A^2$，脉动球表面辐射面积 $S = 4\pi a^2$，则脉动球源的辐射效率为

$$\sigma_{\mathrm{rad}} = \frac{(ka)^2}{1 + (ka)^2} \tag{3.3.8}$$

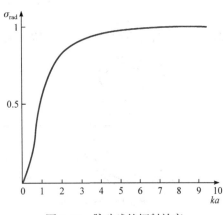

图 3-15　脉动球的辐射效率

由于 $ka = 2\pi \dfrac{a}{\lambda}$，因此式(3.3.8)说明脉动球源的辐射效率与球半径和辐射声波波长的相对值有关。同样是半径为 a 的脉动球，当其脉动频率比较高时，辐射效率就比较大；相反，脉动频率比较低时，辐射效率就比较小。由此说明高频振动比低频振动更容易向外辐射，这一规律不但对脉动球适用，而且具有一般性。脉动球的声辐射效率如图 3-15 所示。

假如脉动球的半径足够小，以至于 $ka \ll 1$，那么脉动球源就成为点声源，点声源在无限介质中辐射的声压可以简化为

$$p(r, t) = \mathrm{j}\frac{ka^2 \rho_0 c}{r} u_A \mathrm{e}^{\mathrm{j}(\omega t - kr)} = \mathrm{j}\frac{k\rho_0 c}{4\pi r} u_A \mathrm{e}^{\mathrm{j}(\omega t - kr)} S \tag{3.3.9}$$

式中，S 表示声源辐射表面积。如果声源只向半无限空间辐射声波，则式(3.3.9)应改写为

$$p(r,t) = j\frac{k\rho_0 c}{2\pi r}u_A e^{j(\omega t - kr)}S \qquad (3.3.10)$$

推导点源辐射声压的目的在于为以后其他声源如多极子声源、活塞式声源等较复杂声源的声场分析做准备。以上两式也可简记为

$$p(r,t) = \frac{A}{r}e^{j(\omega t - kr)} \qquad (3.3.11)$$

现在假设有两个相距很近的点声源，它们以相同的振幅振动，但振动的相位则完全相反，如图 3-16 所示，这样的两个点源组成偶极子。假设偶极子之间的距离为 l，两者连线的中点到空间一点距离为 r，则如下几何关系成立

$$\begin{cases} r_+ \approx r + \dfrac{l}{2}\cos\alpha \\ r_- \approx r - \dfrac{l}{2}\cos\alpha \end{cases} \qquad (3.3.12)$$

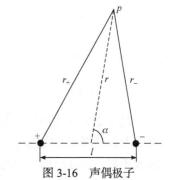

图 3-16　声偶极子

声场的总声压为两个点源的声压之迭加，即

$$p = \frac{A}{r_+}e^{j(\omega t - kr_+)} - \frac{A}{r_-}e^{j(\omega t - kr_-)} \qquad (3.3.13)$$

虽然 r_+ 和 r_- 在数值上相差很小，但这种差异反映到相位上却是影响很大的，将式(3.3.12)代入式(3.3.13)，即可得到

$$p \approx \frac{A}{r}e^{j(\omega t - kr)}\left(e^{-j\frac{kl\cos\alpha}{2}} - e^{j\frac{kl\cos\alpha}{2}}\right) = -2j\frac{A}{r}e^{j(\omega t - kr)}\sin\frac{kl\cos\alpha}{2} \qquad (3.3.14)$$

偶极子之间的距离很近，在频率不是很高的情况下，$kl \ll 1$，因此式(3.3.14)可以简化为

$$p \approx -j\frac{klA}{r}\cos\alpha\, e^{j(\omega t - kr)} \qquad (3.3.15)$$

式(3.3.15)表明：偶极子的辐射声压不但与距离 r 有关，而且和 α 角有关，这意味着在声场中同一距离但不同方向的声压不同。在 $\alpha = 0°$ 和 $\alpha = 180°$ 的方向上声压幅度最大，而在 $\alpha = 90°$ 和 $\alpha = 270°$ 的方向上合成声压为零。通常把声压幅度随方向而变化的这种特性称为辐射指向性，用下式表示

$$D(\alpha) = \frac{p_{A|\alpha}}{p_{A|\max}} = |\cos\alpha| \qquad (3.3.16)$$

偶极子的指向性见图 3-17。

偶极子声源是由两个距离相近、振源强度相等、相位相反的点声源组成。一个形状、体积不变的圆球沿直线来回振动，它的两端表面所产生的流体振动的相位相反，就构成了偶极子。生活和生产实践中有很多偶极子声源的例子，如风扇、倾角不为零的飞机螺旋桨、空气压缩机、无障板的扬声器、流体流过阀门、风吹电线产生的风吹声等都是典

型的偶极子声源。

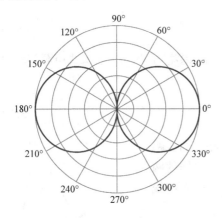

图 3-17　偶极子的指向性

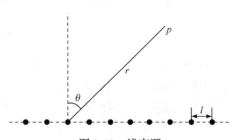

图 3-18　线声源

现考虑另一类声源，假设有 n 个体积速度相等、相位相同的点声源均匀分布在一条直线上，相邻点源之间距离为 l，如图 3-18 所示，这样的声源一般称为声柱，或线声源。假设相邻点源连线的中点与空间一点距离为 r，由所有点源合成的声场的总声压为

$$p = \sum_{i=1}^{n} \frac{A}{r_i} e^{j(\omega t - kr_i)} \tag{3.3.17}$$

对于 $r \gg \sum l$ 的远场，从各点源到空间一点的距离 $r_i \approx r + il\cos\theta$，代入式(3.3.17)并经过整理，得到远场声压的近似表达式为

$$p = \sum_{i=1}^{n} \frac{A}{r} e^{j[\omega t - k(r + il\cos\theta)]} = \frac{A}{r} e^{j(\omega t - kr)} \frac{\sin\dfrac{nkl\sin\theta}{2}}{\sin\dfrac{kl\sin\theta}{2}} \tag{3.3.18}$$

当 $\theta \to 0°$ 时，$\sin\dfrac{nkl\sin\theta}{2} \approx \dfrac{nkl\sin\theta}{2}$ 且 $\sin\dfrac{kl\sin\theta}{2} \approx \dfrac{kl\sin\theta}{2}$，因此式(3.3.18)变为

$$p\big|_{\theta=0°} = n\frac{A}{r} e^{j(\omega t - kr)} \tag{3.3.19}$$

$\sin\theta = 0$ 的方向正是声压幅度最大的方向，称为主极大，由此得到线声源的辐射指向性为

$$D(\theta) = \left| \frac{\sin\dfrac{nkl\sin\theta}{2}}{n \cdot \sin\dfrac{kl\sin\theta}{2}} \right| \tag{3.3.20}$$

将波长 $\lambda = \dfrac{2\pi}{k}$ 代入式(3.3.20)，可以得到

$$D(\theta) = \left| \frac{\sin\dfrac{n\pi l\sin\theta}{\lambda}}{n \cdot \sin\dfrac{\pi l\sin\theta}{\lambda}} \right| \tag{3.3.21}$$

从式(3.3.21)可以发现，除了 $\sin\theta = 0$ 时指向性出现极大值外，还有两种情况可以出现指向性极大。第一类就是式(3.3.21)中分子和分母同时为零，$\dfrac{\pi l \sin\theta}{\lambda} = \pm m\pi$，$m = 1, 2, \cdots$。这一条件也可写为 $\left| \sin\theta \right| = m\dfrac{\lambda}{l}$，要使式(3.3.21)成立必须满足 $m\dfrac{\lambda}{l} \leqslant 1$ 的条件。通常将这一类极大值称为副极大，此时指向性为 1。出现第一个副极大的条件是 $l > \lambda$。

出现指向性极大的另一类情况就是式(3.3.21)的分子出现极大值，即 $\left| \sin\dfrac{n\pi l \sin\theta}{\lambda} \right| = 1$，这一条件可以改写为 $\sin\theta = \dfrac{m - 1/2}{n}\dfrac{\lambda}{l}$，$m = 1, 2, \cdots$。由于一般声柱中点源的个数 n 比较多，因此能满足这一条件的 θ 角也比较多。这一类极大称为次极大。

线声源的指向性如图 3-19 所示。这里取点源个数 $n = 10$，当点源之间的距离很小时，线声源的指向性不明显；随着点源之间距离的增大，先是在主极大之外出现了一些次极大，点源之间距离越大则次极大数目越多；一旦点源之间的距离大于波长之后，就出现副极大。

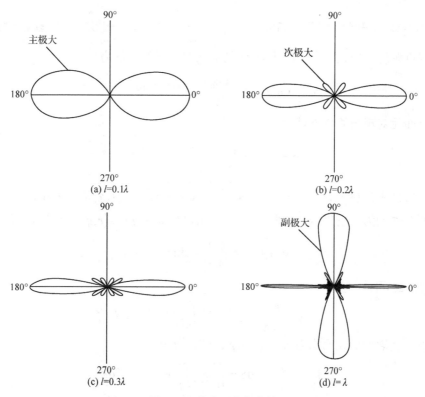

图 3-19　线声源的指向性

线声源是声信号检测中常用的一种声源，工程中往往要求线声源的指向性强，既不希望出现副极大，也不希望出现大量很明显的次极大，这就要求增大点源之间的距离和增加点源的数目，但增大点源间距离会增加旁瓣。

3.3.3　无限障板上活塞式辐射声场

如图 3-20 所示为无限障板上的圆面活塞辐射器。当活塞以速度 $u = u_A \mathrm{e}^{\mathrm{j}\omega t}$ 在 z 方向振动时，就向障板前面的半无限空间辐射声波。假设活塞半径为 a，如图 3-21 所示，在活塞上选取一个距活塞中心为 q 处的面积为 $\mathrm{d}S$ 的面元，由于分析的是远场声辐射，因此这个面元可以看作一个点声源，整个活塞辐射器就是由很多个这样的点源所构成的。

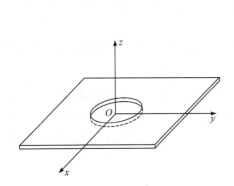

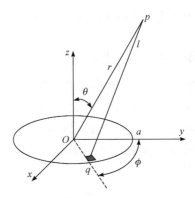

图 3-20　无限障板上的圆形活塞　　　图 3-21　圆形活塞声压辐射声场

根据点源声压公式，写出面积为 $\mathrm{d}S$ 的面元对声场的贡献为

$$\mathrm{d}p(r,t) = \mathrm{j}\frac{k\rho_0 c}{2\pi l}u_A \mathrm{e}^{\mathrm{j}(\omega t - kl)}\mathrm{d}S \tag{3.3.22}$$

所有面元对声场的总贡献为

$$p = \int_S \mathrm{d}p = \int_S \mathrm{j}\frac{k\rho_0 c}{2\pi l}u_A \mathrm{e}^{\mathrm{j}(\omega t - kl)}\mathrm{d}S \tag{3.3.23}$$

式(3.3.22)和式(3.3.23)中 $l = \sqrt{|\boldsymbol{r}|^2 + |\boldsymbol{q}|^2 - 2|\boldsymbol{r}||\boldsymbol{q}|\cos\langle\boldsymbol{r},\boldsymbol{q}\rangle}$，$\langle\boldsymbol{r},\boldsymbol{q}\rangle$ 表示 $\boldsymbol{r}$ 和 $\boldsymbol{q}$ 之间的夹角。考虑到所考察的为远场声压，因此 $|\boldsymbol{q}| \ll |\boldsymbol{r}|$，此时 $l \approx |\boldsymbol{r}| - |\boldsymbol{q}|\cos\langle\boldsymbol{r},\boldsymbol{q}\rangle$，根据几何关系

$$\cos\langle\boldsymbol{r},\boldsymbol{q}\rangle = \frac{\boldsymbol{q} \cdot \boldsymbol{r}}{|\boldsymbol{q}||\boldsymbol{r}|} = \sin\theta\cos\phi \tag{3.3.24}$$

式(3.3.23)可改写为

$$p \approx \mathrm{j}\frac{k\rho_0 c}{2\pi r}u_A \mathrm{e}^{\mathrm{j}(\omega t - kr)}\int_S \mathrm{e}^{\mathrm{j}kq\sin\theta\cos\phi}\mathrm{d}S \tag{3.3.25}$$

假设所选取的面元面积为 $\mathrm{d}S = q\mathrm{d}q\mathrm{d}\phi$，则积分得

$$\int_S \mathrm{e}^{\mathrm{j}kq\sin\theta\cos\phi}\mathrm{d}S = \int_0^a q\mathrm{d}q\int_0^{2\pi}\mathrm{e}^{\mathrm{j}kq\sin\theta\cos\phi}\mathrm{d}\phi \tag{3.3.26}$$

根据零阶贝塞尔函数的定义，$J_0(x) = \dfrac{1}{2\pi}\int_0^{2\pi}\mathrm{e}^{\mathrm{j}x\cos\phi}\mathrm{d}\phi$，因此式(3.3.26)可改写为

$$\int_S \mathrm{e}^{\mathrm{j}kq\sin\theta\cos\phi}\mathrm{d}S = 2\pi\int_0^a qJ_0(kq\sin\theta)\,\mathrm{d}q \tag{3.3.27}$$

根据零阶贝塞尔函数与一阶贝塞尔函数的关系 $\int xJ_0(x)\mathrm{d}x = xJ_1(x)$ 得到

$$\int_S e^{jkq\sin\theta\cos\phi}dS = \frac{2\pi a}{k\sin\theta}J_1(ka\sin\theta) \tag{3.3.28}$$

代入式(3.3.25)得到远场辐射声压为

$$p = j\frac{a\rho_0 cu_A J_1(ka\sin\theta)}{2r\sin\theta}e^{j(\omega t - kr)} \tag{3.3.29}$$

由此可以得到远场介质的质点振速，并最终获得辐射声功率为

$$W = \frac{1}{2}\pi a^2 \rho_0 cu_A^2\left[1 - \frac{2J_1(2ka)}{2ka}\right] \tag{3.3.30}$$

活塞式声源的辐射效率为

$$\sigma_{\text{rad}} = 1 - \frac{2J_1(2ka)}{2ka} \tag{3.3.31}$$

图 3-22 所示为活塞式声源的辐射效率。下面讨论活塞式声源的指向性，在距离 r 一定的情况下，活塞式声源的辐射声压最大值出现在 $\theta = 0°$ 的方向上，并有 $\frac{J_1(x)}{x}^{x=0} = \frac{1}{2}$，因此其指向性

$$D(\theta) = \left|\frac{2J_1(ka\sin\theta)}{ka\sin\theta}\right| \tag{3.3.32}$$

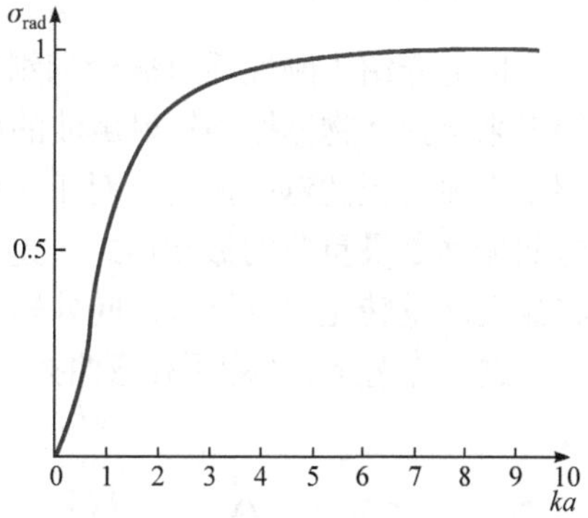

由于 $ka = 2\pi\frac{a}{\lambda}$，因此式(3.3.32)说明活塞式声源的指向性与活塞半径和辐射声波的波长二者的

图 3-22　无限障板上圆形活塞的辐射效率

相对大小有关。图 3-23 提供了一组 $\frac{a}{\lambda}$ 对应的指向性，可以看到，在活塞半径相对于波长很小的情况下，声源向半空间几乎均匀辐射，随着活塞半径的增大，指向性越来越明显，并出现次极大，半径越大则次极大就越多。在日常生活中经常遇到的喇叭在低频声辐射的情况下就是一个活塞式声源，处在喇叭正前方的声能量相对集中，而在一定角度范围以外的空间则几乎没有声波到达。

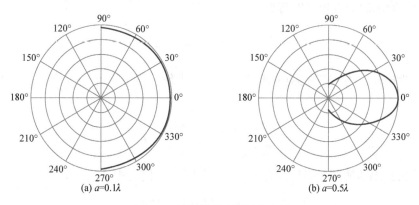

图 3-23　圆形活塞声源的指向性

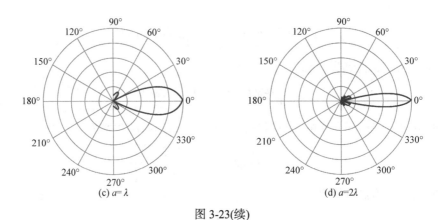

(c) $a=\lambda$ (d) $a=2\lambda$

图 3-23(续)

3.3.4 板的声辐射

以上介绍了刚性活塞振动和刚性球体脉动的声辐射特性。在实际生活中，更多的声辐射来自弹性物体振动辐射声波的情况，而最简单最典型的弹性体就是平板。第 2 章介绍了有限薄板的弯曲振动，对于工程中大量遇到的薄板、薄壳振动及其声辐射问题中，弯曲振动是最重要的振动形式，这是因为结构表面的弯曲振动与声空间直接耦合，从而将振动能量转化为声能量，向外辐射噪声。

这里首先介绍无限平板弯曲振动及其声辐射，所谓无限平板是指板的几何尺寸(长和宽)

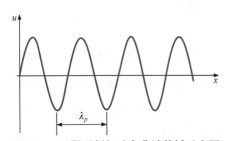

图 3-24   无限平板振动弯曲波传播示意图

远大于弯曲波长的平板。如图 3-24 所示，假设弯曲波在板中的传播速度为 c_p，对应的弯曲波的波长为 λ_p，弯曲波的波长取决于板的材料和几何尺寸。为便于理解，首先讨论一维板振动的情况，即弯曲波在 x 方向传播，传播速度为 c_p，在 y 轴方向没有振动，在 z 轴方向的振动速度为 $u=u_A\mathrm{e}^{\mathrm{j}(\omega t-k_p x)}$。

板振动向外辐射声波，特定介质的声传播速度是一定的，假设辐射声波的传播速度为 c，对应的辐射声波的波长为 λ，此时板弯曲振动辐射声波的波动方程可以写为

$$\frac{\partial^2 p}{\partial x^2}+\frac{\partial^2 p}{\partial z^2}-\frac{1}{c^2}\frac{\partial^2 p}{\partial t^2}=0 \tag{3.3.33}$$

式中，p 为声压。方程(3.3.33)可通过分离变量求解，设 $p=P(x,z)\mathrm{e}^{\mathrm{j}\omega t}$，代入式(3.3.33)得到

$$\frac{\partial^2 P}{\partial x^2}+\frac{\partial^2 P}{\partial z^2}-k^2\frac{\partial^2 P}{\partial t^2}=0 \tag{3.3.34}$$

方程(3.3.34)的解的一般形式为 $P=P_A\mathrm{e}^{-\mathrm{j}(k_p x+k_z z)}$，代入式(3.3.34)得到

$$k_P^2+k_z^2=k^2 \tag{3.3.35}$$

由板的振动分析可知，板弯曲波的波数 $k_P^4 = \dfrac{\omega^2 \rho h}{D}$。式(3.3.35)表明：并非任何频率的振动都能够辐射声波，无限平板振动辐射声波的条件是

$$k \geqslant k_P \tag{3.3.36}$$

把满足声辐射条件的临界频率 f_c 称为截止频率或符合频率

$$f_c = \frac{c^2}{2\pi} \sqrt{\frac{\rho h}{D}} \tag{3.3.37}$$

只有当弯曲振动的频率大于符合频率的情况下，才能辐射声波。波动方程的解的一般形式为

$$p = P_A \mathrm{e}^{\mathrm{j}(\omega t - k_P x - k_z z)} \tag{3.3.38}$$

介质在垂直平板方向的振动速度为

$$v = -\frac{P_A}{\rho_0 c} \frac{k_z}{k} \mathrm{e}^{\mathrm{j}(\omega t - k_P x - k_z z)} \tag{3.3.39}$$

在 $z = 0$ 处满足速度连续的边界条件，即 $v|_{z=0} = u$，由此得到

$$P_A = -\frac{\rho_0 c}{\sqrt{1 - \dfrac{k_P^2}{k^2}}} u_A \tag{3.3.40}$$

由此可以方便地获得空间一点的声压以及对应的介质质点振速，获得平板弯曲振动的辐射声功率和辐射效率，其辐射效率为

$$\sigma_{\mathrm{rad}} = \frac{1}{\sqrt{1 - \dfrac{k_P^2}{k^2}}} \tag{3.3.41}$$

无限平板弯曲振动声辐射效率如图 3-25 所示。以上推导虽然是在一维板振动的假设下进行的，但得到的结论具有通用性，同样适用于二维板振动的情况。

假如平板的几何尺度小于弯曲波长，那么就是一个有限平板。在符合频率以上，有限平板的声辐射特性与无限平板一致；与无限平板不同的是，有限平板在符合频率以下仍能够辐射声波。

如图 3-26 所示，在远低于符合频率以下的区域，主要是角型辐射，它类似于四极子的辐射强度；随着频率的增加，由角型过渡到边缘型声辐射，如图 3-27 所示。图 3-26 和图 3-27 均为简支边界条件。

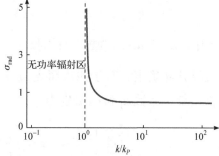

图 3-25　无限平板的辐射效率

关于有限平板的声辐射推导比较复杂，本书不作专门推导，仅在此给出一个常用的经验估算公式

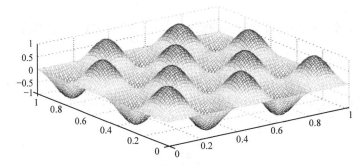

图 3-26 有限板的低频角型辐射

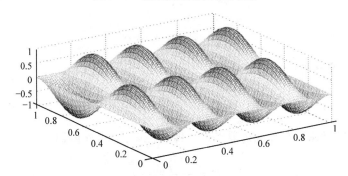

图 3-27 有限板的低频边缘型辐射

$$
\sigma_{\mathrm{rad}} = \begin{cases}
\beta\left(2\dfrac{\lambda_{\mathrm{c}}^2}{S}\alpha_1 + \dfrac{L\lambda_{\mathrm{c}}}{S}\alpha_2\right) & f < f_{\mathrm{c}} \\[3mm]
\sqrt{\dfrac{a}{\lambda_{\mathrm{c}}}} + \sqrt{\dfrac{b}{\lambda_{\mathrm{c}}}} & f = f_{\mathrm{c}} \\[3mm]
\dfrac{1}{\sqrt{1 - \dfrac{f_{\mathrm{c}}}{f}}} & f > f_{\mathrm{c}}
\end{cases}
\tag{3.3.42}
$$

式中，$L = 2(a+b)$ 为板的总周长；$S = ab$ 为板面积；$\lambda_{\mathrm{c}} = \dfrac{2\pi}{k_{\mathrm{c}}} = \dfrac{c}{f_{\mathrm{c}}}$ 为弯曲波的波长。β 由边界条件确定，对于四边简支边界 $\beta = 1$，周边固定边界 $\beta = 2$，介于两者之间则取 $\beta = \sqrt{2}$。系数 α_1 和 α_2 分别为

$$
\alpha_1 = \begin{cases}
\dfrac{8}{\pi^2}\dfrac{1-2z^2}{z\sqrt{1-z}} & z = \sqrt{\dfrac{f}{f_{\mathrm{c}}}} < 0.5 \\[3mm]
0 & z \geq 0.5
\end{cases}
, \quad
\alpha_2 = \dfrac{1}{(2\pi)^2}\dfrac{(1-z^2)\ln\left(\dfrac{1+z}{1-z}\right) + 2z}{(1-z^2)^{\frac{3}{2}}}
$$

式(3.3.42)描述的有限平板声辐射效率如图 3-28 所示，需要注意的是，单纯从数学表达式上看，当 $f \to f_{\mathrm{c}}^-$ 和 $f \to f_{\mathrm{c}}^+$ 时，辐射效率都趋近于无穷，这与实际结构的声辐射性能是有显著差异的。事实上，临界频率是结构辐射噪声能力最强的频率，也就是说临界

频率的辐射效率是最大的。因此在应用式(3.3.42)时，仅仅依赖数学运算是不够的，还必须充分考虑到数学公式的物理意义。一种比较简单的修正方法是在计算中去除临界频率附近那些偏大的值。

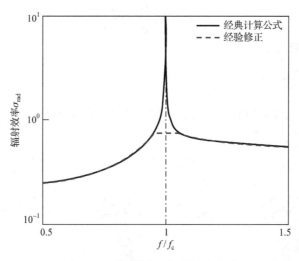

图 3-28　有限板的声辐射效率曲线

■ 3.4　振动在典型结构中的传播

结构在外界激励作用下产生弹性波。根据结构几何特性、边界条件和外界激励等条件的不同，会产生不同类型的弹性波。大部分的振动能量是以弯曲波的形式沿结构传播，这是由于结构相对于横向力和弯曲力的柔度要高于其他动力。

在传播过程中，振动能量一部分会被材料吸收，一部分会在途中遇到某些障碍(如加强筋、板的接头、板厚度的改变等)时发生反射，因此弹性波沿结构传播的振幅会逐渐减小。在二维结构中，振幅也会随传播过程中波前的扩大而减小。

在均质结构(指在内部没有弹性波传播障碍的结构，如横截面不变的梁、厚度不变的板、直径与壁厚不变的圆柱壳等)中，随着弹性波的传播，弹性波传递的振动能量会由于结构材料吸收而衰减。这种衰减可以用复数形式的波数 k 来表示。

对于弯曲波

$$k_F = k_{F0}\left(1 - \mathrm{j}\frac{\eta}{4}\right) \tag{3.4.1}$$

对于纵波

$$k_L = k_{L0}\left(1 - \mathrm{j}\frac{\eta}{2}\right) \tag{3.4.2}$$

对于扭转波

$$k_T = k_{T0}\left(1 - j\frac{\eta}{2}\right) \tag{3.4.3}$$

对于剪切波

$$k_S = k_{S0}\left(1 - j\frac{\eta}{2}\right) \tag{3.4.4}$$

式中，η 为结构损耗因子。

3.4.1 梁中的弹性波

梁内可能产生三种类型的弹性波：纵波、弯曲波和扭转波，对应梁的主要弹性变形如图 3-29 所示。

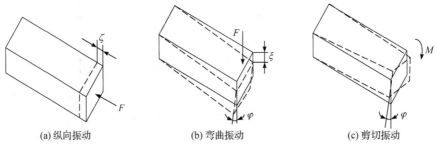

(a) 纵向振动　　　　　　(b) 弯曲振动　　　　　　(c) 剪切振动

图 3-29　梁的主要弹性变形

当力沿梁的轴向作用在梁上时会产生纵波，并引起梁横截面沿轴向的位移。实际上在梁做纵向胀缩运动时，在横向上也会相应产生一定的胀缩，并产生横向的波动，但对于细梁而言可以忽略这种横向运动。纵波在梁中的传播速度计算公式见表 3-6 所示。

表 3-6　不同类型弹性波在梁、板、壳体中的波速

结构	纵波	弯曲波	扭转波	剪切波
矩形截面梁	$c_{L,B} = \sqrt{E/\rho}$	$c_{F,B} = 0.535\sqrt{\omega c_{L,B}a}$	$c_{T,B} = \sqrt{G/\rho} \cdot \alpha$	—
圆截面梁	$c_{L,B} = \sqrt{E/\rho}$	$c_{F,B} = 0.707\sqrt{\omega c_{L,B}R}$	$c_{T,B} = \sqrt{G/\rho}$	—
环截面梁	$c_{L,B} = \sqrt{E/\rho}$	$c_{F,B} = 0.707\sqrt{\omega c_{L,B}\sqrt{R^2 + R_1^2}}$	$c_{T,B} = \sqrt{G/\rho}$	—
板	$c_{L,P} = \sqrt{\dfrac{E}{\rho\left(1-\alpha^2\right)}}$	$c_{F,P} = 0.535\sqrt{\omega c_{L,P}h_P}$	—	$c_{S,P} = \sqrt{G/\rho}$
圆柱壳体 $f \ll f_k$	—	$c_{F,S} = \dfrac{\sqrt{\omega c_{L,P}R_1\sqrt{1-\alpha^2}}}{n}$	—	—
圆柱壳体 $f > f_k$	$c_{L,P} \approx \sqrt{\dfrac{E}{\rho\left(1-\alpha^2\right)}}$	$c_{F,S} \approx 0.535\sqrt{\omega c_{L,P}h_S}$	—	$c_{S,S} = \sqrt{G/\rho}$

注：a ——矩形截面杆在位移 ξ 方向的尺寸；R ——圆形或环形截面梁的外径；R_1 ——环截面梁的内径或壳体的平均半径；h ——板或壳体的厚度；n ——壳体圆周上的波数；$f_k = c_{L,P}/(2\pi R)$；第一个下标 L、F、T、S 分别表示纵波、弯曲波、扭转波和剪切波；第二个下标 B、P、S 分别表示梁、板和壳体。

当一交变的力矩围绕梁轴作用于梁上时产生扭转波，横截面扭转成一定角度 φ。扭转波沿不同横截面梁传播的波速不同，计算公式如表 3-6 所示。扭转波沿矩形截面(尺寸为 $a \times b$)梁传播的波相速度计算公式中的参数 α 值如表 3-7 所示。

表 3-7　参数 α 随参数变化的取值

a/b	1	1.5	2	3	4	>6
α	0.92	0.85	0.74	0.56	0.32	$\approx 2b/a$

需要注意的是，表 3-7 中矩形截面杆内扭转波速度的公式在满足条件 $k_{F,B}a<1$ 时成立。式中的 $k_{F,B}$ 为同样材料的厚为 a 且 $a \geqslant b$ 的板内弯曲振动的波数。

当力垂直作用于梁轴时，在梁中产生弯曲振动，梁横截面发生横向位移 ξ 和转角 φ。弯曲振动时，梁横截面的转角和位移之间的关系可以表示为

$$\varphi = k_{F,B}\xi \tag{3.4.5}$$

式中，$k_{F,B} = \omega/c_{F,B}$，$c_{F,B}$ 为弯曲波波速。

梁中的弯曲波波速与频率有关，即存在频散现象。表 3-6 列出了不同截面的梁中弯曲波波速的计算公式。对矩形截面梁来说，当满足条件 $c_{F,B}/f \geqslant 6a$ (a 为在位移 ξ 方向上梁的横截面尺寸)时，表 3-6 中的计算公式成立；对圆截面梁来说，当满足条件 $c_{F,B}/f \geqslant 6R$ 时，表 3-6 中的计算公式成立。

弯曲波振幅沿梁长度方向的传播可以表示为

$$\xi(y) = \xi(0)e^{jk_{F,B}y} = \xi(0)e^{jk_{F0,B}y}e^{-\gamma y} \tag{3.4.6}$$

式中，y 为沿梁长度方向的坐标；$\xi(0)$ 为激励点处梁横向位移的幅值；$e^{jk_{F0,B}y}$ 为描述位移相位的因子；γ 为波幅衰减系数，$\gamma = \dfrac{k_{F0,B}y\eta}{4} = \dfrac{2\pi\eta}{\lambda_{F0,B}}$。

弯曲波振幅在梁上的衰减为

$$\Delta\xi(l) = 2.15k_{F0,B}\eta l = \frac{13.65\eta l}{\lambda_{F0,B}} \tag{3.4.7}$$

梁内损耗因子越大、波数越大，则弯曲波振幅在长为 l 的梁端上的衰减也越大。当损耗因子不大(0.001～0.01)时，弯曲波可以沿梁结构传播到很远的距离，且无明显衰减。

3.4.2　板中的弹性波*

板内可能产生三种类型的弹性波：纵波、弯曲波、剪切波，对应板的主要弹性变形如图 3-30 所示。

图 3-30(a)所示，当力作用在板平面上，沿直线均匀分布，并且方向垂直于直线方向时，在板内产生纵波，其特点是板横截面在波传播方向上产生位移 ζ。纵波在板内的传播速度计算公式见表 3-6。这一速度略高于在梁中纵波的波速。

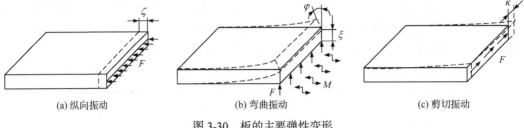

(a) 纵向振动   (b) 弯曲振动   (c) 剪切振动

图 3-30 板的主要弹性变形

当力沿直线作用于板平面，方向与直线方向一致时，板内产生剪切波，板横截面产生位移 κ，如图 3-30(c)所示。剪切波沿力作用线的垂线方向传播，波速可以用表 3-6 中的公式计算。

当力横向作用于板平面上时，板内产生弯曲波，板横截面产生位移 ξ 和转角 φ，二者关系满足

$$\varphi = k_{F,P}\xi \tag{3.4.8}$$

式中，$k_{F,P} = \omega/c_{F,P}$，$c_{F,P}$ 为板中弯曲波的波相速度，可用表 3-6 中的公式计算。对于金属板，当满足 $c_{F,P}/f < 6h_P$ 时，可近似地用下式计算

$$c_{F,P} \approx 10^2\sqrt{h_P f} \tag{3.4.9}$$

式中，h_P 为板厚(m)；f 为频率(Hz)。

例如，对于 6mm 厚的钢板，在最大误差为 10%(0.85dB)的情况下，应用式(3.4.8)的频率界限为 40kHz。

当被集中激励时，弯曲波在均质板中的传播可以用下式表示

$$\xi(r) = \xi_0\left[\frac{\pi}{2}H_0^{(2)}\left(k_{F,P}r\right) - jK_0\left(k_{F,P}r\right)\right] \tag{3.4.10}$$

考虑到振动能量在板中的传播损失，对板中 $k_F r \geqslant 1$ 的区域而言(r 为到激励点的距离)，式(3.4.10)可以近似表示为

$$\xi(r) \approx \xi(0)\sqrt{\frac{2}{\pi k_{F0,P}r}}e^{-j\left(k_{F0,P}r - \frac{\pi}{4}\right)}e^{-\gamma r} \tag{3.4.11}$$

式中，$\xi(0)$ 为激励点处板的位移幅度。根号部分表示弯曲柱面波的幅度随波前与激励点距离的增大而减小。当距离 r 增加一倍后，由上述因素造成的波幅衰减为 3dB。由于振动能量在板中的损失而造成的波幅衰减与一维结构中相同，可以用式(3.4.7)计算。

3.4.3 圆柱壳中的弹性波*

圆柱壳结构是流体环境中应用较多的结构，如推进器、输油输水管道、贮液罐、各类潜航器壳体等。

圆柱壳体的振动特性与无量纲频率值 ν 有很大关系，表达式为

$$\nu = \omega R_1/c_{L,P} \tag{3.4.12}$$

式中，R_1 为壳体的平均半径；$c_{L,P}$ 为厚度与壳体厚度 h 相同的板内纵波速度。$\nu=1$ 时的频率称为环频率 f_k，$f_k = \dfrac{c_{L,P}}{2\pi R_1}$。在这一频率上，壳体周长等于与壳体等厚的板内纵波波长。

一般情况下，壳体表面可以做轴向、横向和切向振动，其位移分别为 ζ、ξ 和 κ，如图 3-31 所示。

在 $\nu>1$ 时的各频率上，壳体的曲率对壳体的振动特性实际上并不产生影响。根据激励特点的不同，在壳体中可能产生弯曲波、纵波和剪切波。这些波的参数与厚度等于壳体厚度的板中波的参数类似。

在 $\nu<1$ 时的各频率上，壳体的曲率对被激励的壳体内波的特性有显著影响。当 $\nu<1$ 时，壳体中只能传播使壳体产生横向位移的波，这些波与板中的弯曲波类似。$n=2$ 和 $n=3$ 时的壳体变形如图 3-31(b)所示。当 $\nu<1$ 时，纵向位移 ζ 和切向位移 κ 的壳体振动的波数具有复数形式，意味着相应的波在传播过程中均迅速衰减。

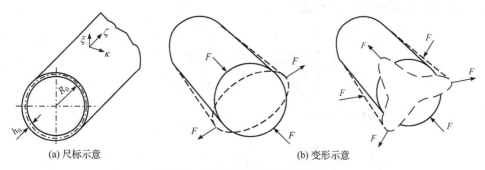

(a) 尺标示意   (b) 变形示意

图 3-31 圆柱壳体尺寸及变形示意

表 3-6 中所列为 $\nu<1$ 时，满足以下条件的壳体内弯曲波波速计算公式：$n\geqslant 2$，$\beta^2 \gg h^2/12R^2$，$2\beta n^2 \leqslant \nu \leqslant 0.5$。式中 $\beta = h/\sqrt{12}R$，$n=i/2$（i 为壳体变形圆周上的节点数）。

另外，从表 3-6 中也可以看出，当 $\nu<1$ 时，壳体中弯曲波的波相速度与 n 有密切关系，随着 n 的增大而减小。这种现象的物理解释为：壳体中的弯曲波是按螺旋线传播的，n 越大，在其测定段内环绕壳体的次数越多。当 $n=1$，$\nu<1$ 时，壳体振动与环截面杆的振动等同。

圆柱形壳体中的弯曲波的传播可以用式(3.4.6)和式(3.4.7)表示。进入壳体的波数为 $k_{F0,S} = \omega/c_{F0,S}$，$c_{F0,S}$ 由表 3-6 中的公式计算。圆柱形壳体的波数与频率有关，可以用以下作图方法近似确定。在频率 $f \leqslant f_0/3$ 时，壳体可以视为空心环截面梁，可以用表 3-6 中满足 $f \ll f_k$ 时的公式计算 $c_{F0,S}$；当频率 $f > 3f_0$ 时，壳体具有类似板的性质，这时 $c_{F0,S}$ 可以用表 3-6 中满足 $f > f_k$ 的公式计算。然后频率横轴取对数坐标，分别画出 $f \leqslant f_0/3$ 和 $f > 3f_0$ 处 $k_{F0,S}$ 或 $c_{F0,S}$ 与频率的关系曲线，再用直线将 $f = f_0/3$ 和 $f = 3f_0$ 的点连接起来，则线上的点的纵坐标为对应频率处 $k_{F0,S}$ 或 $c_{F0,S}$ 的近似值。频率 f_0 为

$$f_0 = \frac{h_S c_{L,S}}{\sqrt{12}\pi R_S^2} \tag{3.4.13}$$

式中，R_S 为壳体内径。

对于接触液体的船体结构(如船体外板、充液管路等)来说,计算弹性波的速度、波数,以及这些结构(或与质量有关的)的其他参数时,需要考虑液体的附连振动质量。具体计算方法请参考相关论著,这里不再展开。

3.4.4 结构中的振动传递及波形转换*

对于无限大均质结构,单方向传播的弹性波传播过程中波形不变,但是当结构的横截面发生变化,或结构由几种不同材料组成,此时弹性波在传播过程中波形会发生变化。

对于固体结构来说,其中材料物理性质的突变、截面突变、加强肋条的存在、刚度的改变,都会引起阻抗失配,使得弹性波在传播过程中遇到不连续处,反射或抑制一部分弹性波,从而起到隔离弹性波或结构声波的作用。下面以截面突变为例,分析其对振动传递特性的影响。

图 3-32 给出了截面变化处弯曲波各参量的变化情况。在突变截面两侧材料相同的情况下,线性连接结构中振动传递系数 τ 为

$$\tau = \left(\frac{\sigma^{-\frac{5}{4}} + \sigma^{-\frac{3}{4}} + \sigma^{\frac{3}{4}} + \sigma^{\frac{5}{4}}}{\frac{1}{2}\sigma^{-2} + \sigma^{-\frac{1}{2}} + 1 + \sigma^{\frac{1}{2}} + \frac{1}{2}\sigma^2} \right)^2 \tag{3.4.14}$$

式中,$\sigma = S_2/S_1$,为截面积比。

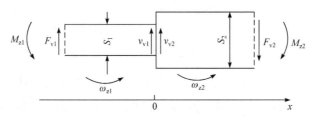

图 3-32 线性连接结构弯曲波参量简图

图 3-33 给出了线性连接结构的振动传递系数与截面积比的关系曲线。分析图可得:当 $\sigma = 1$ 时,弯曲波可不受阻碍地通过突变截面处;当 σ 远小于或远大于 1 时,突变截面对弯曲波的隔离作用比对纵长波的隔离作用大。

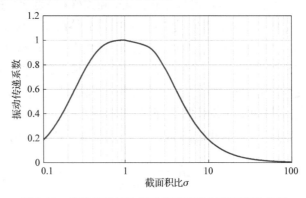

图 3-33 线性连接结构振动传递系数与截面积比曲线

在由连接板组成的不均质结构中，当弹性波通过板的接头时，会发生波型转化。因此在结构中出现多种波型，以取代最初被激起的一个波型。例如，当弯曲波通过角连接的两块板的接头时，在连接处除了弯曲力矩外还会产生额外两个剪力，分别沿着两块板的方向，剪力的作用使得板上出现反射的和继续传播的纵波。

图3-34(a)和(c)给出了垂直入射情况下弯曲波通过相互垂直的两个0.05m厚的半无限板的角接头，发生波型转换时的能量反射和传播系数的频率响应曲线。从图中可以看出弯曲波向纵波的转化随着频率的升高而加剧。这是由于此时板的弯曲刚度和纵向刚度值已相互接近。正是这个原因，转化也会随着角接板的厚度增加而加剧。

纵波通过同样的角接头时，在连接处产生的纵向力对于另一块板而言是横向力。这导致板中除了纵波外还会出现弯曲波。图3-34(b)和(d)为平面纵波法向入射，通过相互垂直的两个0.05m厚的半无限板的角接头，发生波型转换时的能量反射和传播系数的频率响应曲线。与弯曲波的情况类似，由于同样的原因，波型转换也会随着频率的升高而加剧。

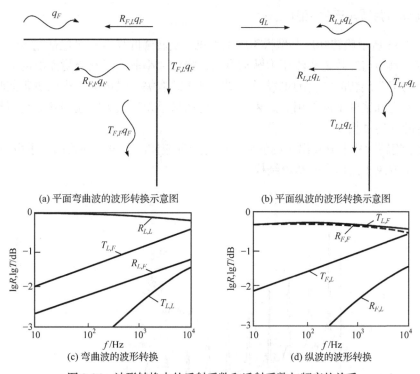

图3-34　波形转换中的反射系数和透射系数与频率的关系

不均质结构中两种波型的相互转化，导致结构中除原来被激起的波以外，还有其他波形的产生。随着相对振源的距离增大，结构中的转化波型的振动能量逐渐累积，直到两种波型的能量流相等。如果这些波形的能量传播速度像弯曲波和纵波一样有很大差别，那么即使损耗因子相同，它们单位长度的衰减也是不同的。在相同的给定条件下，纵波衰减更弱，可以传播到更远的距离。因此，在距振源一定距离后，结构中总能量的衰减取决于纵波的衰减。

■ 3.5 旋转叶片噪声产生机理*

具有一定厚度的叶片在旋转过程中会对流体产生两种作用：一是叶片对流体的切割作用，由于叶片的厚度并非固定值，叶片的薄厚差异使流体出现周期性涨缩现象，从而产生单极子声源；二是叶片在旋转过程中会受到流体的作用力，此时叶片表面也会对流体施加等效的反作用力，从而形成偶极子声源。

3.3.2 节给出了关于单极子和偶极子声源所致声场的特性分析，确定了静止声源的描述式。然而旋转叶片噪声中，单极子和偶极子声源的位置始终在变化，无法应用前述章节中极子声源的声场特性进行分析。因此，在讨论旋转叶片噪声声源特性时应补充气动声学的基本理论。

3.5.1 旋转叶片噪声产生原因

由图 3-35 所示旋转叶片典型噪声频谱可见，旋转桨叶噪声一般包括宽带噪声和离散噪声。宽带噪声与叶片上紊流压力脉动有关，噪声大小取决于紊流附面层的流动状况。离散噪声与桨叶旋转时产生的单极子和偶极子声源有关，噪声的大小取决于桨叶几何尺度、运动状态和桨叶上的作用力。离散噪声的频谱呈现出较为明显的基频与倍频特征，基频对应叶片通过频率。

此外，旋转叶片上分离出来的流体涡团与周围流体混合也会导致四极子声源的产生，其噪声大小取决于流体中的紊流结构。

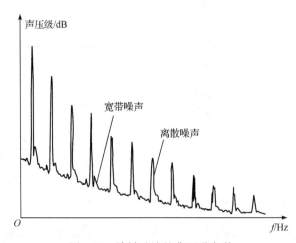

图 3-35   旋转叶片的典型噪声谱

对于叶片等距分布的轴流风扇，在定常转速工况下，旋转噪声的频率 f_r 可以用下式表示

$$f_r = \frac{n_r z_f}{60 i} \tag{3.5.1}$$

式中，n_r 为风扇转速；z_f 为风扇叶片数；i 为谐波序号。当 $i=1$ 时表示基频，又称为叶片通过频率(blade passing frequency，BPF)；当 $i>1$ 时表示高次谐频。一般来说，转速越高的情况下，旋转噪声在风机噪声中所占的比重越大，表现为尖锐的多频噪声。离散噪声与叶片负荷、叶片数、叶片形状、来流情况、叶轮转速以及动静叶轴向间隙等因素有关。因此理论上讲，通过降低转速、优化叶片翼型、增大动静叶轴向间隙等均可有效降低风扇的旋转噪声。

另外，动、静叶之间产生气动干涉使得流场也具有一定的非定常特性，动叶尾迹也导致静叶表面出现周期性的压力脉动，并引起静叶区域流场变化产生噪声。风机中非均匀定常流动、二次流动均是导致离散单音噪声的主要原因。目前，针对非均匀定常流动的降噪方法主要有：选用合适的动静叶数目，增加动、静叶间距，叶片倾斜，使用非等距叶片等方法；而针对二次流的降噪主要通过叶片改型方法(叶弯、掠等)改善流体流动特性，减弱或抑制不良的流动特征，以提高风机运行效率、降低气动噪声。

3.5.2 空泡噪声

当某种原因导致液体中局部气压下降到该温度下液体的蒸汽压时，有一部分液体汽化形成肉眼可见的气泡，这种现象称为空化。在工程技术中，如水翼、螺旋桨、舵、船体和各种航行器的表面，乃至水库的闸门等水中运动的物体，在相对流速比较高时均会发生空化，这时在物体表面会出现肉眼可见的空化气泡，即空泡。这种水动力空泡产生的影响主要包括如下三个方面。

(1) 影响航行器的流体动力性能，使螺旋桨推力下降，舵的效率降低等。

(2) 对运动物体的表面产生剥蚀。空泡闭合或溃灭时产生的冲击波峰值可达几百大气压，大量冲击波的长期作用会导致物体表面产生严重损坏。

(3) 产生强烈的振动和水下噪声。一旦航行器和某个部件发生空化，相关部位的振动增加，水下噪声急剧上升，特别对于船舶的水下噪声，几乎只要一发生空化，它就是主要噪声源。

在工程领域，空化根据起因的不同可分为如下几种。

(1) 水动力空化。由物体与水的相对运动导致局部压力下降引起的空化统称为水动力空化。例如，水下高速航行器艏部空化、螺旋桨空化、水库闸门空化等。

(2) 超声空化。在超声波的作用下，声压的负半周期内足够大的负压也能导致空化。超声空化是水中辐射强声功率的主要限制，这是由于换能器表面一旦发生空化，声波被气泡屏蔽，无法有效传播。

(3) 其他物体和化学效应产生的空化。例如，水下爆炸、电火花、激光等。

以水动力空化为例，根据流体力学的势流理论，当流体流经任意形状的固体时，在表面附近流线形成疏密分布。流线越密，局部流速越大，因而压力越低。当流速足够大时，局部压力可能低于液体中的蒸汽压。这时空化核周围的液体汽化，使空化核增大成为肉眼可见的空泡，于是发生空化。

根据空化产生机理，空化的发生取决于环境压力和液体蒸汽压之差及流动引起的压力下降。为描述这些环境条件，流体力学中引入了无量纲量 K，称为空泡数

$$K = \frac{P_0 - P_V}{\rho_0 U^2 / 2} \tag{3.5.2}$$

式中，U 是来流速度；P_0 是环境压力；P_V 是液体在给定温度下的蒸汽压。

式(3.5.2)定义的空泡数 K 是一个环境参数，与试验物体无关。空泡数越小表示该环境越容易空化，即能够在较低的流速或较高的静压力下发生空化，或在相同的流速和压力条件下空化发展得更严重。例如，在海洋中，潜艇下潜越深，静压力越大，环境的空泡数越大，螺旋桨越不容易空化。

另一方面，一个物体在给定的环境空泡数时是否空化或者其空化的发展程度还取决于一系列与物体有关的因素，如几何形状、表面状况等。衡量物体空化性能的最重要的量是临界空泡数或起始空泡数

$$K_i = \frac{P_0 - P_V}{\rho_0 U_i^2 / 2} \tag{3.5.3}$$

临界空泡数定义为物体开始发生空化时的空泡数，一个物体的临界空泡数 K_i 越小，表示这个物体越难空化。在保持环境压力不变的条件下，临界空泡数 K_i 越小对应的来流速度 U_i 越大，即临界空泡数 K_i 较小的物体要在较大的流速 U_i 时才能空化。因此，为了避免空化，通过设计物体的几何形状使临界空泡数尽可能小。

下面介绍几种典型的水动力空化。

(1) 水下航行器的空化。当流体以速度 U 流过一轴对称物体时，沿轴向的压力通常在头部或尾部与中间段连接处附近下降最大。压力分布可以由压力系数的形式给出

$$C_P(x) = \frac{P(x) - P_0}{\rho_0 U^2 / 2} \tag{3.5.4}$$

其中，x 表示沿纵向的距离。压力系数反映了沿物体各处的局部压力下降，它可以与临界空泡数联系起来。根据空化机理，空泡最容易发生在压力的最低点 x_0，此时 $C_P(x_0) = C_{P\min}$。假定空泡的起始条件近似为 $P(x_0) = P_V$，可以得到

$$K_i = \frac{P_0 - P(x_0)}{\rho_0 U_i^2 / 2} = -C_{P\min} \tag{3.5.5}$$

临界空泡数近似等于最小压力系数的绝对值。因此，压力系数曲线可以用来估计物体的空化性能。具体来说，可以根据压力系数的极小值确定临界空泡数，根据极小值出现的位置确定空泡的起始位置。

现在各种水下航行器中，一般航速高的设备空化问题比较突出，很多现代水下航行器都装有声制导系统。避免航行器空化噪声所带来的干扰具有重要的实际意义。

(2) 水翼空化。水翼通常比轴对称物体更容易空化。一方面因为水翼近似为二维物体，表面有较大的压力变化；另一方面因为水翼在工作时往往有攻角，通常攻角越大负压区越尖，因而越容易空化。

(3) 螺旋桨空化。螺旋桨空化占有不同的地位。水面船舶的螺旋桨由于工作深度浅，一般很难做到绝对的不空化。但是，无论从降噪还是减振的角度都不应使螺旋桨严重空化，因为螺旋桨空化后，船的尾部振动大大加剧，这对于舒适性的要求是不希望产生的。

螺旋桨的空泡特性是螺旋桨设计的重要内容，不同的螺旋桨有不同的空泡特性，下面介绍一些最基本的概念。

螺旋桨空泡分为三种主要类型：梢涡空泡、毂涡空泡和叶面空泡。

(1) 梢涡空泡。当螺旋桨旋转时，叶梢处线速度最大，它所划出的轨迹形成螺旋形涡线，每个桨叶有一条涡线。显然，涡线所经过的地方流体速度最大、压力最低，因此最容易空化。梢涡空泡刚起始时在叶梢附近曳出间隙空泡，此时噪声的高频部分明显上升。随着空化的发展，曳出的空泡逐渐连成一条螺旋线形的空泡迹。梢涡空泡的特点是，它并不马上溃灭，而是保留在空泡迹中。

(2) 毂涡空泡。当叶片靠近桨毂(螺旋桨与旋转轴的连接部分)处承受的推力较大时就有可能产生毂涡空泡。此时沿毂涡的涡线(类似于梢涡的涡线，只是半径小得多)充满可见空泡，毂涡空泡的形成机理与梢涡空泡非常相似。

(3) 叶表面空泡，简称叶面空泡。随着负荷的增加，桨叶吸力面(称为叶背面，即对着来流的一面)的压力下降产生的空泡称为叶表面空泡。它最初出现在叶背面靠近叶梢的导边处，然后逐渐向里扩展，严重时可能布满整个叶背面。这类空泡的特点是形成迅速，空泡内其他气体的含量少。空泡一离开叶片就遇到高压区，很快溃灭，所以产生特别强烈的噪声。在某些工况下，水流相对于叶剖面的攻角出现负值，这时桨叶压力面上也可能产生空泡。

三类空泡的产生与螺旋桨的工况有密切关系，也与桨叶的特征，如叶剖面的形状、叶面上负荷分布等密切相关。此处不再深入讨论。

3.6　流噪声产生机理*

在经典声学中，通常不考虑流体介质本身的有规或无规运动，认为声波是由某个物体的表面做机械振动引起介质的密度变化而产生的。然而在实际情况下，流体运动本身可能产生声，例如沟渠的水流声，风的呼啸声，喷管喷水声，以及飞机、汽车与船舶等高速运动物体产生的各种流噪声。流场与固体间的相互作用影响可体现在两方面：一是激励物体振动，进而辐射噪声，这在各种管道、壳体与阀门等结构中较为常见；二是不稳定的湍流产生流体动力声源，产生的噪声常称为流噪声。

流噪声的产生或是归于运动物体对流体(声波传播媒质)的作用，它既可以是由物体运动引起的使得流体中的某一空间不断流入和流出流体介质，从而使得当地流体不断受到压缩和膨胀作用，也可以是由物体运动引起的物体表面升力的变化对其边界上流体产生的脉动推力作用，或是归于流体自身的紊流运动所致的流体与流体的相互作用。显然，由于物体的运动，流体动力声源的位置也是运动的，且描述流体动力声源的声源强度涉及流体力学计算或相应的流体力学的试验。因此，数学上描述流体动力声源较描述经典声学中的声源复杂得多。

不论声源的具体形式如何，声源总是被描述在一个能够产生并向外辐射声波的那个空间区域中。尽管气动声学所研究的声源与经典声学有所不同，但英国科学家莱特希尔

(Lighthill)提出了一种与经典声学相似的方法，即用点源(单极子、偶极子和四极子声源)的方法来描述流体动力声源，并用与经典声学相似的方法来求解流体动力声源所致的声场。这种与经典声学相似的方法就是莱特希尔提出并建立的气动声学的声学相似理论。

Lighthill 方程是 Lighthill 在观察流动出口处紊流所致的声场时导出的，没有考虑空气动力声源的产生过程，声源只是作为一个类似于经典声学中的大小给定的声场边界条件，即采用声类比法将流动涡团间的相互作用看成是一个位置和强度都给定的应力源。Lighthill 还假想源与流体间存在一个确定的边界，并在推导声波波动方程时只考虑源边界控制面以外的流体。Lighthill 方程源自于流体力学 N-S 方程，其方程形式为

$$\frac{1}{a_0^2}\frac{\partial^2 p}{\partial t^2}-\nabla^2 p=\frac{\partial^2}{\partial x_i \partial x_j}T_{ij} \tag{3.6.1}$$

式中，$T_{ij}=\rho u_i u_j+\left(p-\rho a_0^2\right)\delta_{ij}-\tau_{ij}$，$T_{ij}$ 称为莱特希尔应力张量。Lighthill 推理出了关于射流噪声的噪声与速度定律，提出了辐射功率与流速的关系式。

由于 Lighthill 基本方程所作用的对象仅为流体，因此方程的作用区域仅为物体边界控制面以外的流体空间。然而，对于一个包含运动物体的流场来说，流场中前一时刻为流体的地方下一时刻就有可能被作为固体的运动物体所占据。对于这种情况，就要设法使基本的作用区域随着运动物体在流场中位置的迁移而随时在变。为此，Ffowcs Williams 和 Hawkings 引入了赫维塞德(Heaviside)广义函数，具体描述为

$$\begin{aligned}&\frac{\partial^2}{\partial t^2}\left[\rho'H(f)\right]-c_0^2\frac{\partial^2}{\partial x_i^2}\left[\rho'H(f)\right]\\&=\frac{\partial}{\partial t}\left[\rho_0 u_i\frac{\partial H(f)}{\partial x_i}\right]-\frac{\partial}{\partial x_i}\left[P_{ij}\frac{\partial H(f)}{\partial x_j}\right]+\frac{\partial^2}{\partial x_i \partial x_j}\left[\left(\rho u_i u_j+P_{ij}-\delta_{ij}c_0^2\rho'\right)H(f)\right]\end{aligned} \tag{3.6.2}$$

式(3.6.2)即为著名的 FW-H 方程，对 FW-H 方程整理可得

$$\begin{aligned}&\nabla^2\left[(\rho-\rho_0)c_0^2 H(f)\right]\\&=\frac{\partial^2}{\partial x_i \partial x_j}\left[T_{ij}H(f)\right]-\frac{\partial}{\partial x_i}\left[L_i\frac{\partial H(f)}{\partial f}\right]+\frac{\partial}{\partial t}\left[Q\frac{\partial H(f)}{\partial f}\right]\end{aligned} \tag{3.6.3}$$

式中，∇^2 为波动算子；T_{ij} 为 Lighthill 应力张量；$L_i=P_{ij}\hat{n}_j+\rho u_i\left(u_n-v_n\right)$，$P_{ij}=(p-p_0)\delta_{ij}-\tau_{ij}$，$Q=\rho_0\hat{n}_i\left[v_i+(u_i-v_i)\dfrac{\rho}{\rho_0}\right]$。

可以从导出的 FW-H 方程看出，它的非齐次项就是关于运动物体表面的单极子与偶极子声源的具体描述，以及对流体中四极子声源的具体描述。

3.6.1　边界层理论

19 世纪科学家们对理想流体的欧拉方程的研究已经达到了完善的地步。理想流体的运动黏度 $\nu=0$，即运动的雷诺数为无穷大。那么对于雷诺数很大的实际流体，当黏滞作用小到一定程度时可以忽略，流动接近理想流体运动，则欧拉方程似乎可解决雷诺数很大时的实际流体的运动问题。但实际上许多雷诺数很大的实际流体的流动情况却与理想

流体有显著的差别，如图 3-36 所示。图 3-36(a)是二元理想均匀流绕圆柱体的流动情况，但所观察到的实际流体，当雷诺数很大时，流动却如图 3-36(b)所示，显然两者存在着相当大的差别。为何会有这个差别呢？直到 1904 年普朗特提出边界层理论后，才对这个问题给予了解释。

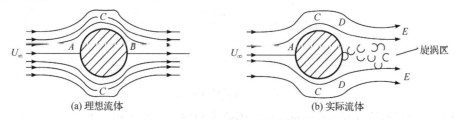

图 3-36　均匀流体绕圆柱的流动

物体在雷诺数很大的流体内以较高的速度相对运动时，沿物体表面的法线方向，得到如图 3-37 所示的速度分布曲线。B 点把速度分布线分成截然不同的 AB 和 BC 两部分，在 AB 段上，流体运动从物体表面上的零迅速增加到 U_∞，速度的增加在很小的距离内完成具有较大的速度梯度。在 BC 段上，速度 $U(x)$ 接近 U_∞，近似为常数。

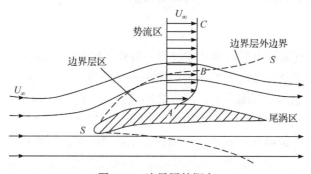

图 3-37　边界层的概念

沿物体长度，把各断面所有的 B 点连接起来，得到 $S\text{-}S$ 曲线，该曲线将整个流场划分为性质完全不同的两个流区。从物体边界壁面到 $S\text{-}S$ 的流区存在着很大的流速梯度，黏滞性的作用不能忽略。边界壁面附近的流区称为边界层。在边界层内，即使黏性很小的流体，也将有较大的切应力值，使黏性力与附加切应力具有同样的数量级。因此，流体在边界层内做剧烈的有旋运动。$S\text{-}S$ 以外的流区，流体近似以相同的速度运动，流动不受固体壁面的黏滞影响。即使对于黏度较大的流体，黏性力也较小，可以忽略不计，流体的附加切应力起主导作用。将该区的流体看作理想流体的无旋运动，用势浪理论和理想流体的能量方程可确定该区中的流速和压强分布。

通常称 $S\text{-}S$ 为边界层的外边界，$S\text{-}S$ 到固体壁面的垂直距离 δ 称为边界层厚度。流体与固体壁面最先接触的点称为前驻点，在前驻点处 $\delta = 0$。沿着流动方向，边界层逐渐加厚。δ 是流程 x 的函数，可写为 $\delta(x)$。实际上边界层没有明显的外边界，一般规定边界层外边界处的速度为外部势流速度的 99%。

边界层内存在层流和紊流两种流动状态，如图 3-38 所示。在边界层的前部，由于厚度 δ 较小，因此流速梯度 $\mathrm{d}u_x/\mathrm{d}y$ 很大，黏滞应力 $\tau = \mathrm{d}u_x/\mathrm{d}y$ 的作用也很大，此时边界层内的流动属于层流，这种边界层称为层流边界层。

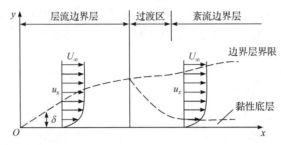

图 3-38　边界层的分类

由于边界层厚度 δ 是坐标 x 的函数，因此这两种雷诺数之间存在一定的关系。x 越大则 δ 越大，Re_x 与 Re_δ 也会变大。当雷诺数达到一定数值时，经过一个过渡区，流态转变为紊流，从而成为紊流边界层。在紊流边界层里，在最靠近平板的地方，du_x/dy 仍很大，黏滞切应力仍然起主要作用，使得流动形态仍为层流，所以在紊流边界层内有一个黏性底层。边界层内流态由层流转变为紊流的雷诺数称为临界雷诺数 $Re_{x'}$，$Re_{x'}$ 的大小与壁面的性质以及来流中的扰动有关，一般需要根据实验来确定。

3.6.2　转捩点

由层流边界层到湍流边界层的转变过程一般称为转捩(transition)。边界层的流动形态可分为层流、湍流以及从层流到湍流的过渡态——转捩。在层流中流体质点运动轨迹有序并且没有较为明显的不规则运动，质点之间彼此互不混杂。湍流则呈现出一种杂乱无章无序的运动，流线难以分辨，由于湍流的掺混作用较强，湍流边界层的速度剖面也就更加饱满。当来流的雷诺数达到转捩的临界雷诺数 $Re_{x'}$ 时，层流边界层就会向湍流边界层发展过渡。边界层从层流状态到湍流状态。转捩过程往往是通过湍流斑的产生和发展而实现的。边界层的转捩分为三种情况：自然转捩、旁路转捩和分离转捩，下面将分别对这几种转捩形式进行详细叙述。

1) 自然转捩

Schlichting 在 1979 年较为详细地阐述了边界层的发展转捩机理。在湍动度比较低的稳定来流中，层流边界层发展到某个临界雷诺数时，它将不能继续抑制一个微小扰动的干扰而使得流动失稳，从而开始发生转捩。这个小的扰动在转捩过程中会逐渐发展，线性的放大成为二维的 T-S(Tollmien-Schlichting)不稳定性波。随着这个波在边界层中非线性的增长，最终演化成为三维的非线性不稳定波。这个不稳定波在向下游发展过程中振幅非线性地放大，最终卷起环状涡结构，如图 3-39 所示。环状涡在后来的发展过程当中逐渐破碎成湍流斑。形成的湍流斑在向下发展中逐渐壮大，最后融合

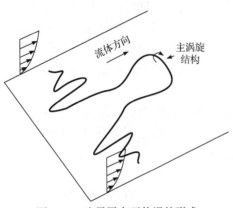

图 3-39　边界层中环状涡的形成

成为完全的湍流边界层。

层流向湍流的转捩过程中会伴随着阻力规律的明显变化，在层流中，维持运动的轴向压力梯度与速度的一次方成正比。相比之下，湍流中的压力梯度变得几乎与平均速度的平方成正比。湍流的混合运动使得湍流阻力增大，造成流动阻力增加。随着人们对自然转捩过程的深入认识，在临界雷诺数附近的某一个范围内，流动变成了"间隙性"，也就是说此时的边界层流动状态是在层流与湍流之间随着时间交替变换的。为了描述这个阶段的流动情况，人们引出了间隙因子 γ (intermittency)来表示，其中 $\gamma = 0$ 代表流动为连续的层流，$\gamma = 1$ 代表流动为全湍流，在两者之间的流动为间隙性的层流与湍流区，速度分布是交替变化的。

简单概括层流到湍流边界层的发展与转捩过程，经历了以下几个阶段：

(1) 前缘之后的稳定层流。

(2) 具有二维 T-S 波的不稳定层流。

(3) 不稳定层流的三维扰动波开始发展并形成旋涡。

(4) 在局部涡量很高的地方湍流猝发(break down)。

(5) 在湍流脉动速度大的地方形成湍斑。

(6) 湍斑聚结成为充分发展的湍流边界层。

2) 旁路转捩

当来流湍流度比较高，或者边界层扰动较大的时候，边界层的转捩过程就并不是按照上面所描述的自然转捩过程分步骤进行，而是越过了前几个阶段直接生成湍流斑。此类转捩过程没有 T-S 波的形成与发展及三维非线性波的增长破碎过程，于是将该转捩过程称为旁路转捩(bypass transition)，由此可以知道旁路转捩使得边界层从层流到湍流的转捩过渡变得非常短暂，转捩过渡区也非常短。在涡轮机械内部的流动中来流的扰动大，湍流度高，并且伴有叶片排尾迹的影响，旁路转捩在其内部边界层发展转捩过程中最为常见。

3) 分离转捩

当在流体流动区域内存在较强的逆压梯度时，边界层很有可能发生分离，此时边界层就会离开物体表面而形成自由剪切层。由于分离的剪切层极度的不稳定，剪切层的层流状态很可能发生转捩，最终发展成为完全湍流。由于在转捩过程中猝发形成的湍流斑的湍流脉动强，输运效果好，在与主流相互作用过程中就很容易将主流中的高能流体带到边界层中，从而增加了边界层中流体的动量，当逆压梯度不是太强或者雷诺数不是太低的情况下，就会使得分离剪切层重新附着在物体表面，最终发展成为全湍流边界层。这样在边界层分离点及再附点之间形成一个分离泡，其大小与自由剪切层内的转捩过程及湍动度有关系。分离转捩具体过程详见图 3-40。这种在分离的自由剪切层内的层流向湍流发展的转捩过程称为分离转捩(separation transition)。在涡轮旋转机械内部存在有大范围的逆压梯度流动区域，特别是在低压涡轮内部由于流动雷诺数低，分离转捩现象是非常普遍的。

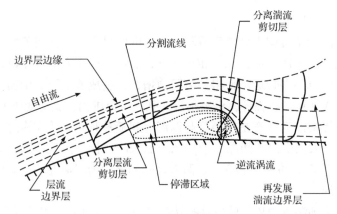

图 3-40　分离转捩示意图

3.6.3　流激振动与噪声

　　表面开孔是一类常见的流动结构形式，例如乐队中的风管乐器，工业和民用建筑中管道的吸声衬里、开缝的水沟等，以及运载器中飞机的起落架空腔、船舶的流水孔等。在声学相关领域，随着风管乐器的发展，气流经过空腔的发声问题很早就受到关注，笛子和管风琴这类乐器的声音就是由不稳定气体射流激发的。剪切层不稳定性是风洞、分叉管路系统、船舶、飞机及其他高速航行器暴露孔激发共振的根源。人们发现，带有空腔的多孔吸声衬里安装在气流管道或风洞中时，在一定的流速条件下会产生很强的单频噪声，即"唱音"。后来又发现当气流速度较高时还会产生显著的宽带噪声。试验表明，唱音是流体在开孔上的剪切层起伏与空腔或管道的某些振动模态发生共振的结果，而当没有发生共振时，开孔附近流体的随机扰动则是一种宽带噪声源。

　　实际工程中遇到的空腔和开口有各种不同的类型，空腔可分为凸出腔和陷落腔。根据腔口沿流向长度与深度的比值不同，又分为浅腔和深腔；根据流体介质和腔壁厚度的不同，空腔壁面可处理为刚性壁面和弹性壁面。开口分为矩形、圆形、椭圆形和三角形等不同形状，根据开口基板厚度的不同又可分为薄壁开口和有限厚度壁开口。空腔形状有圆柱形、椭圆柱形和长方形等。图 3-41 是最常见的不带空腔和带空腔的两种情况。在多孔排列的情况下，若孔与孔之间的距离远大于涡的特征尺度(约为孔径 L 的量级)，则孔之间流体相互作用可以忽略，讨论流体动力特性时可以只考虑单孔的情况。另一方面，若孔径 L 远小于声波长，在声学上可以看作紧致源。

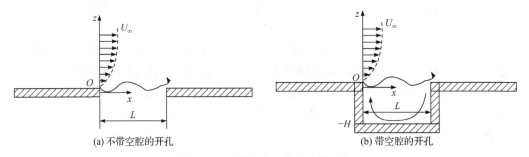

图 3-41　不带空腔和带空腔的开孔

当流体平行地流过一开孔的刚硬薄平板，即 $x=0$ 的上游边脱离壁面时，边界层过渡为自由剪切层。此时由于阻力突然消失，流线下滑并产生加速运动，在运动过程中剪切层产生波动。当剪切层冲击随边，即 $x=L$ 的下游边时，流体介质被分成两部分，一部分在随边脱出形成脱出涡，另一部分进入板的下面或空腔，形成腔内涡旋。无论带不带空腔，开孔在一定条件下总是会产生自持振荡(self-sustained oscillation)，它是剪切层冲击随边时的一种固有特性。通常认为，产生振荡的原因是随边引起的流体动力或声扰动的反馈作用。当剪切层冲击随边时产生流体动力或声压脉冲，它向上游方向传播到导边附近，叠加在原有的剪切层起伏中向下游传播后再一次冲击随边。在一定的条件下，这种反馈使得某一尺度的扰动加强，最终产生振荡。产生反馈的扰动可以是流体动力学的也可以是声学的，在低频($L \leqslant \lambda$)情况下两者趋于一致。显然，反馈的强弱在很大程度上取决于随边的形状和结构。例如，带腔结构的反馈要比无腔的强得多，因此带腔的开孔板更容易产生自持振荡。

流动通过空腔的自持振荡可分为以下三类：

1) 腔口剪切层自持振荡

对于不带空腔的开孔，自由剪切层在开孔处的波动是产生自持振荡的根源。因为这种波动是流体动力性的，所以称为流体动力振荡。但是剪切层的波动随流动衰减，对于维持其振荡的反馈能量如何补充，有不同认识。Rayleigh 和 Howe 等多数人归结为声反馈。当空腔尺度远小于声波长时，声反馈与流体动力反馈实际上趋于一致。流体在空腔导边不稳定剪切层中形成涡，涡穿越孔的迁移时间是 L/U_c，U_c 是自由剪切层的迁移速度。剪切层涡到达随边激发一个声压脉冲，此脉冲通过孔回传到导边的时间是 L/c(c 是流体声速)，触发新的涡形成，构成反馈环。因此，自持振荡的频率应该满足时间关系

$$m/f = L/U_c + L/c \quad (m=1,2,3,\cdots) \tag{3.6.4}$$

在实际情况下，普遍适用的公式中 m 要用 $m-e$ 替代，$e<1$ 是与具体几何有关的经验系数，忽略作为小量的声反馈时间得到施特鲁哈尔(Strouhal)数

$$St = \frac{fL}{U} \approx \frac{U_c}{U}(m-e) \tag{3.6.5}$$

当流速连续增加或减小时剪切层振荡频率发生转移，对应的 St 从高阶跳到低阶或从低阶跳到高阶。在一定的流速变化范围内 St 基本保持不变，这时离散的振荡频率与流速成比例。

2) 腔口剪切层与空腔声共振振荡

对于带空腔的开孔，这类振荡发生在空腔的特征尺度(L 或 H)与声波波长可以比拟或大于声波波长时，所以它通常发生在流速较大或频率较高的情况。气流管道中多孔吸声衬里的啸音就属于这种共振振荡，这时发生反馈的扰动主要是声波。

按空腔的深度与宽度之比可以分为浅空腔($L/H>1$)和深空腔($L/H<1$)；当腔体较浅时腔内可能形成两个或多个涡旋；而当腔体较深时腔内只能形成一个涡旋。另一方面，按空腔深度与波长之比又可以分为声学上的浅空腔($H \leqslant \lambda$)和深空腔($H>\lambda$)。前者主要激励空腔的横向驻波，后者主要激励纵向驻波。实际上，大部分情况下开口与空腔是合

为一体的，腔口流体振荡与腔体内部声场必然会产生耦合。因此，需要进一步考虑腔口剪切层自持振荡与腔体内声场的相互作用。

在低马赫数条件下，对于声学上的深腔，腔体纵向能够形成声模态。当腔口流体剪切振荡频率接近腔内声模态频率时，会引发耦合共振及声辐射。此时，一方面，腔口剪切层自持振荡的脉动体积速度激励空腔声模态响应；另一方面，腔内声响应反馈到腔口，对剪切层形成扰动。对于浅腔，腔口的剪切层运动受到腔内声反射的影响。浅腔气动噪声主要是由涡旋与空腔随边相互作用引起的、非稳态阻力产生的偶极子噪声。

对于水中空腔而言，由于声波波长较长，腔体中的声模态频率一般远高于腔口流体动力振荡频率，腔口剪切层振荡与空腔声模态耦合的可能性很小。

3) 腔口剪切层与空腔壁弹性共振

在空气介质中，绝大部分情况下空腔壁可以近似处理为刚性壁，因此不存在腔口流体振荡与空腔壁弹性共振的相互耦合。对于水中空腔，大多数情况下空腔壁面应该看作是弹性的。弹性壁面受到剪切层振荡的激励产生振动，壁面振动模态和腔体声模态相互耦合，通过腔口辐射噪声。与纯粹的流体振荡产生的声辐射相比，壁面的弹性振动将产生较强的声辐射。在一定的条件下，壁面某阶共振模态受到剪切层振荡的强激励，还可能产生"唱音"。

实际情况下，几种振荡不能截然分开，有时可能同时存在，称为混合激励。

习　题

1. 一无限长圆柱形声源沿半径方向振动的振动位移为 $\xi(r,t) = \xi_A e^{i(\omega t - kr)}$，圆柱半径为 a，其辐射声波的波阵面是圆柱形的，试求出其在无限介质中的声波方程。

2. 两个相距为 l 的点源振动频率相同、振幅相同、相位相同，试求无限介质中远场的辐射声压和指向性。

3. 两个相距为 l 的点源振动频率相同、振幅相同、相位相差 $90°$，试求无限介质中远场的辐射声压和指向性。

4. 阐述波形转换现象及规律。

5. 设想有一无限大刚性平面做谐振，在半无限介质中形成声场，由谐振引起的辐射声压为 $p = p_A \cos(\omega t - kx)$，试推导平面波的质点振速 v。

6. 平面波垂直入射到多层介质中，第一层介质的特性阻抗为 $\rho_1 c_1$，第二层介质的特性阻抗为 $\rho_2 c_2$，第三层介质的特性阻抗为 $\rho_3 c_3$，两个平行界面之间相距 d，试推导多层介质的透射系数。

7. 证明：半无限介质空间中球面波的声功率级与声压级之间的关系为 $L_W = L_P + 20 \lg r + 8 \text{dB}$。

8. 证明：无限障板上半径为 a 的圆形活塞式声源，在 $ka > 2$ 的情况下，辐射效率近似等于 1。

9. 试推导无限平板的辐射效率。

10. 假设 4 个点声源强度相同，并且其中 2 个声源与另 2 个声源相位相反，分别用"+"、

"–"标记，这样的 4 个声源构成四极子声源，对于如图所示的两种组合，试推导距四极子中心距离为 r 处的远场声压 p。

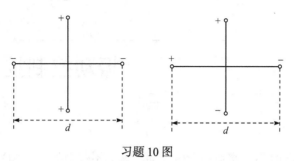

习题 10 图

第 4 章

振动控制技术原理

机械设备在运转时不可避免地产生振动。振动不仅会导致结构受损，影响结构使用寿命，还会直接降低机械设备的工作效率和工作质量。此外，机械结构的振动是辐射噪声的主要源头。振源在振动过程中直接向外辐射噪声，并以弹性波的形式通过与之相连的结构，进而在传播过程中进一步加剧噪声的辐射。振动对人体健康也构成严重威胁，长期在振动环境下工作容易引发多种健康问题。因此，有效控制结构振动对保障工业生产的顺利进行和构建和谐的居民生活环境具有举足轻重的意义。

4.1 隔振原理与隔振技术

隔振是振动控制技术中的一个重要方法，将振源与基础或连接结构的近刚性连接换为弹性连接，可以阻碍振动的传递，从而实现减振效果。本章从振动控制的角度分析隔振，不涉及结构强度计算。

隔振可以分为两类：一类是对振动源采取隔离措施，防止振动源产生的振动向外传播，这种隔振方法称为积极隔振；另一类是对敏感元器件设备采取保护措施，减弱或消除外来振动对设备带来的振动危害，这类隔振方法称为消极隔振。

4.1.1 隔振的分类

隔振的分类

如图 4-1 所示，隔振前机械设备与地基之间是近刚性连接，连接刚度较大，设备运行时产生的扰动力 F 几乎完全传递给地基，并向四周传播。如果将设备与地基之间的连接改为弹性连接，扰动力的传递特性将发生改变，在设计合理时，振动传递将会降低，从而实现减振的目的。

根据隔振目的的不同，通常将隔振分为积极隔振和消极隔振两类。图 4-1 所示的隔振系统是积极隔振系统，以减少设备扰动对周围环境的不良影响。而图 4-2 所示的隔振系统是消极隔振系统，使被保护设备的振动小于地基的振动，以确保设备不受地基振动的干扰，实现保护设备的效果。

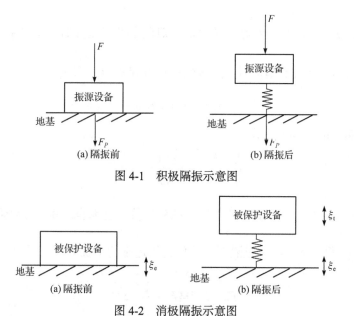

图 4-1　积极隔振示意图

图 4-2　消极隔振示意图

4.1.2　隔振的评价

　　描述和评价隔振效果的物理量很多，最常用的是振动传递系数 T。传递系数是指通过隔振元件传递力与扰动力之间的比值，或传递位移与扰动位移之间的比值。对于如图 4-2 所示的消极隔振系统，振动传递系数可表示为

$$T = \left| \frac{\xi_{\mathrm{t}}}{\xi_{\mathrm{e}}} \right| \tag{4.1.1}$$

式中，ξ_{t} 表示传递位移幅值；ξ_{e} 表示扰动位移幅值。

　　使用时根据具体情况选用。T 越小，说明通过隔振元件传递的振动越小，隔振效果越好。如果 $T=1$，则表明干扰力全部被传递，没有隔振效果，设备与地基之间不采取任何隔振措施就是这类情形；如果地基与设备之间采用了隔振装置，使得 $T<1$，则说明扰动只被部分传递，隔振装置起到了一定的隔振效果；如果隔振系统设计失败，也可能出现 $T>1$ 的情形，此时会放大振动。在工程设计和分析时，通常采用理论计算传递系数的方法来分析系统的隔振效果，有时也采用隔振效率来描述隔振系统的性能。隔振效率定义为

$$\varepsilon = (1-T) \times 100\% \tag{4.1.2}$$

4.1.3　隔振原理

　　单自由度振动系统是最简单的振动系统，但它包含了隔振设计的基本原理。以单自由度隔振系统为例，简要说明隔振原理。

　　如图 4-3 所示为无阻尼单自由度隔振系统，假设设备的质量为 M，隔振系统的刚度为 K，系统

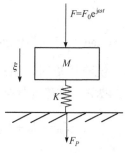

图 4-3　无阻尼单自由度隔振系统示意图

受到的干扰为 $F = F_0 e^{j\omega t}$，传递力为 F_P，则此隔振系统的固有频率为 $\omega_0 = \sqrt{\dfrac{K}{M}}$ 或

$f_0 = \dfrac{1}{2\pi}\sqrt{\dfrac{K}{M}}$。不计系统的阻尼时，系统的运动方程式为

$$M\ddot{\xi} + K\xi = F_0 e^{j\omega t} \tag{4.1.3}$$

式(4.1.3)的稳态解的数学表达式为

$$\xi = \frac{F_0}{K} = \frac{1}{1 - (\omega/\omega_0)^2} e^{j\omega t} \tag{4.1.4}$$

式中，$\dfrac{F_0}{K}$ 表示系统受干扰力 $F = F_0$ 作用时的变形量，也称静位移。为简化计算，定义参

数 $z = \dfrac{\omega}{\omega_0}$ 为归一化频率，则通过隔振系统传递给地基的干扰力可表示为

$$F_P = K\xi = F_0 \frac{1}{1 - z^2} e^{j\omega t} \tag{4.1.5}$$

振动传递系数为

$$T = \left|\frac{F_P}{F_0}\right| = \left|\frac{1}{1 - z^2}\right| \tag{4.1.6}$$

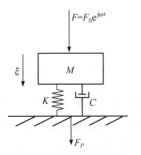

图 4-4　有阻尼单自由度隔振系统示意图

由式(4.1.6)可以发现：当 $z = 1$ 时，系统的振动传递系数为无穷大，这显然不是设计者所希望的。实际上系统存在阻尼时不会出现该情况。

如图 4-4 所示，在考虑系统阻尼时，隔振系统的运动方程为

$$M\ddot{\xi} + C\dot{\xi} + K\xi = F_0 e^{j\omega t} \tag{4.1.7}$$

式中，C 为阻尼系数，引入临界阻尼系数 $C_c = 2\sqrt{MK} = 2\omega_0 M$ 和阻尼比 $\zeta = C/C_c$，则式(4.1.7)的解可表示为

$$\xi = \frac{F_0}{K} \cdot \frac{1}{\sqrt{\left(1 - z^2\right)^2 + \left(2\zeta z\right)^2}} \cdot e^{j(\omega t - \phi)} \tag{4.1.8}$$

式中，$\phi = \tan^{-1}\dfrac{2\zeta z}{1 - z^2}$ 为传递力与干扰力的相位差。

当系统有阻尼时，阻尼元件也会传递振动，此时干扰力通过隔振系统的传递为 $F_P = C\dot{\xi} + K\xi$，在稳定状况下

$$F_P = C\dot{\xi} + K\xi = \frac{F_0/K}{\sqrt{\left(1 - z^2\right)^2 + \left(2\zeta z\right)^2}}\left[K e^{j(\omega t - \phi)} + j\omega C e^{j(\omega t - \phi)}\right] \tag{4.1.9}$$

传递力的幅度为

$$F_P = \frac{F_0/K}{\sqrt{\left(1-z^2\right)^2+\left(2\zeta z\right)^2}}\sqrt{K+\omega^2 C^2} \tag{4.1.10}$$

振动传递系数为

$$T = \frac{\sqrt{1+\left(2\zeta z\right)^2}}{\sqrt{\left(1-z^2\right)^2+\left(2\zeta z\right)^2}} \tag{4.1.11}$$

对比式(4.1.6)与式(4.1.11)可以发现：当频率比 $z=1$ 时，有阻尼隔振系统的振动传递系数不再为无穷大，此时的传递系数由系统的阻尼决定。

实际振动系统通常有多个自由度，刚性机械系统最多可以具有六个自由度，它们分别为对应机械系统沿 x 轴、y 轴、z 轴直线方向运动，以及机械系统绕 x 轴、y 轴、z 轴的转动。在实际分析中，应根据实际情况不同重点关注需要分析的自由度，对于非主要研究对象，或激励扰动为零的自由度，可不予考虑。对具有多个自由度的振动系统，可在避免各自由度相互耦合的前提下，分别考虑各自由度振动的隔离。

4.1.4 隔振性能分析

传递系数 T 值越小，则相同激励条件下通过隔振系统的传递力越小，隔振效果越佳。隔振设计是选择并设计合适的隔振参数，使得传递系数 T 值较小。图 4-5 所示为振动传递系数 T 与频率比 z 和阻尼比 ζ 的关系曲线。

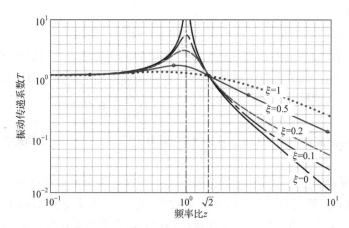

图 4-5 振动传递系数与频率比的关系曲线

振动传递系数 T 与频率比 z 的关系主要表现为：

(1) 当频率比 $z<1$ 时，干扰力的频率小于隔振系统的固有频率，振动传递系数 $T\approx1$，说明隔振装置几乎传递了全部的干扰力，即隔振系统无隔振作用。

(2) 当频率比 $z=1$ 时，干扰力的频率等于隔振系统的固有频率，振动传递系数 $T>1$，说明隔振系统不但不起隔振作用，反而对系统的振动有放大作用，甚至会产生共振现象，这是隔振设计时必须避免的。

(3) 当频率比 $z > \sqrt{2}$ 时，干扰力的频率大于隔振系统的固有频率的 $\sqrt{2}$ 倍，振动传递系数 $T < 1$；此时频率比 z 越大，振动传递系数 T 越小，隔振效果越好。

在设计隔振系统时必须充分考虑系统的固有频率，隔振系统的固有频率 f_0 比干扰力频率 f 小得多，从而获得更优的隔振效果。从理论上讲，频率比 z 越大隔振效果越好，但是在实际工程中必须兼顾系统的稳定性和成本等因素，通常设计频率比 $z = 2.5 \sim 5$。

振动传递系数 T 与阻尼比 ζ 的关系主要表现为：

(1) 当频率比 $z < 1$ 时，隔振系统不起隔振作用甚至发生共振，此时阻尼比 ζ 越大，振动传递系数 T 越小，表明在系统共振时，增大阻尼对控制振动是有利的。

(2) 当频率比 $z > \sqrt{2}$ 时，隔振系统达到隔振效果，此时阻尼比 ζ 越小，振动传递系数 T 越小，表明该条件下增大阻尼对隔振不利，阻尼越小对控制振动越优。

以上分析表明：要取得比较好的隔振效果，首先必须保证频率比 $z > \sqrt{2}$，即隔振系统频率较低。如果系统干扰频率比较低，系统设计时很难达到频率比 $z > \sqrt{2}$ 的要求，则必须通过增大隔振系统阻尼的方法以抑制系统的振动响应。此外，对于旋转机械如电动机等，在这些机械的启动和停止过程中，其干扰频率是变化的，在这个过程中必然会出现隔振系统频率与机器扰动频率一致的情形，为了避免系统共振，设计这些设备的隔振系统时就必须考虑采用一定的阻尼以限制共振区附近的振动。通常隔振器的阻尼比 $\zeta = 2\% \sim 20\%$，钢制弹簧阻尼比 $\zeta < 1\%$，纤维垫阻尼比 $\zeta = 2\% \sim 5\%$，合成橡胶阻尼比 $\zeta > 20\%$。

4.1.5 隔振设计

在隔振设计中，通常把 100Hz 以上的干扰振动称为高频振动，6～100Hz 的振动定义为中频振动，6Hz 以下的振动为低频振动。常用的绝大多数工业机械设备所产生的基频振动属于中频振动。部分工业机械设备所产生的基频振动的谐频，以及高速转动设备等产生的振动属于高频振动。当然，关于低、中、高频划分并非绝对，应视振动系统具体特性确定。

在工业振动控制中，6～100Hz 左右的中频振动较多。下面对该频段振动的隔振设计进行介绍。

从隔振原理和隔振性能分析结果来看，隔振设计可按以下步骤进行：

(1) 测试分析，确定被隔振设备的原始数据，包括设备及安装台座的尺寸、质量、重心和中心主惯性轴的位置，机器质量和转动惯量，以及激励振动源的大小、方向、频率、位置等。

(2) 由以上数据，按频率比 $z = 2.5 \sim 5$ 的要求计算隔振系统的固有频率，也可以根据隔振设计的具体要求来计算隔振系统的固有频率，例如设备所允许的振幅。在计算频率比时，如果有几个频率不同的振动源都需要隔离，则激励频率应该取激励频率中最小的设为计算值。

(3) 根据隔振系统所需的固有频率，计算隔振器应具有的刚度。

(4) 计算设备工作时的振幅，核算是否满足隔振设计要求，必要时通过降低隔振系统的刚度或增加机座的质量达到指标。

(5) 根据计算结果和工作环境要求，选择隔振器的类型以及安装方式，计算隔振器的尺寸并进行结构设计。同时考虑隔振系统隔振效率和设备启停过程中通过共振区时的振幅，由此决定隔振系统的阻尼。

表 4-1 提供了常见机械设备的振动干扰频率。

表 4-1　常见机械设备的扰动频率

设备类型	振动基频/Hz
风机类	1. 轴的转数，2. 轴的转数×叶片数
电机类	1. 轴的转数，2. 轴的转数×电机极数
齿轮	轴的转数×齿数
轴承	轴的转数×滚珠数/2(轴转 2 圈，滚珠转 1 圈)
变压器	交流电频率×2
压缩机	轴的转数
内燃机	1. 轴的转数，2. 轴的转数×发动机缸数

在工程设计中，有时还会用到隔振系统固有频率与隔振系统弹性构件在机组重力作用下的静态压缩量之间的关系

$$f_0 = \frac{5}{\sqrt{x}} \tag{4.1.12}$$

橡胶材料则需要考虑动态特性，此时有

$$f_0 = \frac{5}{\sqrt{x}} \sqrt{\frac{E_d}{E_s}} \tag{4.1.13}$$

式中，x 为隔振系统弹性构件在机组重力作用下的静态压缩量(cm)；E_d 和 E_s 分别为橡胶材料的动态和静态弹性模量。丁氰橡胶 $E_d/E_s = 2.2 \sim 2.8$，胶合玻璃纤维板 $E_d/E_s = 1.9 \sim 2.9$，矿渣棉 $E_d/E_s = 1.5$，软木 $E_d/E_s = 1.8$。

隔振器通常有成品可以选用，出厂时都附有相关测试数据，可以根据需要选用并计算相关参数，也可根据试验直接测量其静态压缩量，以确定隔振器的固有频率。

隔振系统的固有频率越低，越有利于隔振。分析式(4.1.12)可知，较大的静态压缩量可以得到较低的固有频率。在条件允许并确保系统稳定性的情况下，加大设备的基础质量或选择刚度较小的弹性构件，可以得到较大的静态压缩量，实现较好的隔振目的。

设计隔振装置时，可以由扰动频率 f 和系统固有频率 f_0(或静态压缩量 x)计算系统的传递率 T，或根据需要的传递率和已知的扰动频率，求出固有频率或静态压缩量。

隔振材料或隔振元件应能够支承运动设备动力载荷，且具有良好弹性恢复性能。常用的隔振材料有钢弹簧、橡胶、软木、毛毡类等，此外还有空气弹簧、液体弹簧等。表 4-2 是各类材料的隔振性能列表，可以根据需要选用，有时也将这些材料复合使用以

满足要求，如钢弹簧-橡胶隔振器就是一种常用的隔振装置。

表 4-2　常见隔振材料的性能比较

性能	气垫	金属弹簧	剪切橡胶	玻璃纤维板	软木
最低自振频率	0.2Hz	1Hz	3Hz	7Hz	10Hz
横向稳定性	好	差	好	好	好
抗腐蚀老化	较好	最好	较好	较好	较差
应用广泛程度	极少应用	广泛应用	广泛应用	手工部门应用	不够广泛
施工与安装	不方便	较方便	方便	不方便	方便
造价	高	较高	一般	较高	一般

4.1.6　隔振器类型

1. 钢弹簧隔振器

钢弹簧隔振器是常用的一种隔振器，有螺旋弹簧式隔振器和板条式钢板隔振器两种类型，如图 4-6 所示。

螺旋弹簧式隔振器应用普遍，如各类风机、空气压缩机、破碎机、压力机、锻锤机等都可以采用，合理地设计可以得到较佳的隔振效果。

板条式隔振器由多根钢板叠加在一起构成，具有良好的弹性，同时极好地利用了钢板变形时在钢板之间产生的摩擦阻尼，以获得一定的摩擦阻尼比。板条式隔振器多用于汽车的车体减振，在只有单方向冲击载荷的场合也可以使用板条式隔振器。

图 4-6　钢弹簧隔振器

钢弹簧隔振器的优点是：

(1) 可以达到较低的固有频率，如 6Hz 以下。

(2) 可以得到较大的静态压缩量，通常可以取得 20mm 的压缩量。

(3) 可以承受较大的载荷。

(4) 耐高温、耐油污，性能稳定。

钢弹簧隔振器的缺点是：

(1) 由于存在自振动现象，容易传递中频振动。

(2) 阻尼太小，临界阻尼比一般只有 0.006，因此对于共振频率附近的振动隔离能力较差。

为了弥补钢弹簧的这一缺点，通常采用附加黏滞阻尼器的方法，或在钢弹簧钢丝外敷设一层橡胶，以增加钢弹簧隔振器的阻尼。图 4-7 是附加阻尼的几种方法，在具体使用时可以参考选用。

2. 橡胶隔振器

橡胶隔振器也是工程中常用的一种隔振装置。橡胶隔振器最大的优点是本身具有一

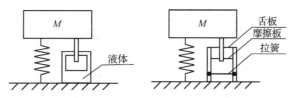

图 4-7 钢弹簧隔振器加阻尼的常见方法

定的阻尼,在共振频率附近有较好的隔振效果。橡胶隔振器通常采用硬度和阻尼合适的橡胶材料制成,根据承力条件的不同,可以分为压缩型、剪切型、压缩剪切复合型等,如图 4-8 所示。

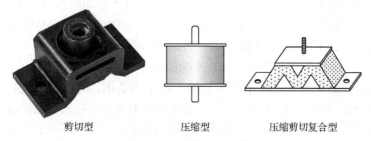

剪切型　　　　　　　压缩型　　　　　压缩剪切复合型

图 4-8 几种橡胶减振器

橡胶隔振器一般由约束面与自由面构成,约束面通常和金属连接,自由面为垂直加载于约束面时产生变形的面。在受压缩负荷时,橡胶横向胀较大,但与金属的接触面会受到约束,因此只有自由面可以发生变形。这样,即使使用同样弹性系数的橡胶,通过改变约束面和自由面的尺寸,制成的隔振器的刚度也不同。意味着橡胶隔振器的隔振参数,不仅与使用的橡胶材料成分有关,也与构成形状、方式等有关。设计橡胶隔振器时,最终隔振参数需要由试验确定,尤其在要求较准确的情况下更应如此。

橡胶隔振器的设计主要是选用硬度合适的橡胶材料,根据需要确定一定的形状、面积和高度等。分析计算中,根据所需要的最大静态压缩量,计算材料厚度和所需压缩或剪切面积。

材料的厚度为

$$h = xE_d / \sigma \tag{4.1.14}$$

式中,h 为材料厚度(m);E_d 为橡胶的动态弹性模量(Pa);σ 为橡胶的允许载荷(Pa)。所需面积为

$$S = M / \sigma \tag{4.1.15}$$

式中,S 为橡胶的支承面积(m^2);M 为机组质量(kg)。橡胶的材料常数 E_d 和 σ 通常由试验测得,表 4-3 给出几种常用橡胶的有关参数。

表 4-3 常用橡胶的参数

材料名称	许用应力 σ /MPa	动态弹性模量 E_d /MPa	E_d / σ
软橡胶	0.1~0.2	6	26~60
较硬橡胶	0.3~0.4	20~26	60~83

续表

材料名称	许用应力 σ / MPa	动态弹性模量 E_d / MPa	E_d / σ
开槽或有孔橡胶	0.2~0.26	4~6	18~26
海绵状橡胶	0.03	3	100

橡胶隔振器实质上是利用橡胶弹性的一种弹性元件，与金属弹簧相比较，具有以下特点：

(1) 形状可以自由选定，可以做成各种复杂形状，有效地利用有限的空间。

(2) 橡胶有内摩擦，即临界阻尼比较大，因此不会产生如同钢弹簧那样的强烈共振，也不会形成螺旋弹簧所特有的共振激增现象。另外，橡胶隔振器都是由橡胶和金属接合而成的，金属与橡胶的声阻抗差别较大，可以有效地起到隔声的作用。

(3) 橡胶隔振器的弹性系数可借助改变橡胶成分和结构而在相当大的范围内变动。

(4) 橡胶隔振器对太低的固有频率(如低于 6Hz)不适用，其静态压缩量也不能过大(一般不应大于 1cm)。因此，对具有较低的干扰频率机组和重量特别大的设备不适用。

(5) 橡胶隔振器的性能易受温度影响。在高温下使用，性能不好；在低温下使用，弹性系数也会改变。如用天然橡胶制成的橡胶隔振器，使用温度为 –30~60℃。橡胶一般是怕油污的，在油中使用易损坏失效。如果必须在油中使用则应改用丁腈橡胶。为了增强橡胶隔振器适应气候变化的性能，防止龟裂，可在天然橡胶的外侧涂上氯丁橡胶。此外，橡胶减振器使用一段时间后，应检查它是否老化而弹性变坏，如果已损坏应及时更换。

3. 空气弹簧

空气弹簧也称气垫。这类隔振器的隔振效率高，固有频率低，通常在 1Hz 以下，而且具有黏性阻尼，因此具有良好的隔振性能。空气弹簧的构造原理如图 4-9 所示。当负荷振动时，空气在空气室与贮气室间流动，可通过阀门调节压力。

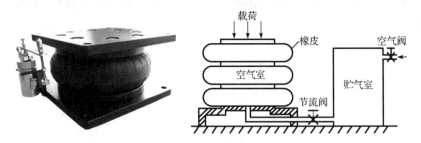

图 4-9　空气弹簧的构造原理

空气弹簧在橡胶空腔内充入气体后具有一定的弹性，从而起到隔振效果。空气弹簧一般附设有自动调节机构。每当负荷改变时，可调节橡胶腔内的气体压力，使之保持恒定的静态压缩量。空气弹簧多用于火车、汽车和一些消极隔振的场合。例如工业用消声室，在几百吨混凝土结构下垫上空气弹簧，向内充气压力达 10 个大气压，固有频率接近 1Hz。

空气弹簧需要有压缩气源及一套复杂的辅助系统，造价昂贵，并且荷重只限于一个方向，故一般工程上采用较少。

以上介绍的是常用的几种隔振器。此外，专业生产厂家生产的一些专用隔振材料和装置，可用于不同条件下的隔振，在此不再详述。工程应用中除单独使用某种隔振材料外，也常将几种隔振材料结合使用，如应用最多的有钢弹簧-橡胶复合式减振器、软木-弹簧隔振装置及毡类-弹簧隔振装置等，这些隔振装置综合了不同材料的优点。

4.1.7　单层隔振、双层隔振和浮筏隔振

以船舶为例，分析单层隔振、双层隔振和浮筏隔振三种系统的隔振性能。在机械动力设备及风浪等多种干扰力作用下，其振动形式也相对复杂。过大振动会对动力设备自身或船体结构性能及寿命造成影响，降低船上各种仪表的精度甚至造成仪表失灵；同时还会因结构声辐射影响船内声环境，降低声环境舒适度，对船上工作人员及乘客健康造成危害。随着船舶结构轻量化、大型化及高速化发展，船舶结构减振降噪问题日益严峻。目前船用隔振系统主要分为：单层隔振系统、双层隔振系统及浮筏隔振系统。图 4-10、图 4-11 和图 4-12 分别给出了三种隔振系统示意图。

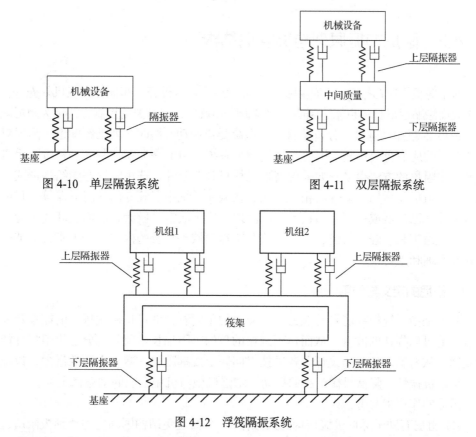

图 4-10　单层隔振系统　　　　　　图 4-11　双层隔振系统

图 4-12　浮筏隔振系统

单层隔振系统是在机械设备和基座之间插入一层隔振原件的隔振系统。双层隔振系统则采用了两层隔振器，并在两层隔振器之间插入了一个中间质量块。而浮筏隔振系统是具有多个激励源的双层隔振系统，系统中多台设备共用一个双层隔振系统中间筏体块进行隔振。

单层隔振系统以其简单的结构形式在隔振系统设计中得到广泛应用，能满足一般的隔振需求，但缺点在于系统扰动力频率较低时，隔振器的刚度必须很小，否则会严重影响系统的稳定性。

相对于单层隔振而言，双层隔振在隔振频率区内隔振效果更好，而缺点是增加了更大的质量。若想达到良好的隔振效果，要求系统中间质量达到被隔振机械设备的 40%～100%，既增加了系统质量，还需较大的安装空间。如果设计不当，实际效果可能比单层隔振还要差。

浮筏隔振系统相对于一般的双层隔振系统附加质量小，采用多设备联合隔振可节省空间，且布置更加灵活，合理设计可达到双层隔振的效果。但浮筏隔振系统相对复杂，各机械设备均影响系统总体隔振性能，在设计中需统筹各设备特性，针对多激励源开展综合设计工作，抑振处理周期较长；浮筏系统上安装设备的增减可能削弱原有隔振性能，不适宜在设备更换频繁部位设计加装。三种基本隔振系统在船舶减振降噪中各有优缺点及发展空间，需根据实际应用环境选用合适隔振系统。

4.2 阻尼抑振原理与高阻尼结构

对于薄板类结构振动及其辐射噪声，如管道、机械外壳、车船体和飞机外壳等，在其结构表面涂贴阻尼材料也能达到明显的减振降噪效果，这种振动控制方式称为阻尼减振。

在第 2 章振动基础中分析单自由度系统受迫振动问题时，就已经知道，阻尼对于系统的振动响应有重要影响。因此，适当增加系统的阻尼是振动控制的一种重要手段。增加系统中阻尼的方法很多，如采用高阻尼材料制造零件、选用阻尼好的结构形式、在系统中附加阻尼、增加运动件的相对摩擦、在振动系统中安装专门的阻尼器等。目前，阻尼减振技术已发展成一门专门技术，广泛地应用于航空、航天、船舶、环境工程、机械设备、交通工具、轻工纺机、土木建筑等工程领域，涉及的内容十分丰富，本节先介绍其基本原理和主要技术。

4.2.1 阻尼的定义与作用

阻尼是指系统损耗能量的能力。从减振的角度看，就是将机械振动的能量转变成热能或其他可以损耗的能量，从而达到减振的目的。阻尼技术就是充分运用阻尼耗能的一般规律，从材料、工艺、设计等各项技术问题上发挥阻尼在减振方面的潜力，以提高机械结构的抗振性、降低机械产品的振动、增强机械与机械系统的动态稳定性。

阻尼的作用主要有：

(1) 阻尼有助于降低机械结构的共振振幅，从而避免结构因动应力达到极限所造成的破坏。对于任一结构，当激励频率 ω 等于共振频率 ω_n 时，其位移响应的幅值与各阶模态的阻尼损耗因子成反比，即

$$X \propto \frac{1}{\eta_n} \tag{4.2.1}$$

式中的阻尼损耗因子用结构损耗的能量与结构振动能之比加以定义

$$\eta_n = \frac{E_{n(损耗)}}{E_{n(能量)}} \tag{4.2.2}$$

式中，η_n 是无量纲的参量，表明结构损耗振动能量的能力。在稳态振动时，系统的共振响应随 η_n 值的增大而减小，因此，增大阻尼是抑制结构共振响应的重要途径。

(2) 阻尼有助于机械系统受到瞬态冲击后很快恢复到稳定状态。机械结构受冲击后的振动水平可表示为

$$L_x = 10\lg\left(\frac{x^2}{x_{\text{ref}}^2}\right) \tag{4.2.3}$$

式中，x 表示受冲击瞬时达到的位移；x_{ref} 是位移参考值。

若以 Δ_t 表示振动水平的降低率(dB/s)，则

$$\Delta_t = -\frac{\mathrm{d}L_x}{\mathrm{d}t} = 8.69\zeta\omega_n = 54.6\zeta f_n \tag{4.2.4}$$

可见，结构受瞬态激励后产生自由振动时，要使振动水平迅速下降，必须提高结构的阻尼比。

(3) 阻尼有助于减少因机械振动所产生的声辐射，降低机械噪声。许多机械构件，如交通运输工具的壳体、锯片等的噪声主要是共振引起的，采用阻尼能有效地抑制共振，从而降低噪声。此外，阻尼还可以使脉冲噪声的脉冲持续时间延长，降低峰值噪声强度。

(4) 可以提高各类机床、仪器等的加工精度、测量精度和工作精度。各类机器尤其是精密机床，在动态环境下工作需要有较高的抗振性和动态稳定性，通过各种阻尼处理可以大大提高其动态性能。

(5) 阻尼有助于降低结构传递振动的能力。在机械系统的隔振结构设计中，合理地运用阻尼技术，可以使隔振、减振效果显著提高。

4.2.2　阻尼的产生机理

对于各种阻尼的微观机理研究正处于不断探求的阶段，而在阻尼技术的开发和应用方面已经有成熟的经验。从工程应用的角度讲，阻尼的产生机理就是将广义振动的能量转换成可以损耗的能量，从而抑制振动、冲击和噪声。从物理现象上区分，阻尼可以分为五类。

1. 工程材料的内阻尼

工程材料种类繁多，通常用损耗因子衡量其内阻尼。表 4-4 列出了常用材料在室温和声频范围内的损耗因子值。

表 4-4　常用材料的损耗因子值

材料	损耗因子值
钢、铁	$1\times10^{-4} \sim 7\times10^{-4}$

续表

材料	损耗因子值
有色金属	$1\times10^{-4}\sim2\times10^{-3}$
玻璃	$0.7\times10^{-3}\sim2\times10^{-3}$
塑料	$0.5\times10^{-2}\sim1\times10^{-2}$
有机玻璃	$2\times10^{-2}\sim4\times10^{-2}$
木纤维板	$1\times10^{-2}\sim3\times10^{-2}$
混凝土	$1.5\times10^{-2}\sim5\times10^{-2}$
砂(干砂)	$1.2\times10^{-1}\sim7\times10^{-1}$
黏弹性材料	$2\times10^{-1}\sim5$

从表 4-4 中可以看出：金属材料的阻尼值较低，但是金属材料是最常用的机器零部件和结构材料，所以它的阻尼性能常常受到关注。为满足特殊领域的需求，近年来已经研制生产了多种类型的阻尼合金，这些阻尼合金的阻尼值比普通金属材料高出 2～3 个数量级。

材料阻尼的机理是：宏观上连续的金属材料会在微观上因应力或交变应力的作用产生分子或晶界之间的位错运动、塑性滑移等，产生阻尼。在低应力状况下由金属的微观运动产生的阻尼耗能称为金属滞弹性，可以由图 4-13 看出。

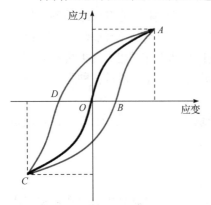

图 4-13 应力应变滞迟回线

当金属材料在周期性的应力和应变作用下，加载线 $\overset{\frown}{OA}$ 因上述原因形成略有上凸的曲线而不再是直线，而卸载线 $\overset{\frown}{AB}$ 将低于加载线 $\overset{\frown}{OA}$。于是在一次周期的应力循环中，构成了应力-应变的封闭回线 $\overset{\frown}{ABCDA}$，阻尼耗能的值正比于封闭回线的面积。对于阻尼等于零的全弹性材料，封闭回线将退化为面积等于零的回线 $\overset{\frown}{OAOCO}$。金属在低应力状况下，主要由黏滞弹性产生阻尼，而在应力增大时，局部的塑性变形逐渐重要，其间没有明显的分界。由于这两种机理在应力增长过程中都在起作用而且发生变化，因此金属材料的阻尼在应力变化过程中不为常值，在高应力或大振幅时呈现出较大的阻尼。

对于铁磁材料等磁性金属材料，由磁弹效应产生的迟滞耗能是它的阻尼产生机理。在强磁场中，每一单元体的磁矢量为了和外界磁场方向趋于一致而发生旋转，在旋转的过程中引起单元体和边界、边界和边界之间的相对运动，同时磁场或应力场使磁饱和单元体产生磁致伸缩现象，加剧了各单元体之间的相对运动。维持上述两种运动必须有能量输入，即将机械能转变成热能并耗散，这就是产生阻尼的物理机理，称为磁弹效应。

工程材料中另一种正在日益崛起的重要材料是黏弹性材料，它属于高分子聚合物，从微观结构上看，这种材料的分子与分子之间依靠化学键或物理键相互连接，构成三维分子网。高分子聚合物的分子之间很容易产生相对运动，分子内部的化学单元也能自由旋转，因此，受到外力时，曲折状的分子链会产生拉伸、扭曲等变形；分子之间的链段会产生相对滑移、扭转。当外力除去后，变形的分子链要恢复原位，分子之间的相对运动会部分复原，释放外力所做的功，这就是黏弹材料的弹性；但分子链段间的滑移、扭转不能全复原，产生了永久性变形，这就是黏弹材料的黏性，这一部分功转变为热能并耗散，这就是黏弹材料产生阻尼的原因。

为了充分利用各种材料的物理机械性能，还出现了各种复合材料供工程应用，例如纤维基材料、金属基材料、非金属基材料等，均是利用各种基本材料和高分子材料复合而成。用作精密机床基础件的环氧混凝土则是以花岗岩碎块作为基体，用环氧树脂作黏结剂所制成的复合材料。由两种或多种材料组成的复合材料，因为不同材料的模量不同，承受相同的应力时会有不等的应变，形成不同材料之间的相对应变，因而会有附加的耗能，因此复合材料可以大幅度提高材料的阻尼值。

2. 流体的黏滞阻尼

在工程应用中，各种结构往往和流体相接触，而大部流体具有黏滞性，在运动过程中会损耗能量。图 4-14 表示流体在管道中的流动，如果流体不具有黏滞性，那么流体在管道中按同等速度运动；否则，流体各部分流动速度是不等的，多数情况下，呈抛物面形。这样，流体内部的速度梯度、流体和管壁的相对速度，均会因流体具有黏滞性而产生能耗及阻尼作用，称为黏性阻尼。黏性阻尼的阻力一般和速度成正比。为了增大黏性阻尼的耗能作用，制成具有小孔的阻尼器，当流体通过小孔时，形成涡流并损耗能量，所以小孔阻尼器的能耗损失实际包括黏滞损耗和涡流损耗两部分。

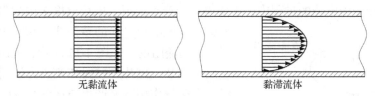

无黏流体　　　　　　　黏滞流体

图 4-14　流体在管道中流动

3. 接合面阻尼与库仑摩擦阻尼

机械结构的两个零件表面接触并承受动态载荷时，能够产生接合面阻尼或库仑摩擦阻尼。如图 4-15 所示，两个用螺钉连接或用自重相贴合的结构原件，如果承受的激励力逐渐增大时，接合面之间会产生接触应力和应变。通常这种相对变形或位移和外力之间的关系如图 4-16 所示的，这就是库仑摩擦阻尼和接合面阻尼产生的机理。

库仑摩擦阻尼和接合面阻尼有相似之处，它们都来源于接合面之间的相对运动，两者之间的区别主要在于：接合面阻尼是由微观的变形所产生的，而库仑摩擦阻尼则由接合面之间相对宏观运动的干摩擦耗能所产生，它的耗能量可以通过分析摩擦力-位移滞迟回线所包围的面积得到。通常库仑摩擦阻尼要比接合面阻尼大一到两个数量级，因此库仑摩擦阻尼的使用效率高得多，并在工程中得到了广泛应用。

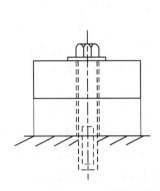

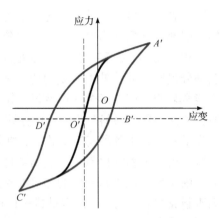

图 4-15 接合面阻尼或库仑摩擦阻尼   图 4-16 相对位移和外力之间关系曲线

4. 冲击阻尼

冲击阻尼是一种结构耗能，工程中可通过设置冲击阻尼器来获得冲击阻尼。例如，砂、细石、铅丸或其他金属块以至硬质合金都可以用作冲击块，以获得冲击阻尼。工程上已经将这种阻尼机理成功地应用于雷达天线、涡轮机叶片、继电器、机床刀杆及主轴等。冲击阻尼的机理是通过附加冲击块，将主系统的振动能量转换为冲击块的振动能量，从而达到减小主系统的振动的目的。

5. 磁电效应阻尼

机械能转变为电能的过程中，由磁电效应产生阻尼。家用电度表中的阻尼结构实质上就是机械能与电能的转换器，它产生的磁电效应可称为涡流阻尼。如图 4-17 所示，在磁极中间设置金属导磁片，磁片旋转时切割磁力线而形成涡流，涡流在磁场作用下又产生与运动相反的作用力以阻止运动，由此而产生的阻尼称为涡流阻尼。涡流阻尼的能量损耗由电磁的磁滞损失和涡流通过电阻的

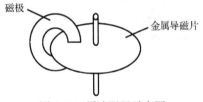

图 4-17 涡流阻尼示意图

能量损失组成。

4.2.3 阻尼材料

衡量材料阻尼特性的参数是材料损耗因子，大多数阻尼材料的损耗因子随环境条件变化而变化，特别是温度和频率对损耗因子具有重要影响。

不同的阻尼材料有不同的性能曲线，适用于不同的使用环境，以下是常见阻尼材料分类的情况(表 4-5)。

表 4-5　常见阻尼材料分类

阻尼材料	按用途分类		用于减振降噪的复合型材料
			用于噪声控制的泡沫多孔材料
			用于特殊工作环境的特种材料
			用于减振的平板型及压敏型材料
	按材料性质分类	黏弹类阻尼材料	阻尼橡胶
			阻尼塑料
		金属类阻尼材料	阻尼合金
			复合阻尼钢板
		液体阻尼涂料	阻尼油料
			阻尼涂料
		沥青型阻尼材料	

1. 黏弹性阻尼材料

黏弹性阻尼材料是目前应用最为广泛的一种阻尼材料，可以在相当大的范围内调整材料的成分及结构，从而满足特定温度及频率下的要求。黏弹性阻尼材料主要分橡胶类和塑料类，一般以胶片形式生产，使用时可用专用的黏结剂将它贴在需要减振的结构上。为了便于使用，还有一种压敏型阻尼胶片，即在胶片上预先涂好一层专用胶，然后覆盖一层隔离纸，使用时只需撕去隔离纸，直接贴在结构上，加一定压力即可黏牢。使用自黏型阻尼材料时，首先要求清除锈蚀油迹，用一般溶剂如汽油、丙酮、工业酒精等去油污，如果室温较低，可在电炉上稍加烘烤，以提高压敏黏结剂的活性。对于通用型的阻尼材料，一般可选用环氧黏结剂等。选用黏结剂的原则是其模量要比阻尼材料的模量高1~2 个数量级，同时考虑到施工方便、无毒、不污染环境的要求。施工时要涂刷得薄而均匀，厚度在 0.05~0.1mm 为佳。

阻尼材料在特定温度范围内有较高的阻尼性能，图 4-18 是阻尼材料性能随温度变化的典型曲线。根据性能的显著不同，可划分为三个温度区：温度较低时表现为玻璃态，此时模量高而损耗因子较小；温度较高时表现为橡胶态，此时模量较低且损耗因子也不高；在这两个区域中间有一个过渡区，过渡区内材料模量急剧下降，而损耗因子较大。损耗因子最大处称为阻尼峰值，达到阻尼峰值的温度称为玻璃态转变温度。

频率对阻尼材料性能也有很大影响，其影响取决于材料的使用温度区。在温度一定的条件下，阻尼材料的模量大致随频率的增高而增大，图 4-19 是阻尼材料性能随频率变化的示意图。

对大多数阻尼材料来说，温度与频率两个参数之间存在着等效关系。对其性能的影响，高温相当于低频，低温相当于高频。这种温度与频率之间的等效关系是十分有用的，可以利用这种关系把这两个参数合成为一个参数，即当量频率 $f_{\alpha T}$。对于每一种阻尼材料，都可以通过试验测量其温度及频率与阻尼性能的关系曲线，从而求出其温频等效关系，

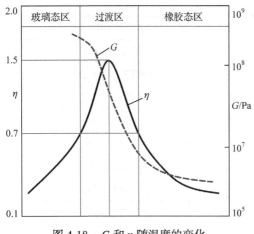

图 4-18　G 和 η 随温度的变化

图 4-19　G 和 η 随频率的变化

绘制综合反映温度与频率对阻尼性能影响的曲线图，也称作示性图，图 4-20 就是一张典型的阻尼材料性能总曲线图。图中横坐标为当量频率 $f_{\alpha T}$，左边纵坐标是实剪切模量 G 和损耗因子 η，右边纵坐标是实际工作频率 f，斜线坐标是测量温度 T。例如已知频率为 f_0、温度为 T_0，只需在图中频率坐标找出频率 f_0 点，作水平线与温度 T_0 斜线相交，过交点作竖直线，与 G 曲线和 η 曲线的交点所对应的分别为所求的 G_0 和 η_0 之值。

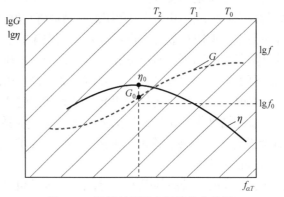

图 4-20　阻尼材料综合耗能总曲线图

2. 阻尼涂料

阻尼涂料由高分子树脂加入适量的填料以及辅助材料配制而成，是一种可涂覆在各种金属板状结构表面上，具有减振、绝热和一定密封性能的特种涂料，广泛用于飞机、船舶、车辆和各种机械设备的减振。由于涂料可直接喷涂在结构表面上，故施工方便，尤其对结构复杂的表面如船舶、飞机等，更体现出它的优越性。阻尼涂料一般直接涂敷在金属板表面上，也可与环氧类底漆配合使用。施工时应充分搅匀、多次涂刷，每次不宜过厚，待完全晾干后再涂第二层。

3. 沥青型阻尼材料

沥青型阻尼材料比橡胶型阻尼材料价格便宜，结构损耗因子随厚度的增加而增加。

表 4-6 列举了一种用于汽车底部的沥青阻尼材料的厚度与结构损耗因子的关系。

表 4-6　沥青阻尼材料厚度与结构损耗因子关系

阻尼层厚度/mm	1.5	2	2.4	3	4
损耗因子	0.05	0.08	0.11	0.17	0.25

沥青型阻尼材料的基本配方是以沥青为基材，并配入大量无机填料混合而成，需要时再加入适量的塑料、树脂和橡胶等。沥青本身是一种具有中等阻尼值的材料，支配阻尼材料阻尼性能的另一个因素是填料的种类和数量。目前，沥青类阻尼材料在汽车行业使用较多，特别是在性能要求较高的车型中使用特别广泛。沥青型阻尼材料大致分为以下四种类型：

(1) 熔融型。此种板材熔点低，加热后流动性好，能覆盖整个汽车底部等构件，在汽车烘漆加热时一并进行加热。

(2) 热熔型。在板材的表面涂有一层热熔胶，以便在汽车烘漆加热时热熔胶融化黏合，一般用作汽车底部内衬。

(3) 自黏型。在板材的表面涂上一层自黏性压敏胶，并覆盖隔离纸，一般用在汽车顶部和侧盖板部分。

(4) 磁性型。在板材的配方中填充大量的磁粉，经充磁机充磁后具有磁性，可与金属壳体贴合，一般用在车门部位。

4. 复合型阻尼金属板材

在两块钢板或铝板之间夹有非常薄的黏弹性高分子材料，就构成复合阻尼金属板材。金属板弯曲振动时，通过高分子材料的剪切变形，发挥其阻尼特性，它不仅损耗因子大，而且在常温或高温下均能保持良好的减振性能。这种结构的强度由各基体金属材料保证，阻尼性能由黏弹性材料和约束层结构加以保证。复合型阻尼金属板近几年在国内外已得到迅速发展，并且已广泛应用于汽车、飞机、船舶、各类电机、内燃机、压缩机、风机及建筑结构等。

复合型阻尼金属板材的主要优点是：

(1) 振动衰减特性好，复合型阻尼钢板损耗因子一般在 0.3 以上。

(2) 耐热耐久性能好，阻尼钢板采用特殊的树脂，即便在 140℃空气中连续加热1000h，各种性能也不劣化。

(3) 机械性能好，复合阻尼钢板的屈服点、抗拉强度等机械品质与同厚度普通钢板大致相同。

(4) 焊接性能好，焊缝性能与普通钢相同。

(5) 复合阻尼钢板还具有阻燃性、耐大气腐蚀性、耐水性、耐油性、耐臭氧性、耐寒性、耐冲击性及烤漆时的高温耐久性等优点。

复合阻尼钢板的应用实例见表 4-7。

表 4-7　复合阻尼钢板的应用实例

类别	应用实例
大型结构	铁路桥梁下部隔声板；钢铁厂装卸料机内衬、漏斗、溜槽内衬
建筑部门	高层建筑钢制楼梯、垃圾井筒、钢门、铜制家具、空调用钢制品
交通运输部门	汽车发动机、发动机旋转部件、翻斗车料槽、船舶、飞机等构件
一般工厂	传递或运输机械构件、铲车料槽、凿岩机内衬、电动机机壳、空气机机壳
音响设备	音响设备底盘、框架、办公用机械
噪声控制设备	各种机器隔声罩、大型消声器钢板结构
其他	记录机机身、激光装置防振台

5. 阻尼合金和其他阻尼材料

阻尼合金具有良好的减振性能，既是结构材料又有高阻尼性能，如双晶型 Mn-Cu 系合金，具有振动衰减特性好、机械强度高、耐腐蚀等优点，被用于水下设施的构件上。

高温条件下，玻璃状阻尼陶瓷是采用较多的一类阻尼材料，通常用于燃气轮机的定子、转子叶片的减振等。细粒玻璃也是一种适合于高温工作环境的阻尼材料，其材料性能的峰值温度比玻璃状陶瓷材料高 100℃左右。

对于有抗静电要求的场合，使用较多的是抗静电阻尼材料。抗静电阻尼材料具有优良的抗静电性能和一定的屏蔽特性，主要用于半导体元器件、集成电路板与电子仪器试验桌台板，以及计算机房的地板等场合。该阻尼材料有橡胶型与塑料型两类。橡胶型为黑色阻尼橡胶，具有弹性、良好的耐磨性与抗冲击性能；塑料型可根据要求配色。

此外，还有一种抗冲击隔热阻尼材料，由橡胶型闭孔泡沫阻尼材料复合带有防黏纸的大阻尼压敏胶黏带组成，具有良好的抗冲击、隔热、隔声作用，可用于航天、航空、船舶等薄壁结构及液压管道的减振。

4.2.4　自由阻尼结构

阻尼基本结构大致可分为离散型阻尼器件和附加型阻尼结构。

离散型阻尼器件可分为两类：一类是应用于振动隔离的阻尼器件，如金属弹簧减振器、黏弹性材料减振器、空气弹簧减振器、干摩擦减振器等；另一类是应用于吸收振动的阻尼器件，如阻尼吸振器、冲击阻尼吸振器等。

附加型阻尼结构可大致分为三类：第一类是直接黏附阻尼结构，如自由层阻尼结构、约束层阻尼结构、多层的约束阻尼结构、插条式阻尼结构等；第二类是直接附加固定的阻尼结构，如封砂阻尼结构、空气挤压薄膜阻尼结构；第三类是直接固定组合的阻尼结构，如接合面阻尼结构等。

附加阻尼结构是提高机械结构阻尼的主要结构形式之一。在各种结构件上直接黏附阻尼材料结构层，可增加结构件的阻尼性能，提高其抗振性和稳定性。附加阻尼结构特别适用于梁、板、壳结构的减振，在汽车外壳、飞机舱壁、轮船等薄壳结构的抗振保护与控制中广泛采用。直接黏附的阻尼结构主要有自由阻尼结构和约束阻尼结构。

自由阻尼结构是将一层大阻尼材料直接黏附在需要作减振处理的机器零件或结构件上，机械结构振动时，阻尼层随结构件变形，产生交变的应力和应变，起到减振和阻尼的作用。

自由阻尼层结构结合梁的结构如图 4-21 所示，自由阻尼层结构结合梁的损耗因子与结构参数的关系式为

$$\eta_s = \eta \frac{eh(3 + 6h + 4h^2)}{1 + eh(5 + 6h + 4h^2)} \tag{4.2.5}$$

图 4-21　自由阻尼结构

式中，$h = H_2/H_1$ 是阻尼层厚度 H_2 与基本弹性层厚度 H_1 的比值；$e = E_2/E_1$ 是阻尼层杨氏模量 E_2 与基本弹性层杨氏模量 E_1 的比值；η 为阻尼层材料的损耗因子；η_s 为组合梁结构的损耗因子。式(4.2.5)表示自由阻尼处理组合梁结构的损耗因子，其损耗因子既是阻尼厚度比 h 的函数，也是阻尼层模量比 e 的函数。图 4-22 为其关系曲线图，由曲线可以发现：η_s/η 随厚度比 h 值单调上升，并有一极限值，最大不会超过 ηE_2；当 e 值较小时，如 $e < 10^{-3}$，附加阻尼层厚度比即使达到 3，η_s/η 也只有 0.001。

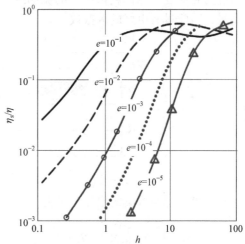

图 4-22　组合结构损耗因子与结构参数关系曲线

自由阻尼层结构组合板的损耗因子关系式为

$$\eta_s = \eta k \frac{12h_{21}^2 + h^2(1 + k^2)}{(1 + k)[12h_{21}^2 + (1 + k)(1 + hk^2)]} \tag{4.2.6}$$

式中，η_s 为组合板结构的损耗因子；η 为阻尼层材料的损耗因子；$h = H_2/H_1$，是阻尼层厚度 H_2 与基本弹性层厚度 H_1 的比值；$k = K_2/K_1$，是阻尼层拉伸刚度 K_2 与基本弹性层拉伸刚度 K_1 的比值；$h_{21} = H_{12}/H_1$ 为阻尼层厚度和基本弹性层厚度中线间的距离与基本弹性层厚度的比值。

图 4-23 是一种具有隔离层的自由阻尼处理结构，它具有阻尼高、重量轻和刚度好的

特点，隔离层一般用轻质高刚度材料制作。当基本弹性层产生弯曲变形时，隔离层有类似于杠杆的放大作用，可增加阻尼层的拉压变形，从而增加阻尼材料的耗能作用。自由阻尼结构更多地用于薄壳结构减振，如鼓风机的外壳、各种管道、车辆等。

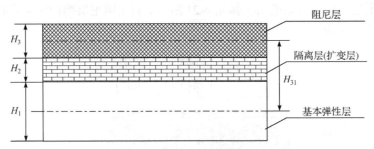

图 4-23　具有隔离层的自由阻尼处理结构

4.2.5　约束阻尼结构

约束阻尼结构由基本弹性层、阻尼材料层和弹性材料层(称约束层)构成(图 4-24)。当基本弹性层产生弯曲振动时，阻尼层上下表面各自产生压缩和拉伸变形，使阻尼层受剪切应力和应变，从而耗散结构的振动能量。约束阻尼结构比自由阻尼结构可耗散更多的能量，因此具有更好的减振效果。

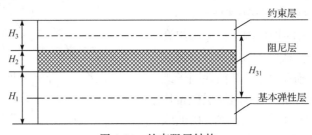

图 4-24　约束阻尼结构

约束阻尼结构梁的损耗因子为

$$\eta_s = \frac{\eta XY}{1 + (2+Y)X + (1+Y)(1+\eta^2)X^2} \tag{4.2.7}$$

式中，η_s 为约束阻尼结构的损耗因子；η 为阻尼层材料的损耗因子；X 为剪切参数；Y 为刚度参数。其中 X 的表达式为

$$X = \frac{G_2 b}{k^2 H_2} \left(\frac{1}{K_1} + \frac{1}{K_3} \right) \tag{4.2.8}$$

式中，G_2 为阻尼层材料模量的实部；b 为约束阻尼梁的宽度；k 为约束阻尼梁弯曲振动的波数，$k = \omega\sqrt{m/D}$，组合梁的弯曲刚度 $D = \frac{b}{12}\left(E_1 H_1^3 + E_3 H_3^3\right)$；$H_1$、$H_2$ 和 H_3 分别为基本弹性层、阻尼层和约束层的厚度；K_1 和 K_3 分别为基本弹性层和约束层的刚度；E_1 和 E_3 分别为基本弹性层和约束层梁的杨氏模量。

刚度参数 Y 的表达式为

$$Y = \frac{H_{31}^2}{D} \frac{K_1 K_3}{K_1 + K_3} \tag{4.2.9}$$

式中，$H_{31} = (H_1 + H_3)/2 + H_2$，是基本弹性层中性面至约束层中性面的距离。

在阻尼结构形式的选择上，应根据工作环境条件等要求综合考虑并合理选取。通常，自由阻尼结构适合于拉压变形，而约束阻尼结构适合于剪切变形。图 4-25 为几种典型的约束阻尼处理结构。

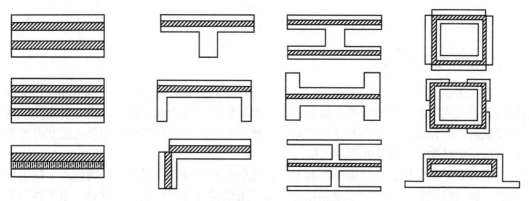

图 4-25　典型的约束阻尼处理结构

用两种以上不同质地的阻尼材料制成多层结构，可提高阻尼性能。由于多层结构同时使用不同的玻璃态转变温度和模量的阻尼材料，这样可加宽温度带宽和频率带宽。

4.2.6　带扩变层的约束阻尼结构

为了增加阻尼效应，在设计多层复合结构时可以加入一层弯曲刚度较低、剪切刚度较大的扩变层(也称隔离层)，如图 4-26 所示。在基底振动时将振动更好地传递给阻尼层，使复合结构产生更大的剪切变形进而耗散更多能量。扩变层材料一般要求具有较轻比重、较高的杨氏模量，常用的扩变层包括金属或高分子材料制成的蜂窝结构和泡沫材料。

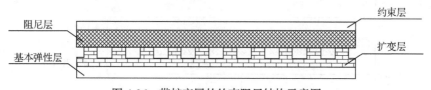

图 4-26　带扩变层的约束阻尼结构示意图

在一定频率范围内，使用扩变层可有效提升结构的整体损耗因子。图 4-27 给出了一种典型结构参数下有无扩变层时约束阻尼结构的结构损耗因子随频率的变化曲线。

由图 4-27 可见，在增设扩变层后，结构的阻尼性能在低频段有所提升，这有利于控制结构的低频振动。但扩变层也可能对高频产生不利效果，带来高频阻尼性能的下降。因此在实际工程应用中不能盲目设计，应根据具体待控频段来决定是否增加扩变层处理。

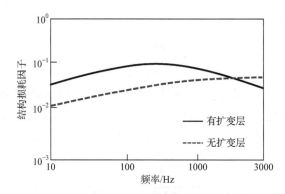

图 4-27　扩变层对声学覆盖层阻尼效果的影响

4.2.7　插条式阻尼结构

在约束阻尼结构中，如果阻尼层的模量相对较低，或者阻尼层并未与基本弹性层牢固黏合，又或者阻尼层由各类纤维状的干摩擦阻尼材料所构成，那么这样一种阻尼结构在受激后产生振动的形态就和前述约束阻尼结构不同，阻尼材料的受力及耗能状况也不同，这一类结构称为插条式阻尼结构。

插条式阻尼结构是在厚度不同的基本弹性层与另行设置的弹性层之间插入一层阻尼材料，这层阻尼材料不和弹性层粘贴在一起。阻尼材料可以是黏弹性材料，也可以是类似玻璃纤维这种依靠摩擦产生阻尼的纤维材料。当结构振动时，上下两金属弹性层产生不同模态的振动，使阻尼材料层产生横向拉压应变(自由阻尼层产生的是纵向拉压应变)，从而耗散结构的振动能量。

图 4-28 表示一个插条式阻尼结构梁，从结构形式上来看，插条式阻尼结构与约束阻尼结构十分相似，插条式阻尼结构和约束阻尼结构主要区别是阻尼层的状况。如果阻尼层的横向刚度远大于剪切刚度，那么剪切刚度相比横向刚度是可以忽略的，此时一般可以认定为插条式阻尼结构。对于结构的动态响应分析时，要充分考虑主梁及辅助梁之间的边界条件及相互的连接状况。

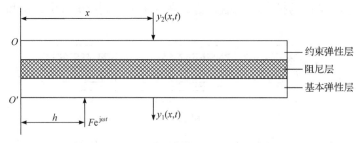

图 4-28　插条式阻尼结构梁示意图

当基本弹性层在距离端面 $O\text{-}O'$ 为 h 处受正弦激励 $Fe^{j\omega t}$ 的激励时，假设基本弹性层与约束弹性层的位移响应分别为 $y_1(x,t)$ 与 $y_2(x,t)$，y_1 与 y_2 的位移差使插入在两弹性层之间的阻尼层产生横向的拉压应变。阻尼层的交变应力使插条阻尼结构产生能量耗损，起到减振的作用。显然它与约束阻尼结构的阻尼层产生剪切耗能的原理是完全不同的，其物理模型可简化为由连续分布的含有复刚度特性的弹簧连接的两弹性层结构，如图 4-29 所示。

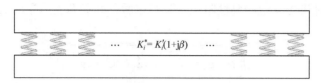

$$K_i^* = K_i'(1+\mathrm{j}\beta)$$

图 4-29　插条式阻尼结构物理模型

不管是插条式阻尼结构还是前面提到的自由阻尼结构与约束阻尼结构，阻尼措施处理位置对于减振性能具有一定影响。有时在结构的全面积上进行阻尼处理可能会造成浪费，此时可考虑在待控结构上进行局部阻尼处理。在实际应用时，可以根据不同阻尼结构的阻尼机理，相应地进行局部位置的优化处理，以达到最佳阻尼性能。

4.3　局域共振原理与动力吸振技术

动力吸振是振动控制中常用的方法之一，通过动力吸振器吸收主振动系统的振动能量，可以达到降低主振动系统振动的目的。动力吸振器(dynamic vibration absorber, DVA)自发明以来已有百年的历史。针对不同的工程背景，人们提出了各种结构形式和工作方式的动力吸振器。

根据是否需要振动系统以外设备提供能量进行工作，动力吸振器分为被动式动力吸振器和主动式动力吸振器。被动式动力吸振器结构简单，易于实现，但只能对特定频率进行减振，工作频带窄。主动式动力吸振器可以适应外扰激励频率，控制频带宽，但需要外接能量，提高了系统的复杂性，降低了整个系统的稳定性。根据其参数是否具有非线性，又可以将动力吸振器分为线性参数型和非线性参数型，非线性参数型通常指具有非线性刚度的吸振器。本章中所介绍的吸振器为线性参数型被动式动力吸振器。

4.3.1　局域共振原理

1. 无阻尼动力吸振器

如图 4-30 所示的单自由度系统，质量为 M，刚度为 K，在一个频率为 ω、幅值为 F_A 的简谐外力 F 激励下，系统将做受迫振动。

由 2.2.3 节的知识可知，对于无阻尼系统，质量块 M 的稳态受迫振动振幅为

$$\xi_{A0} = \frac{X_{\mathrm{st}}}{1-(\omega/\omega_0)^2} \tag{4.3.1}$$

式中，$\omega_0 = \sqrt{\dfrac{K}{M}}$ 为振动系统的固有频率；$X_{\mathrm{st}} = \dfrac{F_A}{K}$ 表示

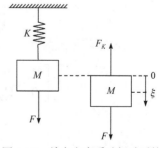

图 4-30　单自由度受迫振动系统

质量块在简谐外力 F 作用下发生的静位移。由式(4.3.1)可见：当激励频率 ω 接近或等于系统固有频率 ω_0 时，其振幅变为无穷大。实际振动系统总是具有一定阻尼，因此振幅不可能为无穷大。在考虑系统的黏性阻尼系数 C 之后，其稳态受迫振动的振幅则为

$$\xi_A = \frac{X_{\mathrm{st}}}{\sqrt{\left[1-\left(\omega/\omega_0\right)^2\right]^2 + \left[2\left(C/C_c\right)\left(\omega/\omega_0\right)\right]^2}} \tag{4.3.2}$$

式中，$C_c = 2\sqrt{MK}$，为临界阻尼常数。对于自由衰减振动系统，只有当系统阻尼小于临界阻尼时，才能够得到衰减振动解；而当系统阻尼大于临界阻尼时，就得到非振动状态的解。

图 4-31 给出了式(4.3.1)和(4.3.2)代表的一簇曲线。由图可见：由于阻尼的存在，受迫振动的振幅降低。阻尼比 C/C_c 越大，振幅的降低越明显，特别是在 $\omega/\omega_0 = 1$ 的附近，阻尼的减振作用尤其明显。因此，当系统存在相当数量的黏性阻尼时，一般可以不考虑附加措施减振或吸振。

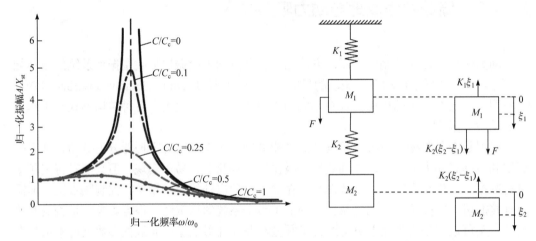

图 4-31　单自由度系统的受迫振动振幅　　　图 4-32　附加动力吸振器的受迫振动系统

当系统阻尼很小时，动力吸振是减小系统振动有效的办法。如图 4-32 所示，在主系统上附加一个动力吸振器，动力吸振器的质量为 M_2，刚度为 K_2，由主系统和动力吸振器构成的无阻尼二自由度系统的受迫振动方程组为

$$\begin{cases} M_1\ddot{\xi}_1 + K_1\xi_1 + K_2\left(\xi_1-\xi_2\right) = F_A\sin\omega t \\ M_2\ddot{\xi}_2 + K_2\left(\xi_2-\xi_1\right) = 0 \end{cases} \tag{4.3.3}$$

写成矩阵形式为

$$\begin{bmatrix} M_1 & 0 \\ 0 & M_2 \end{bmatrix}\begin{Bmatrix} \ddot{\xi}_1 \\ \ddot{\xi}_2 \end{Bmatrix} + \begin{bmatrix} K_1+K_2 & -K_2 \\ -K_2 & K_2 \end{bmatrix}\begin{Bmatrix} \xi_1 \\ \xi_2 \end{Bmatrix} = \begin{Bmatrix} F_A \\ 0 \end{Bmatrix}\sin\omega t \tag{4.3.4}$$

$$\begin{Bmatrix} x_1 \\ x_2 \end{Bmatrix} = \begin{Bmatrix} \xi_1 \\ \xi_2 \end{Bmatrix}\sin\omega t \tag{4.3.5}$$

将式(4.3.5)代入式(4.3.3)得到

$$\begin{bmatrix} K_1 + K_2 - M_1\omega^2 & -K_2 \\ -K_2 & K_2 - M_2\omega^2 \end{bmatrix} \begin{Bmatrix} \xi_1 \\ \xi_2 \end{Bmatrix} \sin\omega t = \begin{Bmatrix} F_A \\ 0 \end{Bmatrix} \sin\omega t \tag{4.3.6}$$

解得

$$\begin{Bmatrix} \xi_1 \\ \xi_2 \end{Bmatrix} = \begin{bmatrix} K_1 + K_2 - M_1\omega^2 & -K_2 \\ -K_2 & K_2 - M_2\omega^2 \end{bmatrix}^{-1} \begin{Bmatrix} F_A \\ 0 \end{Bmatrix} \tag{4.3.7}$$

即

$$\begin{Bmatrix} \xi_1 \\ \xi_2 \end{Bmatrix} = \frac{1}{\left(K_1 + K_2 - M_1\omega^2 \right)\left(K_2 - M_2\omega^2 \right) - K_2^2} \begin{bmatrix} K_2 - M_2\omega^2 & -K_2 \\ -K_2 & K_1 + K_2 - M_1\omega^2 \end{bmatrix} \begin{Bmatrix} F_A \\ 0 \end{Bmatrix} \tag{4.3.8}$$

由式(4.3.8)可得

$$\begin{cases} \xi_1 = \dfrac{X_{\mathrm{st}}\left[1 - (\omega/\omega_2)^2 \right]}{\left[1 - (\omega/\omega_2)^2 \right]\left[1 + K_2/K_1 - (\omega/\omega_1)^2 \right] - K_2/K_1} \\ \xi_2 = \dfrac{X_{\mathrm{st}}}{\left[1 - (\omega/\omega_2)^2 \right]\left[1 + K_2/K_1 - (\omega/\omega_1)^2 \right] - K_2/K_1} \end{cases} \tag{4.3.9}$$

式中，ξ_1 为主振动系统受迫振动振幅，而 ξ_2 为动力吸振器附加质量块的受迫振动振幅；$\omega_1 = \sqrt{K_1/M_1}$ 为主振动系统的固有频率，$\omega_2 = \sqrt{K_2/M_2}$ 为动力吸振器的固有频率。这个二自由度系统的固有频率可以通过令式(4.3.9)的分母为零得到

$$\begin{aligned} \omega_{12}^2 &= \frac{1}{2}\left[\left(\frac{K_1 + K_2}{M_1} + \frac{K_2}{M_2} \right)^2 \pm \sqrt{\left(\frac{K_1}{M_1} - \frac{K_2}{M_2} \right)^2 + 2\frac{K_2}{M_1}\left(\frac{K_1}{M_2} + \frac{K_2}{M_1} \right) + \left(\frac{K_2}{M_1} \right)^2} \right] \\ &= \frac{\omega_1^2}{2}\left[1 + \lambda^2 + \mu\lambda^2 \pm \sqrt{\left(1 - \lambda^2 \right)^2 + \mu^2\lambda^4 + 2\mu\lambda^2\left(1 + \lambda^2 \right)} \right] \end{aligned} \tag{4.3.10}$$

式中，$\mu = M_2/M_1$ 为吸振器与主振系的质量比；$\lambda = \omega_2/\omega_1$ 为吸振器与主振系的固有频率之比。

如果激振力的频率恰好等于吸振器的固有频率，则主振系质量块的振幅将变为零，而吸振器质量块的振幅为

$$\xi_2 = -\frac{K_1}{K_2}X_{\mathrm{st}} = -\frac{F_A}{K_2} \tag{4.3.11}$$

此时，激振力激起动力吸振器的共振，而主振动系统保持不动，这就是动力吸振器名称的由来。

2. 无阻尼动力吸振器的使用条件

并非所有的振动系统都需要附加动力吸振器，动力吸振器的使用是有条件的，可简

单归纳如下：

(1) 激振频率接近或等于系统固有频率，且激振频率基本恒定。

(2) 主振系阻尼较小。

(3) 主振系有减小振动的要求。

一个特殊情况就是动力吸振器的频率等于主振系固有频率的情况。此时，式(4.3.10)改写为

$$\omega_{12} = \omega_1 \sqrt{\left(1 + \frac{\mu}{2} + \sqrt{\mu + \frac{\mu^2}{4}}\right)} \tag{4.3.12}$$

实际情况往往比较复杂。根据式(4.3.10)的计算结果，图 4-33 给出了质量比与安装动力吸振器之后的频率比之间的关系。由图可见：系统具有两个固有频率，其中一个大于附加吸振器之前的固有频率，而另一个小于附加吸振器之前的固有频率。吸振器质量相对主振系的质量比越大，则两个固有频率之间的差异越大。图 4-34 和图 4-35 分别给出了主振系和吸振器的振幅随频率变化的规律，图中横坐标为归一化的频率。

由图 4-34 可见：只有在主振系固有频率附近很窄的激振频率范围内，动力吸振器才有效，而在紧邻这一频带的相邻频段，产生了两个固有频率。因此，如果动力吸振器使用不当，不但不能吸振，反而易于产生共振，这是无阻尼动力吸振器的缺点。

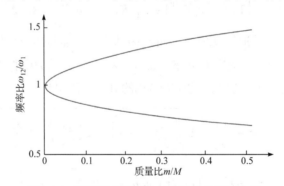

图 4-33　系统固有频率比与质量比的关系曲线

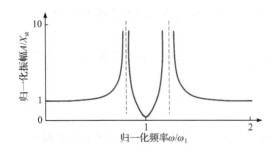

图 4-34　主振系的振幅与激励频率关系

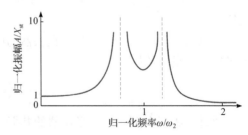

图 4-35　吸振器的振幅与激励频率关系

3. 阻尼动力吸振器

如果在动力吸振器中设计一定的阻尼，可以有效拓宽其吸振频带。如图 4-36 所示，

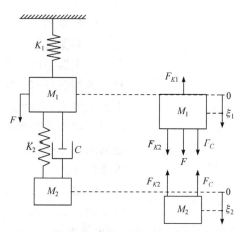

图 4-36　附加阻尼动力吸振器的受迫振动系统

在主振系上附加一阻尼动力吸振器，吸振器的阻尼系数为 C ，则可以得到主振系的质量块和吸振器的质量块分别对应的振幅为

$$
\begin{cases}
\xi_1 = X_{st} \sqrt{\dfrac{(2\zeta z)^2 + (z-\lambda)^2}{(2\zeta z)^2 \left[(1+\mu)z^2 - 1\right] + \left[\mu\lambda^2 z^2 - (z^2-1)(z^2-\lambda^2)^2\right]}} \\[4mm]
\xi_2 = X_{st} \sqrt{\dfrac{(2\zeta z)^2 + \lambda^2}{(2\zeta z)^2 \left[(1+\mu)z^2 - 1\right] + \left[\mu\lambda^2 z^2 - (z^2-1)(z^2-\lambda^2)^2\right]}}
\end{cases}
\tag{4.3.13}
$$

式中，ξ_1 为主振动系统受迫振动振幅，而 ξ_2 为动力吸振器附加质量块的受迫振动振幅。式中各主要参数为

归一化频率

$$
z = \frac{\omega}{\omega_1}
\tag{4.3.14}
$$

固有频率比

$$
\lambda = \frac{\omega_2}{\omega_1}
\tag{4.3.15}
$$

阻尼比

$$
\zeta = \frac{C}{2\sqrt{MK}}
\tag{4.3.16}
$$

质量比

$$
\mu = \frac{m}{M}
\tag{4.3.17}
$$

吸振器阻尼对主系统振幅具有影响，这种影响可以从图 4-37 看出。图 4-37 中给出的调谐系统主要参数为 $\mu = 0.1$ ，$\lambda = 1$ ，阻尼比 ζ 变化范围从 0 到 ∞ 。

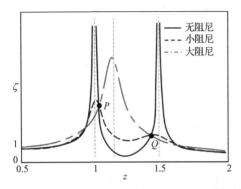

图 4-37　吸振器阻尼与主振系振幅的关系曲线

由图 4-37 可见：当吸振器无阻尼时，主振系的共振峰为无穷大；当吸振器阻尼无穷大时，主振系的共振峰同样也为无穷大；只有当吸振器具有一定阻尼时，共振峰才不至于为无穷大。因此，必然存在一个合适的阻尼值，使得主振系的共振峰为最小，这个合适的阻尼值就是阻尼动力吸振器设计的一项重要任务。

由图 4-37 还可以发现：无论阻尼取什么样的值，曲线都通过 P、Q 两点。这一特点为阻尼动力吸振器的优化设计给出了限制，如果将主振系的两个共振峰设计到 P、Q 两点附近，则主振系的振幅将大大降低。

与无阻尼动力吸振器不同的是，阻尼动力吸振器不受频带的限制，因此被称为宽带吸振器。

4. 复式动力吸振器

如图 4-38 所示，在一个质量为 M、刚度为 K 的单自由度系统上附加一个复式动力吸振器。该复式动力吸振器的主要参数为：质量 M_1 和 M_2，刚度 K_1 和 K_2，阻尼 C_1 和 C_2。在外力作用下，假设基座位移响应为 u，同时设 M、M_1 和 M_2 的位移响应分别为 ξ、ξ_1 和 ξ_2，则可以写出系统的运动微分方程为

$$\begin{cases} M\ddot{\xi} + K\xi = Ku - M_1\ddot{\xi}_1 - M_2\ddot{\xi}_2 \\ M_1\ddot{\xi}_1 + C_1\left(\dot{\xi}_1 - \dot{\xi}\right) + K_1\left(\xi_1 - \xi\right) = 0 \\ M_2\ddot{\xi}_2 + C_2\left(\dot{\xi}_2 - \dot{\xi}\right) + K_2\left(\xi_2 - \xi\right) = 0 \end{cases} \tag{4.3.18}$$

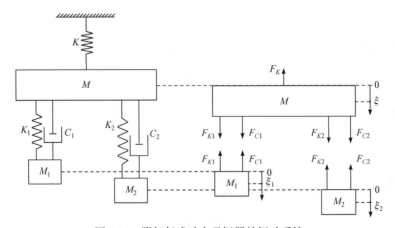

图 4-38　附加复式动力吸振器的振动系统

将上述关系进行拉氏变换，得到位移传递率为

$$\frac{X}{U}(\mathrm{j}\omega)=\frac{K}{K-\omega^2 M+\dfrac{M_1 K_1-\omega^2-\mathrm{j}\omega^3 M_1 C_1}{K_1+\mathrm{j}\omega C_1-\omega^2 M_1}+\dfrac{M_2 K_2-\omega^2-\mathrm{j}\omega^3 M_2 C_2}{K_2+\mathrm{j}\omega C_2-\omega^2 M_2}} \quad (4.3.19)$$

$$=A\mathrm{e}^{\mathrm{j}\alpha}$$

式中，$A=\sqrt{\dfrac{R_N^2+I_N^2}{R_D^2+I_D^2}}$; $\alpha=\tan^{-1}\dfrac{I_N}{R_N}-\tan^{-1}\dfrac{I_D}{R_D}$ 。

其中，
$$R_N=K\big[M_1 M_2\omega^4-(C_1 C_2+M_2 K_1+M_1 K_2)\omega^2+K_1 K_2\big]$$

$$I_N=K\big[-(M_1 C_2+M_2 C_1)\omega^3+(K_1 C_2+K_2 C_1)\omega\big]$$

$$R_D=-MM_1 M_2\omega^6+\big[M_1 M_2(K+K_1+K_2)+M(M_1 K_2+M_2 K_1)+C_1 C_2(M+M_1+M_2)\big]\omega^4$$

$$-\big[(M_1 K_2+M_2 K_1+C_1 C_2)K+(M+M_1+M_2)K_1 K_2\big]\omega^2+KK_1 K_2$$

$$I_D=\big[M(M_1 C_2+M_2 C_1)+M_1 M_2(C_1+C_2)\big]\omega^5$$

$$-\big[K(M_1 C_2+M_2 C_1)+(K_1 C_2+K_2 C_1)(M+M_1+M_2)\big]\omega^3+K(K_1 C_2+K_2 C_1)\omega$$

以上各式可以简写为如下形式

$$R_N=\left(\frac{1}{\lambda_1^{2}}\frac{1}{\lambda_2^{2}}\right)z^4-\left(\frac{1}{\lambda_1^{2}}+\frac{1}{\lambda_2^{2}}+4\frac{\zeta_1}{\lambda_1}\frac{\zeta_2}{\lambda_2}\right)z^2+1$$

$$I_N=-2\left(\frac{\zeta_1}{\lambda_1\lambda_2^{2}}+\frac{\zeta_2}{\lambda_2\lambda_1^{2}}\right)z^3+2\left(\frac{\zeta_1}{\lambda_1}+\frac{\zeta_2}{\lambda_2}\right)z$$

$$R_D=-\left(\frac{1}{\lambda_1^{2}}\frac{1}{\lambda_2^{2}}\right)z^6+\left[\frac{1}{\lambda_1^{2}}\frac{1}{\lambda_2^{2}}+\frac{1+\mu_2}{\lambda_1^{2}}+\frac{1+\mu_1}{\lambda_2^{2}}+4(1+\mu_1+\mu_2)\frac{\zeta_1}{\lambda_1}\frac{\zeta_2}{\lambda_2}\right]z^4$$

$$-\left[\frac{1}{\lambda_1^{2}}\frac{1}{\lambda_2^{2}}+4\frac{\zeta_1}{\lambda_1}\frac{\zeta_2}{\lambda_2}+(1+\mu_1+\mu_2)\right]z^2+1$$

$$I_D=2\left[\frac{\zeta_1(1+\mu_1)}{\lambda_1\lambda_2^{2}}+\frac{\zeta_2(1+\mu_2)}{\lambda_2\lambda_1^{2}}\right]z^5$$

$$-2\left[\frac{\zeta_1}{\lambda_1\lambda_2^{2}}+\frac{\zeta_2}{\lambda_2\lambda_1^{2}}+(1+\mu_1+\mu_2)\frac{\zeta_1}{\lambda_1}\frac{\zeta_2}{\lambda_2}\right]z^3+2\left(\frac{\zeta_1}{\lambda_1}+\frac{\zeta_2}{\lambda_2}\right)z$$

以上各式中符号含义如下：

归一化频率 $z=\dfrac{\omega}{\omega_1}$ ，其中 $\omega_1=\sqrt{\dfrac{K}{M}}$ 为主振系固有频率；固有频率比 $\lambda_i=\dfrac{\omega_i}{\omega_1}$ ，其中 $\omega_i=\sqrt{\dfrac{K_i}{M_i}}$ 为动力吸振器的固有频率；临界阻尼比 $\zeta_i=\dfrac{C_i}{2\sqrt{M_i K_i}}$ ；质量比 $\mu_i=\dfrac{M_i}{M}$ 。公式条件：$i>1$ 。

吸振器阻尼对主质量振幅具有很重要的影响，这种影响可以从图 4-39 看出。在质量比一定的情况下，改变阻尼比可发现：无论阻尼取什么样的值，曲线都通过 P、Q 两点，这与单个动力吸振器是一致的；复式动力吸振器的另一个特殊点是T点，这是传递曲线中间峰值的极小值点，阻尼比过大或过小都将使传递曲线远离T点。复式动力吸振器的这些特点实际上为确定其最佳吸振效果提供了参考和限制，如果将主振系的三个共振峰设计到P、Q、T三点附近，则主振系的振幅将大大降低。

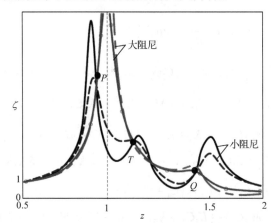

图 4-39　复式动力吸振器阻尼与位移传递率的关系曲线

复式动力吸振器的一个显著优点就是吸振频带宽，可以想象：如果设计多组动力吸振器构成复式动力吸振器，只要各组的共振频率分布合理、参数设计恰当，将会取得明显的吸振效果。

5. 非线性动力吸振器

前面所讲的动力吸振器的刚度和阻尼都是线性的，严格地讲，这种假设并不是处处成立的，即存在非线性。非线性在振动控制中有着特殊的作用，利用刚度非线性和阻尼非线性设计的非线性隔振、吸振装置，往往能够达到比线性装置更好的效果。

在动力吸振器中如果使用非线性弹簧，则吸振器的固有频率与振幅有关。若振幅增大，则弹簧刚度也增大，这样的弹簧称为硬弹簧；若振幅增大，弹簧刚度反而减小，这样的弹簧则称为软弹簧。图 4-40 表示的是线性弹簧、软弹簧、硬弹簧与振幅之间的关系。

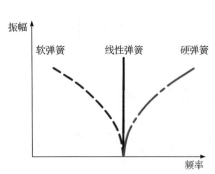

图 4-40　线性和非线性弹簧系统的固有频率与振幅的典型关系

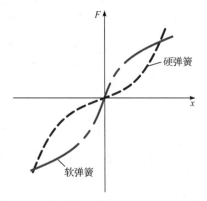

图 4-41　非线性弹簧的力与变形关系曲线

图 4-41 给出了典型的硬弹簧(或软弹簧)系统中力与变形之间的关系。对于非线性振动问题，除分段线性的情况外，一般难以得到精确解，而只能借助各种近似分析方法。

非线性动力吸振器可以将非线性特征引入一个谐振系统中，与线性动力吸振器相比，在机器启动时增加速度通过共振区的过程更快，而在机器停止时减小速度通过共振区的过程更慢，从而实现对机器的保护。

4.3.2 集中式动力吸振器设计

1. 参数影响分析

引入主振动系统受迫振动振幅 ξ_1 和动力吸振器的受迫振动振幅 ξ_2 对激振力频率 ω 的动力放大系数 $R_1(\omega)$、$R_2(\omega)$。

由式(4.3.8)可得

$$\begin{cases} \xi_1 = R_1(\omega)\dfrac{F}{K} = \dfrac{\lambda^2 - z^2}{z^4 - z^2\left[1 + \lambda^2(1+\mu)\right] + \lambda^2}\dfrac{F_A}{K} \\[4mm] \xi_2 = R_2(\omega)\dfrac{F}{K} = \dfrac{\lambda^2}{z^4 - z^2\left[1 + \lambda^2(1+\mu)\right] + \lambda^2}\dfrac{F_A}{K} \end{cases} \tag{4.3.20}$$

式中，$\mu = \dfrac{M'}{M}$ 为吸振器与主振系的质量比；$\lambda = \dfrac{\omega_2}{\omega_1}$ 为吸振器与主振系的固有频率之比；

$z = \dfrac{\omega}{\omega_1}$ 为激励力频率与主振系固有频率之比，即归一化频率。

1) 动力吸振器的质量对吸振性能的影响

假设有一个无阻尼动力吸振器，动力吸振器和主振系的固有频率比恒为 1。考察质量比 μ 取为 0.01、0.05 和 0.1 情况下的吸振效果。如图 4-42 所示，动力吸振器质量越大，减振频带的宽度越宽，相应的减振效果就越好。

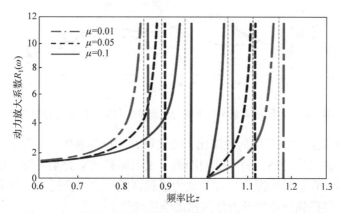

图 4-42 不同质量比下动力放大系数与频率比 z 的关系曲线

实际结构总是希望附加的质量尽可能小。事实上当质量比大于 0.1 时，再增加动力吸振器的质量，减振效果提高就很缓慢。因此，不建议动力吸振器的质量比显著超过 0.1。

2) 动力吸振器的阻尼对吸振性能的影响

假设一个吸振器的固有频率比为 1，取质量比为 0.05，选不同的阻尼比 ζ，得到主振系的动力放大系数与频率比 z 的关系，如图 4-43 所示。

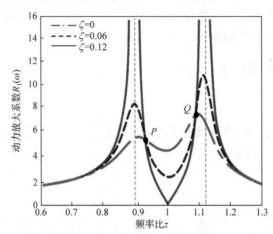

图 4-43　不同阻尼比下动力放大系数与频率比 z 的关系曲线

由图 4-43 可见：阻尼动力吸振器不能实现完全消振，这是由于恢复力不能完全抵消激振力的作用，主质量存在残余振幅；阻尼明显加宽了吸振器的减振频带。

3) 动力吸振器的固有频率比对吸振性能的影响

假定一吸振器的质量比为 0.01，阻尼比为 0.06，取不同的固有频率比 λ，考察固有频率比对吸振效果的影响，如图 4-44 所示。

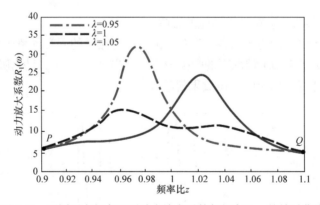

图 4-44　不同固有频率比下动力放大系数与频率比 z 的关系曲线

由图 4-44 可见：对应不同的频率比，公共点 P、Q 的纵坐标不等，如果改变固有频率比 λ，一个公共点将升高，另一个则降低。仅当固有频率为某一特定值时，两公共点的纵坐标才相等。在这种情况下，如果动力吸振器阻尼比选择适当，使曲线的一个峰值与公共点重合，将得到最小的动力作用振动响应峰值。

2. 设计步骤

无阻尼动力吸振器的设计比较简单，主要步骤如下：

(1) 通过计算或测试，确定激振频率 ω，并估算激振力幅值大小。

(2) 确定吸振器弹簧刚度 K'，使得吸振器振幅为空间许可的合理值，并且弹簧能够经受这一振幅下的疲劳应力。

(3) 选择吸振器质量，满足 $\omega = \sqrt{K'/M'}$，且 $\mu = M'/M > 0.1$。选择一定质量比是为了使主振系能够安全工作，在两个新的固有频率之间应有一定的间隔频带。

(4) 检验：将设计生产好的吸振器安装到主振系上，让主振系工作，检查吸振器的效果，如有问题应修改设计。

有阻尼动力吸振器的设计比较复杂，主要步骤如下：

(1) 根据主振系的质量 M 和固有频率 ω_1，选择吸振器的质量 M'，并计算质量比 μ。

(2) 确定最佳调谐频率比

$$\lambda = \frac{\omega_2}{\omega_1} = \frac{1}{1+\mu} \tag{4.3.21}$$

从而确定吸振器弹簧刚度

$$K' = M'\omega_2^2 \tag{4.3.22}$$

(3) 计算黏性阻尼系数

$$\left(\frac{C}{C_c}\right)^2 = \frac{3\mu}{8(1+\mu)^3} \tag{4.3.23}$$

(4) 计算主振系的最大振幅

$$\frac{\xi_{A\max}}{X_{st}} = \sqrt{1+\frac{\mu}{2}} \tag{4.3.24}$$

(5) 检验：将设计生产好的吸振器安装到主振系上，让主振系工作，检查吸振器的效果，如有问题应修改设计。

4.3.3 周期局域共振原理*

20 世纪末，在包括声学和力学在内的许多学科领域，人们对周期结构的研究日趋增加。通过对人工创建的周期性结构单元的设计，可以获得有趣的波传播特性，如带隙特性。在带隙外，波可以正常传播，然而在带隙内波无法传播。这类结构的典型代表就是光子晶体，而类比光子晶体，通过构建声学周期结构也可以获得弹性波/声波带隙。

在早期的声学周期结构研究中，带隙的产生机理均为布拉格(Bragg)散射机理，带隙中心频率对应的波长与胞元尺度相当。直到 2000 年，有学者发现局域共振型周期结构具有良好的"小尺寸控制大波长"的能力，带隙频率不再依赖周期胞元的尺度，而是由谐振器的谐振频率决定。理论上，只要降低周期谐振器的谐振频率即可获得低频带隙，使得小尺寸胞元即可获得低频带隙。

将局域共振单元进行周期排列进而形成带隙来控制结构的振动已逐渐成为一种新型的振动控制方法。在进行结构胞元设计时，带隙频率范围的设计是重要的一个环节。针对一维或二维周期局域共振结构，一般计算其带隙时可采用平面波展开法，以下对该方法进行简要介绍。

噪声与振动控制技术基础

考虑一无限大板，周期附加弹簧振子，如图 4-45 所示。弹簧刚度与振子质量分别为 k_R、m_R。假设弹簧对板的作用力为 $f_1(\boldsymbol{R})$，板对弹簧的作用力为 $f_2(\boldsymbol{R})$。

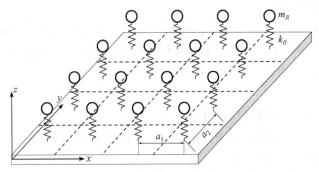

图 4-45　由周期胞元组成的二维无限大板

根据板的振动理论，无限板和弹簧振子耦合系统的简谐振动控制方程可以描述为

$$\begin{cases} D\nabla^4 w_1(\boldsymbol{r}) - \omega^2 \rho h w_1(\boldsymbol{r}) = \sum_{R}\left[f_1(\boldsymbol{R})\delta(\boldsymbol{r}-\boldsymbol{R}) \right] \\ f_2(\boldsymbol{R}) = -\omega^2 m_R w_2(\boldsymbol{R}) \\ f_1(\boldsymbol{R}) = -k_R\left[w_1(\boldsymbol{r}) - w_2(\boldsymbol{R}) \right] \\ f_2(\boldsymbol{R}) = k_R\left[w_1(\boldsymbol{r}) - w_2(\boldsymbol{R}) \right] \end{cases} \quad (4.3.25)$$

其中，$\nabla^4 = \dfrac{\partial^4}{\partial x^4} + 2\dfrac{\partial^4}{\partial x^2 \partial y^2} + \dfrac{\partial^4}{\partial y^4}$；$D$ 为板的弯曲刚度；ρ 为板的密度；h 为板的厚度；$\boldsymbol{R} = \bar{m}\boldsymbol{r}_1 + \bar{n}\boldsymbol{r}_2$ 为直接晶格向量($\bar{m}$、$\bar{n}$ 为整数，且 $-\infty \leqslant \bar{m}, \bar{n} \leqslant \infty$)，$\boldsymbol{r}_1$ 和 $\boldsymbol{r}_2$ 为直接晶格的两个基本向量，分别为 $\boldsymbol{r}_1 = (a_1, 0)$，$\boldsymbol{r}_2 = (0, a_2)$，$a_1$、$a_2$ 分别为此周期结构在 x、y 两个方向的晶格常数，即单个胞元的长度和宽度；$\boldsymbol{r} = (x, y)$ 为板上任一位置；$w_1(\boldsymbol{r})$ 为板的弯曲振动横向位移；$w_2(\boldsymbol{R})$ 为振子质量的位移；狄利克雷函数 $\delta(\boldsymbol{r}-\boldsymbol{R}) = \delta(x - x_{\boldsymbol{R}})\delta(y - y_{\boldsymbol{R}})$。

由于此结构具有周期性，因此板的位移响应函数 $w_1(\boldsymbol{r})$ 可以表示为

$$w_1(\boldsymbol{r}) = \sum_{G} W_1(\boldsymbol{G}) \mathrm{e}^{-\mathrm{j}(\boldsymbol{k}+\boldsymbol{G})\boldsymbol{r}} \quad (4.3.26)$$

其中，$\boldsymbol{G} = m\boldsymbol{b}_1 + n\boldsymbol{b}_2 = (m2\pi/a_1, n2\pi/a_2)$ 为倒晶格向量。另外，根据 Bloch-Floquet 定理可知

$$\begin{cases} w_1(\boldsymbol{R}) = w_1(0) \mathrm{e}^{-\mathrm{j}\boldsymbol{k}\boldsymbol{R}} \\ w_2(\boldsymbol{R}) = w_2(0) \mathrm{e}^{-\mathrm{j}\boldsymbol{k}\boldsymbol{R}} \end{cases} \quad (4.3.27)$$

根据狄利克雷函数的性质，可知

$$\sum_{R} \mathrm{e}^{-\mathrm{j}\boldsymbol{k}\boldsymbol{R}} \delta(\boldsymbol{r}-\boldsymbol{R}) = \mathrm{e}^{-\mathrm{j}\boldsymbol{k}\boldsymbol{r}} \sum_{R} \delta(\boldsymbol{r}-\boldsymbol{R}) \quad (4.3.28)$$

将式(4.3.27)与式(4.3.28)代入式(4.3.25)，并整理后可得

$$\begin{cases} D\nabla^4 w_1(\boldsymbol{r}) - \omega^2 \rho h w_1(\boldsymbol{r}) = -k_R\left[w_1(0) - w_2(0) \right] \mathrm{e}^{-\mathrm{j}\boldsymbol{k}\boldsymbol{r}} \sum_{R} \delta(\boldsymbol{r}-\boldsymbol{R}) \\ k_R\left[w_1(0) - w_2(0) \right] = -\omega^2 m_R w_2(0) \end{cases} \quad (4.3.29)$$

令 $g(\boldsymbol{r}) = \sum_R \delta(\boldsymbol{r} - \boldsymbol{R})$，由于 $g(\boldsymbol{r})$ 的周期性，其又可表示为傅里叶级数的形式

$$g(\boldsymbol{r}) = \sum_G \tilde{g}(\boldsymbol{G}) \mathrm{e}^{-\mathrm{j}Gr} \tag{4.3.30}$$

其中

$$\tilde{g}(\boldsymbol{G}) = \frac{1}{S} \iint_S g(\boldsymbol{r}) \mathrm{e}^{\mathrm{j}Gr} \mathrm{d}^2 r = \frac{1}{S} \iint_S \sum_{R'} \delta(\boldsymbol{r} - \boldsymbol{R}) \mathrm{e}^{\mathrm{j}Gr} \mathrm{d}^2 r = \frac{1}{S} \tag{4.3.31}$$

其中，S 是一个晶格胞元的面积 $S = a_1 \times a_2$，因此

$$\sum_R \delta(\boldsymbol{r} - \boldsymbol{R}) = \frac{1}{S} \sum_G \mathrm{e}^{-\mathrm{j}Gr} \tag{4.3.32}$$

由式(4.3.26)可知

$$w_1(0) = \sum_G W_1(\boldsymbol{G}) \tag{4.3.33}$$

将式(4.3.26)、式(4.3.32)与式(4.3.33)代入式(4.3.29)中，可得

$$\begin{cases} DS\left[(\boldsymbol{k}+\boldsymbol{G})_x^2 + (\boldsymbol{k}+\boldsymbol{G})_y^2 \right]^2 W_1(\boldsymbol{G}) + k_R \sum_G W_1(\boldsymbol{G}) - k_R w_2(0) - \omega^2 \rho h S W_1(\boldsymbol{G}) = 0 \\ -k_R \sum_G W_1(\boldsymbol{G}) + k_R w_2(0) - \omega^2 m_R w_2(0) = 0 \end{cases} \tag{4.3.34}$$

将式(4.3.34)无穷项截断为有限项，令 $-M \leqslant m, n \leqslant M$，则有限项平面波展开个数为 $N \times N = (2M+1) \times (2M+1)$，式(4.3.34)可表示为矩阵形式

$$\left\{ \begin{bmatrix} DS[\boldsymbol{K}] + k_R[\boldsymbol{U}] & -k_R[\boldsymbol{P}] \\ -k_R[\boldsymbol{P}^{\mathrm{T}}] & k_R \end{bmatrix} - \omega^2 \begin{bmatrix} \rho h S[\boldsymbol{I}] & 0 \\ 0 & m_R \end{bmatrix} \right\} \begin{Bmatrix} \boldsymbol{W}_1 \\ w_2(0) \end{Bmatrix} = 0 \tag{4.3.35}$$

其中

$$\boldsymbol{W}_1 = \begin{bmatrix} W_1(\boldsymbol{G}_1) & W_1(\boldsymbol{G}_2) & \cdots & W_1(\boldsymbol{G}_{N \times N}) \end{bmatrix}^{\mathrm{T}}, \quad [\boldsymbol{P}] = \begin{bmatrix} 1 & 1 & \cdots & 1 \end{bmatrix}^{\mathrm{T}}, \quad [\boldsymbol{U}] = \begin{bmatrix} \boldsymbol{P}\boldsymbol{P}^{\mathrm{T}} \end{bmatrix}$$

$$[\boldsymbol{K}] = \begin{bmatrix} \left[(\boldsymbol{k}+\boldsymbol{G}_1)_x^2 + (\boldsymbol{k}+\boldsymbol{G}_1)_y^2 \right]^2 & 0 & \cdots & 0 \\ 0 & \left[(\boldsymbol{k}+\boldsymbol{G}_2)_x^2 + (\boldsymbol{k}+\boldsymbol{G}_2)_y^2 \right]^2 & \cdots & 0 \\ \vdots & \vdots & \ddots & \vdots \\ 0 & 0 & \cdots & \left[(\boldsymbol{k}+\boldsymbol{G}_{N \times N})_x^2 + (\boldsymbol{k}+\boldsymbol{G}_{N \times N})_y^2 \right]^2 \end{bmatrix}$$

$$[\boldsymbol{I}] = \begin{bmatrix} 1 & 0 & \cdots & 0 \\ 0 & 1 & \cdots & 0 \\ \vdots & \vdots & \ddots & \vdots \\ 0 & 0 & \cdots & 1 \end{bmatrix}$$

式(4.3.35)为典型的特征值求解问题，任意给定一个波数 $\boldsymbol{k} = (k_x, k_y)$，通过求解

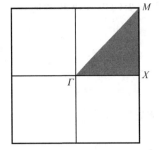

图 4-46　周期局域共振板的第一布里渊区

式(4.3.35)，则可得到 N^2+1 个特征根 ω。图 4-46 为周期附加弹簧振子板结构的第一布里渊区，灰色区域为不可约布里渊区。通过在不可约布里渊区进行计算，便可获得此周期结构的频散曲线，进而获得带隙特性。

(1) 令波数 $\boldsymbol{k}=\left(k_x,k_y\right)$ 沿着 $\varGamma \rightarrow X$ 方向进行取值，即 k_x 取值范围为 $0 \leqslant k_x \leqslant \pi/a_1$，$k_y=0$，求解此特征方程，便可得到 $\varGamma \rightarrow X$ 的频散特性曲线。

(2) 令波数 $\boldsymbol{k}=\left(k_x,k_y\right)$ 沿着 $X \rightarrow M$ 方向进行取值，即 $k_x=\pi/a_1$，k_y 取值范围为 $0 \leqslant k_y \leqslant \pi/a_2$，求解此特征方程，便可得到 $X \rightarrow M$ 的频散特性曲线。

(3) 令波数 $\boldsymbol{k}=\left(k_x,k_y\right)$ 沿着 $M \rightarrow \varGamma$ 方向进行取值，即 k_x 取值范围为 $0 \leqslant k_x \leqslant \pi/a_1$，$k_y$ 取值范围为 $0 \leqslant k_y \leqslant \pi/a_2$，同理可得到 $M \rightarrow \varGamma$ 的频散特性曲线。将三条频散特性曲线绘制在一起，便可得到周期局域共振结构的带隙特性曲线。

图 4-47 所示为由上述方法求解得到的某典型参数下周期局域共振板结构的频散特性曲线。由图可见，在 0～150Hz 频率范围内有一个带隙出现，当波的频率在该带隙之间取值时，没有与之对应的波数 $\boldsymbol{k}$，即这样的波无法在周期结构中进行传播，因此带隙内波的传播被抑制。通过合理选用参数，可将带隙位置设计在减振目标频段，进而达到减振降噪的目的。

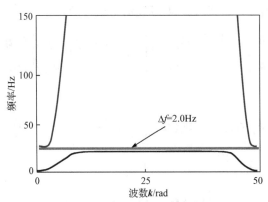

图 4-47　无限周期结构的频散特性曲线局部放大图

图 4-48 所示为有无周期附加弹簧振子时平板结构的平均振动响应。由图可见，基底板振动响应在 17.8～24.3Hz 频率范围内振动响应得到有效控制，响应曲线由原来的共振峰变为谷状，系统呈现出振动带隙特性，表现出优良的抑振性能。

4.3.4　分布式宽带动力吸振原理*

针对多振子串式抑振结构，通过设计不同振子刚度与质量参数，可获取多模态特性，达到系统多带隙抑振效果。抑振结构原理模型示意如图 4-49 所示，图中抑振结构由 g 个弹簧振子串联而成。

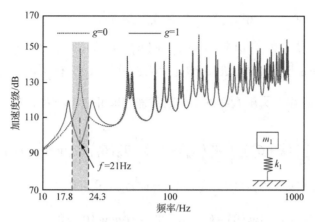

图 4-48　单振子抑振结构基底板振动响应

　　实际应用中，为充分拓展抑振结构作用频带，通常将抑振结构在待控制结构板上呈周期排列，并利用其多模态特性，以期获得丰富的带隙特性。平板附连多振子周期抑振结构如图 4-50 所示，抑振结构以矩形阵列方式分布，横纵方向布放间隔分别为 a_1、a_2。

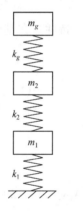

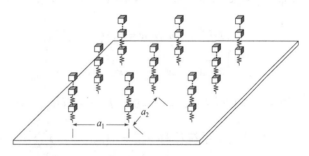

图 4-49　多振子串式抑振结构模型示意　　　　图 4-50　附连周期串式抑振结构板示意

　　图 4-50 中板结构在位置 $\boldsymbol{R} = \bar{m}\boldsymbol{a}_1 + \bar{n}\boldsymbol{a}_2$ 处附连 g 个弹簧振子串联组成抑振结构，矢量 $\boldsymbol{a}_1 = (a_1, 0)$，$\boldsymbol{a}_2 = (0, a_2)$。针对图 4-50 所示抑振结构模型，可建立振子与板耦合系统动力学方程为

$$\begin{cases} D\nabla^4 w_0(\boldsymbol{r}) - \omega^2 \rho h w_0(\boldsymbol{r}) = \sum_{R} \left\{ -k_1 \left[w_0(\boldsymbol{R}) - w_1(\boldsymbol{R}) \right] \delta(\boldsymbol{r} - \boldsymbol{R}) \right\} \\ k_i \left[w_i(\boldsymbol{R}) - w_{i-1}(\boldsymbol{R}) \right] + k_{i+1} \left[w_i(\boldsymbol{R}) - w_{i+1}(\boldsymbol{R}) \right] - \omega^2 m_i w_i(\boldsymbol{R}) = 0 \end{cases} \quad i = 1, 2, \cdots, g \quad (4.3.36)$$

式中，$\nabla^4 = \left(\partial^2/\partial x^2 + \partial^2/\partial y^2 \right)^2$，$\delta(\boldsymbol{r} - \boldsymbol{R}) = \delta(x - \boldsymbol{R}_x)\delta(y - \boldsymbol{R}_y)$，$k_{g+1} = 0$。

　　假设位移

$$w_1(\boldsymbol{r}) = \sum_{G} W_1(\boldsymbol{G}) \mathrm{e}^{-\mathrm{j}(\boldsymbol{\kappa} + \boldsymbol{G}) \cdot \boldsymbol{r}} \quad (4.3.37)$$

式中，波数 $\boldsymbol{\kappa} = (\kappa_x, \kappa_y)$，$\boldsymbol{G} = m\boldsymbol{b}_1 + n\boldsymbol{b}_2$，$\boldsymbol{b}_1 = (b_{11}, b_{12})$，$\boldsymbol{b}_2 = (b_{21}, b_{22})$。满足 $\boldsymbol{a}_p \cdot \boldsymbol{b}_q =$

$2\pi\delta_{pq}(p,q=1,2)$，有 $\boldsymbol{b}_1=(2\pi/a_1,0)$，$\boldsymbol{b}_2=(0,2\pi/a_2)$。

同时，假设附连弹簧质量处位移 $w_i(\boldsymbol{R})=w_i(0)\mathrm{e}^{-j\kappa\cdot R}$ $(i=0,\cdots,g)$。根据性质 $\sum_R\mathrm{e}^{-j\kappa\cdot R}\delta(\boldsymbol{r}-\boldsymbol{R})=\mathrm{e}^{-j\kappa\cdot r}\sum_R\delta(\boldsymbol{r}-\boldsymbol{R})$，胞元面积 $S=|a_1\times a_2|$，有 $\sum_R\delta(\boldsymbol{r}-\boldsymbol{R})=\sum_G\mathrm{e}^{-jG\cdot r}\Big/S$ 关系成立，有关系 $w_0(0)=\sum_G W_0(\boldsymbol{G})$ 成立，则系统方程可进一步表示为

$$
\begin{cases}
DS\left[(\kappa+\boldsymbol{G}_u)_x^2+(\kappa+\boldsymbol{G}_u)_y^2\right]^2 W_0(\boldsymbol{G}_u)+k_1\sum_{i=1}^{M\times N}W_0(\boldsymbol{G}_i)-k_1w_1(0)-\omega^2\rho hSW_0(\boldsymbol{G}_u)=0\\
-k_1\sum_G W_0(\boldsymbol{G})+(k_1+k_2)w_1(0)-k_2w_2(0)-\omega^2 m_1 w_1(0)=0\\
-k_i w_{i-1}(0)+(k_i+k_{i+1})w_i(0)-k_{(i+1)}w_{i+1}(0)-\omega^2 m_i w_i(0)=0
\end{cases}
$$

$$(4.3.38)$$

式中，$u=1,2,\cdots,g$，$i=2,3,\cdots,g$，$k_{g+1}=0$。最终改写成矩阵形式为

$$\left(\bar{\boldsymbol{B}}-\omega^2\bar{\boldsymbol{M}}\right)\bar{\boldsymbol{W}}=0 \tag{4.3.39}$$

求解式(4.3.39)即可完成对特征频率的求解，获得系统带隙特性。在基底板结构位置 (x_0,y_0) 处施加激励力 F_0，给出结构动力学方程如下

$$
\begin{cases}
D\nabla^4 w-\omega^2\rho hw=F_0\delta(x-x_0)\delta(y-y_0)+\sum_{s=1}^{S}\sum_{t=1}^{T}F_{st}\delta(x-x_s)\delta(y-y_t)\\
k_i\left[w_{ist}-w_{(i-1)st}\right]+k_{j+1}\left[w_{ist}-w_{(i+1)st}\right]-\omega^2 m_i w_{ist}=0
\end{cases}
\tag{4.3.40}
$$

式中，$i=1,2,\cdots,g$，$k_{g+1}=0$，$F_{st}=-k_1(w_{0st}-w_{1st})$。

假设振子系统位移 $w_{0st}=w(x_s,y_t)=\sum_{p=1}^{P}\sum_{q=1}^{Q}W_{pq}\sin(\kappa_p x_s)\sin(\kappa_q y_t)$，基底板振动位移 $w=\sum_{m=1}^{M}\sum_{n=1}^{N}W_{mn}\sin(\kappa_m x)\sin(\kappa_n y)$。将振子与基底板振动位移表达式代入式(4.3.40)，整理得到系统动力学方程矩阵形式如下

$$\left(\widetilde{\boldsymbol{B}}-\omega^2\widetilde{\boldsymbol{M}}\right)\widetilde{\boldsymbol{W}}=\widetilde{\boldsymbol{F}} \tag{4.3.41}$$

将模型各参数代入式(4.3.41)即可完成结构振动响应的求解。

图 4-51 所示为双振子周期抑振系统的抑振带隙示意图，单振子模型与双振子模型总质量保持一致。

由图 4-51 可见：双振子串式抑振系统在 21Hz 与 50Hz 两频率附近分别产生宽度为 1.0Hz 和 2.1Hz 的抑振带隙，较单振子抑振结构多出 50Hz 附近带隙。进一步给出了抑振结构附连于简支板后基底板振动响应曲线如图 4-52 所示。

由图 4-52 可见，除 21Hz 附近外，在 45.4～56.8Hz 频率范围也表现出良好的抑振特性，双振子较单振子周期局域共振结构增加了抑振结构模态数量，丰富了系统带隙特性，

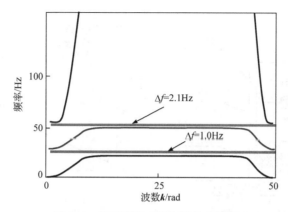

图 4-51　双振子串式抑振结构带隙图

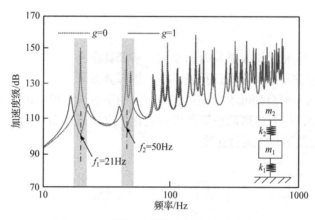

图 4-52　双振子抑振结构基底板振动响应

实现了受控结构双频段范围振动抑制。此外，还可以根据实际结构特点设计更多自由度的周期附加振子模型，以获得更宽频率范围的抑振效果。

4.3.5　动力吸振器应用案例

机器设备运转时产生的振动噪声，不仅影响到机器设备使用寿命、仪表器械的使用性能、操作人员的日常工作，还会影响到机械设备的疲劳寿命和使用性能。

动力吸振器常使用在柴油机、主推进系统、变速系统等大型旋转机械，这些设备在运行时产生的振动会传到机架结构上，激起整个系统的振动。在隔振系统上附加动力吸振器可以进一步提高减振的性能。

如图 4-53 所示为一种船用动力吸振器。图 4-54 给出了简支板动力吸振效果曲线。可以看出使用动力吸振器后，船体简支板上会附加额外的质量从而体现出质量效应，同时有弹性体动力吸振的效果。曲线中显示质量效应造成了简支板共振频率的偏移，使共振峰有一定程度的下降，但并不是使共振峰下降的主要因素，而动力吸振的效果使得简支板的共振峰值下降明显。

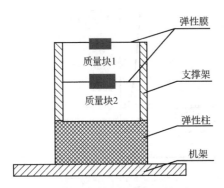

图 4-53 船体吸振装置示意图

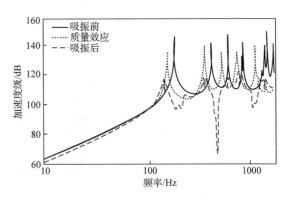

图 4-54 吸振效果示意图

习　题

1. 运输车辆在空载时比满载荷时振动大，解释其原因。

2. 汽车高速行驶时振动比低速行驶时小，解释其原因。

3. 弹性支承的车辆沿高低不平的道路运行可用下图所示单自由度系统模拟。若每经过距离为 L 的路程，路面的高低按简谐规律变化一次，试求出车辆振幅与运行速度 v 之间的关系，并确定最不利的运行速度。

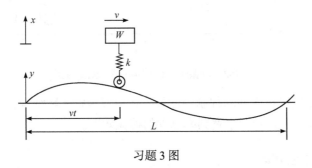

习题 3 图

4. 试阐述增加扩变层提高阻尼损耗的机理。

5. 阐述自由阻尼结构和约束阻尼结构的作用机理，并对比两种阻尼结构的特性。

6. 试分析动力吸振器的使用条件和吸振特性。

第5章

噪声控制技术原理

噪声污染是一种物理性污染，它的特点是局部性和无后效应。声源停止辐射，噪声污染消失。因此，从源头上实施控制是最有效的控制方法。

在任何噪声环境中，声源发出噪声并向外界辐射过程可用图 5-1 描述。

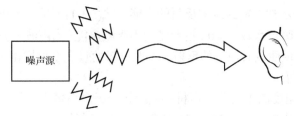

图 5-1 噪声传播示意图

噪声控制可以从声源控制、传播途径控制和保护接收者三个方面考虑。

声源控制是噪声控制中最根本和最有效的手段，目前声源的控制措施主要包括两种办法：一是改进设备结构，提高加工工艺和装配质量，以降低声源的辐射声功率；二是利用声的吸收、反射、干涉等特性，采用吸声、隔声等技术措施控制声源的声辐射。采用不同的控制方法，可以获得不同的降噪效果，通常可以降低噪声 5～20dB(A)。

在传播途径中控制噪声是最常用的方法，声传播途径上的控制方法包括隔声、吸声处理，如声屏障、隔声间和吸声材料等。声传播途径的控制实质上是增加声在传播过程中的衰减，减少噪声辐射。

对接收者的保护也是一个重要手段。接收者可以是人，也可以是灵敏的设备，如电子显微镜、激光器、灵敏仪器等。工人可以佩戴护耳器保护听力，仪器设备则可采取隔声设计避免干扰。

■ 5.1 多孔介质吸声机理及运用

采用吸声材料进行声学处理是最常用的吸声降噪措施。工程上具有吸声作用并有工程应用价值的材料多为多孔性吸声材料，而穿孔板等具有吸声作用的材料通常被归为吸声结构。多孔吸声材料种类很多，按成型形状可分为制品类和砂浆类；按照材料可以分为玻璃棉、岩棉、矿棉等；按多孔性形成机理及结构状况又可分为三种：纤维状、颗粒状和泡沫塑料等。

多孔材料主要吸收中高频噪声，如矿棉、超细玻璃棉等，只要适当增加厚度和容重，并结合吸声结构设计，其低频吸声性能也可以得到明显改善。

5.1.1 吸声系数、吸声量与吸声降噪量

1）吸声系数

工程实际中通常采用吸声系数来描述吸声材料和吸声结构的吸声能力，以 α 表示，定义为

$$\alpha = \frac{E_a}{E_i} \tag{5.1.1}$$

式中，E_i 为入射到材料或结构表面的总能量；E_a 表示被材料或结构吸收的声能，$E_a = E_i - E_r$，E_r 表示被材料或结构反射的声能。式(5.1.1)可见：当声波被完全反射时，$E_a = E_i - E_r = 0$，则吸声系数 $\alpha = 0$，说明结构不吸收声能；当声波被完全吸收时，$E_r = 0$，则吸声系数 $\alpha = 1$，说明没有声波的反射。一般材料的吸声系数均在 0~1 之间，α 值越大，吸声效果越显著。

根据声波入射角度的不同，吸声材料或结构的吸声系数也不同。通常可以用垂直入射的吸声系数 α_0 和混响吸声系数 α_T 来描述，垂直入射的吸声系数和混响吸声系数都是度量材料或结构吸声特性的物理量。实验室中常采用驻波管法测定垂直入射吸声系数，该方法比较简单经济，因此在产品的研制和对比试验中经常使用。混响吸声系数反映了声波从不同的角度以相同的机率入射时的综合吸声系数，与实际工程使用情况较接近，因此工程实践中多采用混响吸声系数来评价吸声特性，在声学设计和噪声控制中也多采用此评价参数。测量混响吸声系数需要在专门的混响室内进行测定，耗费比较大，工程中也经常使用混响吸声系数与垂直入射吸声系数之间的简单换算关系进行工程估计，参见表 5-1。

表 5-1 驻波管与混响室法的吸声系数换算

α_0	0	0.01	0.02	0.03	0.04	0.05	0.06	0.07	0.08	0.09
0	0	2	4	6	8	10	12	14	16	18
0.1	20	22	24	26	27	29	31	33	34	36
0.2	38	39	41	42	44	45	47	48	50	51
0.3	52	54	55	56	58	59	60	61	63	64
0.4	65	66	67	68	70	71	72	73	74	75
0.5	76	77	78	78	79	80	81	82	83	84
0.6	84	85	86	87	88	88	89	90	90	91
0.7	92	92	93	94	94	95	95	96	97	97
0.8	98	98	99	99	100	100	100	100	100	100
0.9	100	100	100	100	100	100	100	100	100	100

利用此表，可以近似地估计混响吸声系数与垂直入射吸声系数之间的关系。如果某材料的垂直入射吸声系数为 $\alpha_0 = 0.35$，从表 5-1 中左侧 $\alpha_0 = 0.3$ 与表中最上行 $\alpha_0 = 0.05$ 的交叉点得到 $\alpha_T = 0.59$。

不同的吸声材料或吸声结构在不同频率处，吸声性能是不同的，工程中通常采用 125Hz、250Hz、500Hz、1kHz、2kHz、4kHz 六个倍频程中心频率处吸声系数，来衡量某一材料或结构的吸声频率特性，并且只有在这六个倍频程中心频率处的吸声系数的算术平均值都大于 0.2 的材料，才可作为吸声材料或吸声结构使用。

2) 吸声量

工程上评价一种吸声材料的实际吸声效果时，通常采用吸声量进行评价。吸声量的定义为吸声系数与所使用吸声材料的面积之乘积，用 A 来表示，单位为平方米。按照定义，向着自由空间敞开部分，其吸声量等于敞开部分的面积。当评价某空间的吸声量时，需要对空间内各吸声处理面积与吸声系数的乘积进行求和，得到该空间的总吸声量

$$A = \sum_i \alpha_i S_i \tag{5.1.2}$$

3) 吸声降噪量

根据理论分析，吸声降噪量与声源的特性、吸声面积、吸声材料的厚度、容重以及吸声结构都有关系，但主要取决于吸声处理前后的平均吸声系数和吸声面积。吸声降噪量可表示为

$$\Delta L = 10 \lg \frac{A_2}{A_1} \tag{5.1.3}$$

式中，A_1 和 A_2 分别是房间吸声处理前后的吸声量。工程中检验吸声降噪效果则常用下式

$$\Delta L = 10 \lg \frac{T_1}{T_2} \tag{5.1.4}$$

式中，T_1 和 T_2 分别为房间吸声处理前后的混响时间。

在房间中，声波传播中到达壁面产生的多次反射会形成混响声，混响声的强弱与壁面对声音的反射性能密切相关。壁面材料的吸声系数越小，对声音的反射能力越大，混响声相应越强。一般的工厂车间，壁面往往是坚硬的，对声音反射能力很强，如混凝土壁面、抹灰的砖墙、背面贴实的硬木板等。由于混响作用，噪声源在车间内所产生的噪声级比在露天广场所产生的要提高近 10dB。

为了降低混响声，通常使用吸声材料减少房间壁面声反射，或通过安装空间吸声体实现吸声效果。当噪声源产生的声波在传播中接触到吸声材料或结构时，部分声能量会被吸收，从而降低总噪声级。目前在一般建筑和工业建筑中，这种吸声处理方法已广泛应用。图 5-2 所示为房间做吸声处理以减弱噪声的示意图。需要强调的是：吸声处理只能减弱吸声面(或吸声体)上的反射声，即只能降低车间内的混响声，对于直达声无效果。因此，当噪声中混响声占主要地位时，使用吸声处理会有明显的降噪效果，而当直达声占主要地位时，吸声处理效果不佳。

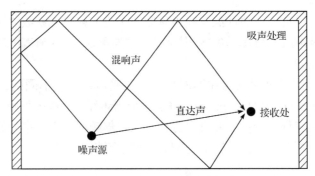

图 5-2　吸声处理减弱噪声的示意图

　　房间内墙面和天花板装饰合适的吸声材料或吸声结构，可以有效地降低室内噪声。吸声效果最理想的环境是消声室，其表面装有吸声尖劈结构，每个墙面的吸声系数都达到 99%以上。当然，消声室造价昂贵，一般厂房不可能采用尖劈吸声结构进行处理。

　　对于有声学缺陷的建筑物，如工厂车间中噪声过高而又无法隔绝时，根据大量的实践和实验室中的试验，利用空间吸声体可以降低噪声 5～8dB，对坚硬壳体屋顶结构则效果更明显。

　　对于空间吸声体，不同的布局和安装方式对降噪效果影响较大。空间吸声体的总面积与空间内表面积之比越大，降噪效果越佳。但需要注意的是：吸声体总面积大一倍，噪声量仅降低 2～3dB。同时，考虑到实际使用过程中房屋顶部布置困难，量变已无法达到所需的降噪效果，此时需要改变吸声体的吸声特性，减小吸声系数，以质变实现降噪目标。因此，需要根据房间的结构和噪声频率特性来确定最佳的面积比，特别理想的状况下，吸声处理可能达到 10～12dB 的降噪量。其次是离屋顶吊装的高度与排列方案。根据房间结构的不同，合理的吊装高度可以达到较好的效果，而排列方式中，以条形方案效果最好。

5.1.2　多孔性吸声材料吸声机理

　　多孔性吸声材料要具有吸声性能，就必须具备两个重要条件：一是具有大量的孔隙，二是孔与孔之间要连通。当声波入射到多孔性吸声材料表面后，一部分声波从多孔材料表面反射，另一部分声波透射进入多孔材料，进入多孔材料的这部分声波引起多孔性吸声材料内的空气振动，由于多孔性材料中空气与孔的摩擦和黏滞阻力等，将一部分声能转化为热能。此外，声波在多孔性吸声材料内经过多次反射进一步衰减，当进入多孔性吸声材料内的声波再返回时，声波能量已经衰减很多，只剩下小部分的能量，大部分则被多孔性吸声材料损耗吸收掉。

5.1.3　吸声性能影响因素

　　大量的工程实践和理论分析表明，影响多孔性吸声材料吸声性能的主要因素有：材料的流阻、材料的厚度、材料的容重或空隙率、湿度和温度、材料的安装方式、材料的饰面工艺。

1) 材料的流阻

流阻 R_f 是评价吸声材料或吸声结构对空气黏滞性能影响大小的参量。流阻的定义是：微量空气流稳定地流过材料时，材料两边的静压差和流速之比

$$R_f = \frac{\Delta p}{v} \tag{5.1.5}$$

流阻与空气的黏滞性、材料或结构的厚度、密度等都有关系。通常将吸声材料或吸声结构的流阻控制在一个适当的范围内，吸声系数大的材料或结构，其流阻也相对比较大，而过大的流阻将影响通风系统等结构的正常工作，因此在吸声设计中必须兼顾流阻特性。

2) 材料的厚度

大量的试验证明：吸声材料的厚度决定了吸声系数的大小和频率范围。增大厚度可以增大吸声系数，尤其是增大中低频吸声系数。同一种材料，厚度不同，吸声系数和吸声频率特性不同；不同的材料，吸声系数和吸声频率特性差别也很大，具体选用时可以查阅相关声学手册。

3) 材料的容重或空隙率

材料的容重是指吸声材料加工成型后单位体积的质量。有时也用空隙率来描述。空隙率是指多孔性吸声材料中连通的空气体积与材料总体积的比值

$$q = \frac{V_0}{V} = 1 - \frac{\rho_0}{\rho} \tag{5.1.6}$$

式中，ρ_0 为吸声材料的容重 (kg/m^3)；ρ 为制造吸声材料物质的密度。通常，多孔吸声材料的空隙率可以达到 $50\% \sim 90\%$，如采用超细玻璃棉，则空隙率可以达到更高。

材料的容重或空隙率不同，对吸声材料的吸声系数和频率特性有明显影响。一般情况下，密实、容重大的材料，其低频吸声性能好，高频吸声性能较差；相反，松软、容重小的材料，其低频吸声性能差，而高频吸声性能较好。因此，在具体设计和选用时，应该结合待处理空间的声学特性，合理地选用材料的容重。

4) 湿度和温度

湿度对多孔性材料的吸声性能也有十分明显的影响。随着孔隙内含水量的增大，孔隙被堵塞，吸声材料中的空气不再连通，空隙率下降，吸声性能下降，吸声频率特性也将改变。因此，在一些含水量较大的区域，应合理选用具有防潮作用的超细玻璃棉毡等，以满足南方潮湿气候和地下工程等使用的需要。

温度对多孔性吸声材料也有一定影响。温度下降时，低频吸声性能增加；温度上升时，低频吸声性能下降，因此在工程中，温度因素的影响也应该引起注意。

5) 材料的安装方式

在实际工程结构中，为了改善吸声材料的低频吸声性能，通常在吸声材料背后预留一定厚度的空气层。空气层的存在，相当于在吸声材料后又使用了一层空气作为吸声材料，或者说，相当于使用了吸声结构。

6) 材料的饰面工艺

在实际工程中，为了保护多孔性吸声材料不致变形以及污染环境，通常采用金属网、玻璃丝布及较大穿孔率的穿孔板等作为包装护面；此外，有些环境还需要对表面进行喷漆等，这些都将不同程度地影响吸声材料的吸声性能。但当护面材料的穿孔率(穿孔面积与护面总面积的比值)超过 20%时，影响可忽略不计。

5.1.4 常用吸声材料

表 5-2 至表 5-4 是采用驻波管法测定得到的常用吸声材料和建筑材料的吸声系数和相关参数。

表 5-2 常用吸声材料的吸声系数及相关参数

材料名称	容重/(kg/m³)	厚度/cm	倍频带中心频率/Hz					
			125	250	500	1000	2000	4000
			吸声系数					
超细玻璃棉	25	2.5	0.02	0.07	0.22	0.59	0.94	0.94
		5	0.05	0.24	0.72	0.97	0.90	0.98
		10	0.11	0.85	0.88	0.83	0.93	0.97
矿棉	240	6	0.25	0.55	0.78	0.75	0.87	0.91
毛毡	370	5	0.11	0.30	0.50	0.50	0.50	0.52
微孔砖	450 620	4	0.09	0.29	0.64	0.72	0.72	0.86
		5.5	0.20	0.40	0.60	0.52	0.65	0.62
膨胀珍珠岩	360	10	0.36	0.39	0.44	0.50	0.55	0.55

表 5-3 常用建筑材料的吸声系数

建筑材料	倍频带中心频率/Hz					
	125	250	500	1000	2000	4000
	吸声系数					
普通砖	0.03	0.03	0.03	0.04	0.05	0.07
涂漆砖	0.01	0.01	0.02	0.02	0.02	0.03
混凝土块	0.36	0.44	0.31	0.29	0.39	0.25
涂漆混凝土块	0.10	0.05	0.06	0.07	0.09	0.08
混凝土	0.01	0.01	0.02	0.02	0.02	0.02
木料	0.15	0.11	0.10	0.07	0.06	0.07
灰泥	0.01	0.02	0.02	0.03	0.04	0.05
大理石	0.01	0.01	0.02	0.02	0.02	0.03
玻璃窗	0.15	0.10	0.08	0.08	0.07	0.05

表 5-4　一些常用建筑结构的吸声系数及相关参数

材料名称	材料厚度/cm	空气层厚度/cm	倍频带中心频率/Hz					
			125	250	500	1000	2000	4000
			吸声系数					
刨花板	2.5	0	0.18	0.14	0.29	0.48	0.74	0.84
		5	0.18	0.18	0.50	0.48	0.58	0.85
三合板	0.3	5	0.21	0.73	0.21	0.19	0.08	0.12
		10	0.59	0.38	0.18	0.05	0.04	0.08
细木丝板	1.6 5	0	0.04	0.11	0.20	0.21	0.60	0.68
		5	0.29	0.77	0.73	0.68	0.81	0.83
甘蔗板	1.3	0	0.06	0.12	0.20	0.21	0.60	0.68
		3	0.28	0.40	0.33	0.32	0.37	0.26
木质纤维板	1.1	0	0.06	0.15	0.28	0.30	0.33	0.31
		5	0.22	0.30	0.34	0.32	0.41	0.42
泡沫水泥	5	0	0.32	0.39	0.48	0.49	0.47	0.54
		5	0.42	0.40	0.43	0.48	0.49	0.55

5.1.5　吸声降噪典型案例

多孔性材料作为常见的吸声材料，具有高频吸声系数大、比重小等特点，在车辆、客机、船舶及建筑室内噪声控制中得到广泛应用。随着对声环境要求的提高，多孔性吸声材料朝着复合多功能方向发展。高孔率金属蜂巢作为一种新型吸声材料，具有高比强、高比刚度等优良机械性能，以及高效吸声降噪的性质，是一种性能优异的多功能工程材料。

高孔率金属蜂巢材料的蜂孔具有多面体外形(图 5-3)。高孔率金属蜂巢材料的气孔率可达 98%以上。

高孔率金属蜂巢材料试样吸声系数如图 5-4 所示。

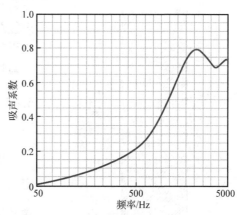

图 5-3　高孔率金属蜂巢示意图　　　图 5-4　高孔率金属蜂巢材料试样吸声系数

高孔率金属蜂巢材料具有良好的中高频吸声性能，与吸声结构配合则有助于改善低频吸声性能。图 5-5 给出了五层吸声结构示意图，结构组成基本形式为"吸声层+空气夹层+吸声层+空气夹层+刚性壁"。吸声层由高孔率金属蜂巢材料构成。

在高孔率金属蜂巢材料层之间加入空气夹层可有效增强吸声效果，不同吸声层差异化设计可改善吸声性能。图 5-6 为五层吸声结构吸声系数曲线，对比图 5-4 可以发现，低频段吸声性能得到明显改善。

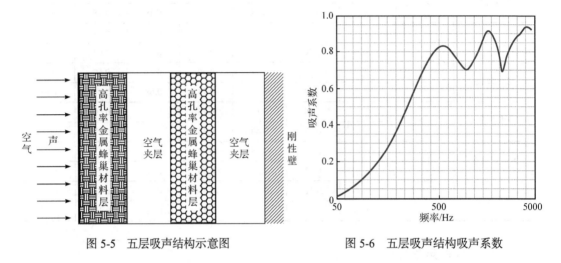

图 5-5　五层吸声结构示意图　　　　　图 5-6　五层吸声结构吸声系数

■ 5.2　阻抗失配隔声机理及运用

当声波在传播途径中，遇到匀质屏障物(如木板、金属板、墙体等)时，由于介质特性阻抗的变化，部分声能被屏障物反射回去，一部分被屏障物吸收，只有一部分声能可以透过屏障物传播到另一空间去，如图 5-7 所示，透射声能仅是入射声能的一部分。由于反射与吸收的作用，从而降低噪声的传播。传出来的声能总是或多或少地小于传进来的能量，这种由屏障物引起的声能降低的现象称为隔声。具有隔声能力的屏障物称为隔声结构或隔声构件。

5.2.1　声阻抗、透声系数与隔声量

1) 声阻抗

在第 3 章讨论声传播机理时，曾引入声阻抗，它定义为 $Z_s = \dfrac{p}{U}$，在分析空间的声场时，体积速度 U 的含义是不明确的，因而在这种情况下，通常不使用 U 而用质点速度 v，也就是定义声场中某位置的声压与该位置的质点速度的比值为该位置的声阻抗率，即

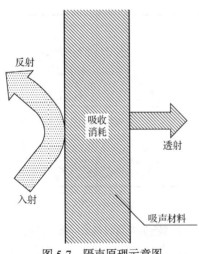

图 5-7　隔声原理示意图

$$Z_s = \frac{p}{v} \tag{5.2.1}$$

一般情况下，声场中某位置的声阻抗率 Z_s 是复数，实部反映了能量的损耗。在理想介质中，实数的声阻抗率代表着能量从一处向另一处的转移，即"传播损耗"。

2) 透声系数

隔声构件透声能力的大小用透声系数 τ 来表示，它等于透射声功率与入射声功率的比值，即

$$\tau = \frac{W_t}{W} \tag{5.2.2}$$

式中，W_t 为透过隔声构件的声功率；W 为入射到隔声构件上的声功率。

由透声系数 τ 的定义出发，又可写作 $\tau = \dfrac{I_t}{I} = \dfrac{p_t^2}{p^2}$，其中 I_t 和 p_t 分别表示透射声波的声强和声压，I 和 p 分别表示入射声波的声强和声压。透声系数 τ 又称为传声系数或透射系数，是一个无量纲量，它的值介于 0 和 1 之间。透声系数 τ 值越小，表示隔声性能越好。通常所指的透声系数 τ 是无规入射时各入射角度透声系数的平均值。

3) 隔声量

一般隔声构件的透声系数 τ 值很小，在 $10^{-5} \sim 10^{-1}$ 之间，使用很不方便，故人们采用 $10\lg\dfrac{1}{\tau}$ 来表示构件本身的隔声能力，称为隔声量或透射损失、传声损失，记作 TL，单位为 dB，即

$$TL = 10\lg\frac{1}{\tau} \tag{5.2.3}$$

可以看出，透声系数 τ 总是小于 1，TL 总是大于 0；透声系数 τ 越大则 TL 越小，隔声性能越差。透声系数和隔声量是两个相反的概念。例如有两堵墙，透声系数分别为 0.01 和 0.001，则隔声量分别为 20dB 和 30dB。用隔声量来衡量构件的隔声性能比透声系数更直观、明确，便于隔声构件的比较和选择。

隔声量的大小与隔声构件的结构、性质有关，也与入射声波的频率有关。同一隔声墙对不同频率的声音，隔声性能可能有很大差异，故工程上常用 10Hz～4kHz 的 16 个 1/3 倍频程中心频率的隔声量的算术平均值，来表示某一构件的隔声性能，称为平均隔声量，表示为 $\overline{TL} = \dfrac{1}{16}\sum\limits_{i=1}^{16} TL_i$。

5.2.2　质量定律

隔声构件的性质、结构形式丰富。为了方便起见，这里主要讨论单层匀质墙的情况。

若假设：①声波垂直入射到墙上；②墙把空间分为两个半无限空间，而且墙的两侧均为通常状况下的空气；③墙为无限大，即不考虑边界的影响；④把墙看作一个质量系统，即不考虑墙的刚性、阻尼；⑤墙上各点以相同的速度振动，则从透声系数的定义及平面声波理论，可以导出单层墙在声波垂直入射时的隔声量为

$$TL_0 = 10\lg\left[1+\left(\frac{\pi fm}{\rho_0 c_0}\right)^2\right] \tag{5.2.4}$$

式中，m 为墙体单位面积质量；f 为入射声波频率；ρ_0 为空气介质密度；c_0 为空气中的声速。一般情况下 $\pi fm \gg \rho_0 c_0$，式(5.2.4)可以简化为

$$TL_0 = 20\lg m + 20\lg f - 43 \tag{5.2.5}$$

如果声波是无规入射，则墙的隔声量为

$$TL \approx TL_0 - 5 \tag{5.2.6}$$

上面两式说明：墙的单位面积质量越大，隔声效果越好；单位面积每增加一倍，隔声量增加 6dB，这一规律通常称为质量定律。

同时还可以看出，入射声频率每增加一倍，隔声量也增加 6dB。因此，以单位面积质量 m 和频率 f 的乘积作为横坐标(用对数刻度)，隔声量为纵坐标(用线性刻度)，按式(5.2.6)画出的隔声曲线是一个 fm 每增加一倍、隔声量上升 6dB 的直线，称为质量定律线，见图 5-8。

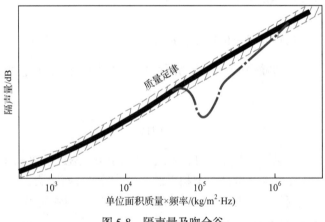

图 5-8   隔声量及吻合谷

以上公式是在一系列假设条件下导出的理论公式。一般来说，实测值达不到 fm 每增加一倍、隔声量上升 6dB 的结果，实际的情况通常是：fm 每增加一倍，隔声量上升 4～5dB；f 每增加一倍，隔声量上升 3～5dB。有些测试者提出了一些经验公式，但各自都有一定的适用条件和范围。因此，通常都以标准实验室测定数据作为设计依据。

5.2.3   吻合效应

实际上的单层匀质密实墙都是具有一定刚度的弹性板，在被声波激发后，会产生受迫弯曲振动。

在不考虑边界条件，即假设板无限大的情况下，声波以入射角 $\theta\left(0<\theta\leqslant\dfrac{\pi}{2}\right)$ 斜入射到板上，板在声波作用下产生沿板面传播的弯曲波传播速度 c_s 表示为

$$c_{\mathrm{s}} = \frac{c}{\sin\theta} \tag{5.2.7}$$

式中，c 为空气中的声速。但板本身存在着固有的自由弯曲波传播速度 c_{F}，和空气中声速不同的是它和频率有关

$$c_{\mathrm{F}} = \sqrt{2\pi f} \cdot \sqrt[4]{\frac{D}{\rho}} \tag{5.2.8}$$

式中，$D = \dfrac{Eh^3}{12(1-\nu^2)}$ 为板的弯曲刚度，其中 E 为材料的弹性模量，h 为板的厚度，ν 为材料的泊松比；ρ 为材料密度；f 为自由弯曲波的频率。

如果板在斜入射声波激发下产生的受迫弯曲波的传播速度 c_{s} 等于板固有的自由弯曲波传播速度 c_{F}，则会发生吻合效应，见图 5-9。这时板就非常"顺从"地跟随入射声波弯曲，使入射声能大量地透射到另一侧去。

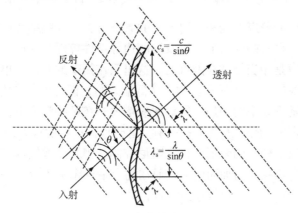

图 5-9　吻合效应原理图

当 $\theta = \dfrac{\pi}{2}$，声波掠入射时，可以得到吻合临界频率

$$f_{\mathrm{c}} = \frac{c^2}{2\pi}\sqrt{\frac{\rho}{D}} = \frac{c^2}{2\pi h}\sqrt{\frac{12\rho(1-\nu^2)}{E}} \tag{5.2.9}$$

当 $f > f_{\mathrm{c}}$，某个入射声频率 f 总和某一个入射角 $\theta\left(0 < \theta \leqslant \dfrac{\pi}{2}\right)$ 对应，产生吻合效应。

但在正入射时，$\theta = 0$，板面上各点的振动状态相同(同相位)，板不发生弯曲振动，只有和声波传播方向一致的纵振动。

入射声波如果是扩散入射，当 $f = f_{\mathrm{c}}$，板的隔声量下降得很多，隔声频率曲线在附近形成低谷，称为吻合谷。谷的深度和材料的内损耗因子有关，内损耗因子越小(如钢、铝等材料)，吻合谷越深。对钢板、铝板等可以涂刷阻尼材料(如沥青)来增加阻尼损耗，使吻合谷变浅。吻合谷如果落在主要声频范围(100Hz～2.5kHz)之内，将使墙的隔声性能大大降低，应该设法避免。由式(5.2.9)可以看出：薄、轻、柔的墙，吻合临界频率 f_{c} 高；

厚、重、刚的墙，吻合临界频率 f_c 低，见图 5-10。

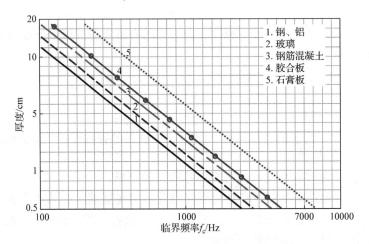

图 5-10 单层匀质墙中几种材料的厚度与临界频率的关系

单层匀质密实墙的隔声性能和入射声波的频率有关，其频率特性取决于墙本身的单位面积质量、刚度、材料的内阻尼，以及墙的边界条件等因素。严格地从理论上研究单层匀质密实墙的隔声是相当复杂和困难的。这里只作简单的介绍。单层匀质密实墙典型的隔声频率特性曲线如图 5-11 所示。频率从低端开始，板的隔声受刚度控制，隔声量随频率增加而降低；随着频率的增加，质量效应增大，在某些频率下，刚度和质量效应共同作用而产生共振现象，图中 f_0 为共振基频，这时板振动幅度很大，隔声量出现极小值，隔声量大小主要取决于构件的阻尼，称为阻尼控制；当频率继续增高，则质量起主要控制作用，这时隔声量随频率增加而增加；而在吻合临界频率 f_c 处，隔声量有一个较大的降低，形成一个隔声量低谷，通常称为吻合谷。

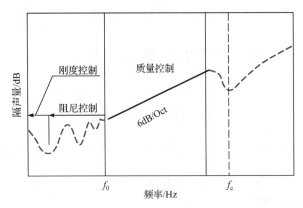

图 5-11 单层匀质密实墙典型隔声频率特性曲线

常用建筑结构，如一般砖墙、混凝土墙都很厚重，临界吻合频率多发生在低频段，常在 5～20Hz；柔顺而轻薄的构件，如金属板、木板等，临界吻合频率则出现在高频段，人对高频声敏感，所以常感到漏声较多。为此，在工程设计中应尽量使板材的 f_c 避开需降低的噪声频段，或选用薄而密实的材料使 f_c 升高至人耳不敏感的 4kHz 以上的高频段，或选用多层结构以避开临界吻合频率。此外，可采取增加墙板阻尼的办法，来提高吻合区的隔声量。

综上可知，单层匀质墙板的隔声性能主要由墙板的面密度、刚度和内阻尼决定，在入射声波的不同频率范围，可能某一因素起主要作用，因而出现该区隔声性能上的某一特点。

5.2.4　双层墙的隔声性能

实践与理论证明，单纯依靠增加结构的重量来提高隔声效果既浪费材料，隔声效果也不理想。若在两层墙间夹以一定厚度的空气层，其隔声效果会优于单层实心结构，从而突破质量定律的限制。两层匀质墙与中间所夹一定厚度的空气层所组成的结构，称为双层墙。

一般情况下，双层墙比单层匀质墙隔声量大 5~10dB；如果隔声量相同，双层墙的总重比单层墙减少 2/3~3/4。这是由于空气层的作用提高了隔声效果。其机理是当声波透过第一层墙时，由于墙外及夹层中空气与墙板特性阻抗的差异，造成声波的两次反射，形成衰减，并且由于空气层的弹性和附加吸收作用，振动的能量衰减较大，然后再传给第二层墙，又发生声波的两次反射，使透射声能再次减少，因而总的透射损失更多。

1) 双层墙的隔声特性曲线

双层墙的隔声频率特性曲线与单层墙大致相同。如图 5-12 所示，双层墙相当于一个由双层墙与空气层组成的振动系统。当入射声波频率比双层墙共振频率低时，双层墙板将做整体振动，隔声能力与同样重量的单层墙没有区别，即此时空气层无用。当入射声波频率达到共振频率 f_0 时，隔声量出现低谷；超过 $\sqrt{2}f_0$ 以后，隔声曲线以每倍频程 18dB 的斜率急剧上升，充分显示出双层墙结构的优越性。随着频率的升高，两墙板之间产生一系列驻波共振，又使隔声特性曲线上升趋势转为平缓，斜率为每倍频程 12dB；进入吻合效应区后，在临界吻合频率 f_c 处出现又一隔声量低谷，其临界吻合频率 f_c 与吻合效应状况取决于两层墙的临界吻合频率。若两墙板由相同材料构成且面密度相等，两吻合谷的位置相同，使低谷的凹陷加深；若两墙材质不同或面密度不等，则隔声曲线上有两个低谷，但凹陷程度较浅；若两墙间填有吸声材料，隔声低谷变得平坦，隔声性能最好。吻合区以后情况较复杂，隔声量与墙的面密度、弯曲刚度、阻尼及频率比等因素有关。由图 5-12 可知，双层墙隔声性能较单层墙优越的区域主要在共振频率 f_0 以后，因此在设计中尽量将 f_0 移往人们不敏感的低频区域。

2) 双层墙共振频率的确定

双层墙的共振频率指入射声波法向入射时的墙板共振频率 f_0，近似为

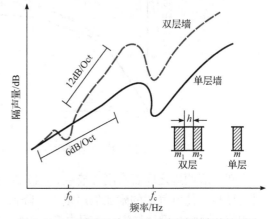

图 5-12　相同质量单层墙与双层墙隔声特性对比

$$f_0 \approx \frac{c}{2\pi} \sqrt{\frac{\rho_0}{h} \left(\frac{1}{m_1} + \frac{1}{m_2} \right)} \tag{5.2.10}$$

式中，m_1、m_2 分别表示双层墙的面密度(kg/m²)；h 为空气层厚度(m)；ρ_0 为空气密度(kg/m²)。

由式(5.2.10)可知，空气层越薄，双层墙的共振频率 f_0 越高。通常较重的砖墙，如混凝土墙等双层结构的 f_0 不超过 15～20Hz，在人耳声频范围以下，对实际影响很小；但对于一些尺寸小的轻质双层墙或顶棚(面密度小于 30kg/m²)，当空气层厚度小于 2～3cm 时，隔声效果很差。所以，一些由胶合板或薄钢板做成的双层结构对低频声隔绝不良，在设计薄而轻的双层结构时，应注意在其表面增涂阻尼层，以减弱共振作用的影响，并且宜采用不同厚度或不同材质的墙板组成双层墙，避开临界吻合频率，保证总的隔声量。此外，双层墙间适当填充吸声材料可使隔声量增加 5～8dB。

3) 双层墙隔声量的实际估算

严格地按理论计算双层墙的隔声量比较困难，而且往往与实际存在一定差距，因此多采用经验公式估算

$$TL = 16\lg(m_1 + m_2) + 16\lg f - 30 + \Delta R \tag{5.2.11}$$

平均隔声量的计算公式则为

$$\overline{TL} = \begin{cases} 16\lg(m_1 + m_2) + 8 + \Delta R & m_1 + m_2 > 200 \\ 13.5\lg(m_1 + m_2) + 14 + \Delta R & m_1 + m_2 \leqslant 200 \end{cases} \tag{5.2.12}$$

式中，ΔR 表示空气层附加隔声量，可以从图 5-13 上查到。图 5-13 中的曲线是在实验室中通过大量试验获得的。可以看出，当双层墙面密度不同时，ΔR 值不完全相同，使用重双层墙时参考曲线 1，轻双层墙参考曲线 2。

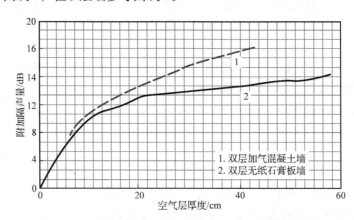

图 5-13　双层墙空气层附加隔声量与空气层厚度的关系

双层墙两墙之间若有刚性连接，称为存在声桥。部分声能可经过声桥自一墙板传至另一墙板，使空气层的附加隔声量大为降低，降低的程度取决于双层墙刚性连接的方式和程度。因此在设计与施工过程中都必须加以注意，尽量避免声桥的出现或减弱其影响。

部分常用双层墙的平均隔声量如表 5-5 所示。

表 5-5　部分常用双层墙的平均隔声量

材料及构造	面密度/(kg/m²)	平均隔声量/dB
双层 12～15mm 厚铅丝网抹灰，填 50mm 厚矿棉毡	94.6	44.4
双层 1mm 厚铝板(中空 70mm)	5.2	30
双层 1mm 厚铝板，涂 3mm 厚石棉漆(中空 70mm)	6.8	34.9
双层 1mm 厚铝板+0.35mm 厚镀锌铁皮(中空 70mm)	10.0	38.5
双层 1mm 厚钢板(中空 70mm)	15.6	41.6
双层 2mm 厚铝板(中空 70mm)	10.4	31.2
双层 2mm 厚铝板，填 70mm 厚超细棉	12.0	37.3
双层 1.5mm 厚钢板(中空 70mm)	23.4	45.7
炭化石灰板双层墙(90mm 一层+60mm 中空+90mm 二层)	130	48.3
炭化石灰板双层墙(120mm 一层+60mm 中空+90mm 二层)	145	47.7
90mm 炭化石灰板+80mm 中空+12mm 厚纸面石膏板	80	43.8
90mm 炭化石灰板+80mm 填矿棉+12mm 厚纸面石膏板	84	48.3
加气混凝土墙(15mm 一层+75mm 中空+75mm 二层)	140	54.0
100mm 厚加气混凝土+50mm 中空+18mm 厚草纸板	84	47.6
100mm 厚加气混凝土+50mm 中空+三合板	82.6	43.7
50mm 厚五合板蜂窝板+56mm 中空+30mm 厚五合板蜂窝板	19.5	35.5
240mm 厚砖墙+80mm 中空内填矿棉 50+6mm 厚塑料板	500	64.0
240mm 厚砖墙+200mm 中空+240mm 厚砖墙	960	70.7

5.2.5　隔声间、隔声门和隔声窗

由不同隔声构件组成的具有良好隔声性能的房间称为隔声间。在强噪声车间的控制室、观察室、声源集中的风机房、高压水泵房等均可建造隔声间，给工作人员提供一个安静的环境，或保护周围环境的安静。

隔声间的结构根据实际情况形状各异，但不外乎封闭式和半封闭式两种。隔声间除需要有足够隔声量的墙体外，还要具有隔声性能的门和窗。通常门或窗的隔声量比隔墙差一些。通常把具有门、窗等不同隔声构件的墙体称为组合墙。组合墙的平均透声系数 $\bar{\tau}$ 由下式给出

$$\bar{\tau} = \frac{\sum_{i=1}^{n} \tau_i S_i}{\sum_{i=1}^{n} S_i} \tag{5.2.13}$$

式中，τ_i 表示墙体第 i 种构件的透声系数；S_i 为相应的构件面积。由此得到组合墙的平

均隔声量$\overline{TL}$为

$$\overline{TL} = 10\lg\frac{1}{\overline{\tau}} \tag{5.2.14}$$

【例 5-1】 某隔声间有一面 20dB 的墙与噪声源相隔，该墙的透声系数为10^{-5}（隔声量为 50dB），在墙上开一面积为$2m^2$的门，门的透声系数为10^{-3}（隔声量为 30dB），还有一面积为$3m^2$的窗，窗的透声系数也为10^{-3}，求此组合墙的平均隔声量。

解 根据式(5.2.13)和(5.2.14)得到

$$\overline{\tau} = \frac{(20-2-3)\times10^{-5} + 2\times10^{-3} + 3\times10^{-3}}{20} = 2.6\times10^{-4}$$

$$\overline{TL} = 10\lg\frac{1}{2.6\times10^{-4}} = 36(\text{dB})$$

平均隔声量亦可从不同隔声结构的隔声量直接求得

$$\overline{TL} = -10\lg\frac{\sum 10^{\frac{TL_i}{10}}\cdot S_i}{S} \tag{5.2.15}$$

若未开门和窗，则该墙隔声量为 50dB，而开了门窗后，隔声量显著下降。分析可知，单纯提高墙的隔声量对提高组合墙的隔声量作用不大，也不经济，因此常采用双层或多层结构来提高门窗的隔声量。一般使墙体的隔声量比门窗高出 10～15dB。比较合理的设计是用等透射量的方法。设墙的透声系数与面积分别为τ_1和S_1，门窗的透声系数与面积分别为τ_2和S_2，按等透射量原则

$$\tau_1 S_1 = \tau_2 S_2 \tag{5.2.16}$$

可得

$$TL_1 = TL_2 + 10\lg\frac{S_1}{S_2} \tag{5.2.17}$$

式中，TL_1和TL_2分别为墙和门窗的隔声量。当透声面积比和墙或门窗其中一个隔声量已知时，就可以求出所需的另一个隔声量。

门窗的隔声能力与组合墙的隔声能力关系很大，因为它不同于一般的门窗结构，需要用双层或多层复合隔声板制成，而且必须在碰头缝处进行密封，这种特殊的门窗称为隔声门、隔声窗。不同构造的隔声门窗的隔声量见表 5-6 和表 5-7。

表 5-6 门的隔声量

结构形式	隔声量/dB						
	125Hz	250Hz	500Hz	1kHz	2kHz	4kHz	平均
三合板门，扇厚 45mm	13.4	15	15.2	19.7	20.6	24.5	16.8
三合板门，扇厚 45mm，观察孔玻璃厚 3mm	13.6	17	17.7	21.7	22.2	27.7	18.8
重塑木门，四周用橡皮和毛毡密封	30	30	29	25	26	—	27

续表

结构形式	隔声量/dB						
	125Hz	250Hz	500Hz	1kHz	2kHz	4kHz	平均
分层木门，密封	20	28.7	32.7	35	32.8	31	31
分层木门，不密封	25	25	29	29.5	27	26.5	27
双层木板实拼门，板厚共 100mm	15.4	20.8	27.1	29.4	28.9	—	29
钢板门，厚 6mm	25.1	26.7	31.1	36.4	31.5	—	35

表 5-7　窗的隔声量

结构形式	隔声量/dB						
	125Hz	250Hz	500Hz	1kHz	2kHz	4kHz	平均
单层玻璃窗，玻璃厚 3~6mm	20.7	20	23.5	26.4	22.9	—	22±2
单层固定窗，玻璃厚 6.5mm，四周用橡皮密封	17	27	30	34	38	32	29.7
单层固定窗，玻璃厚 15mm，四周用腻子密封	25	28	32	37	40	50	35.5
双层固定窗	20	17	22	35	41	38	28.8
有一层倾斜玻璃双层窗	28	31	29	41	47	40	35.5
三层固定窗	37	45	42	43	47	56	45

为了防止孔洞和缝隙透声，门与门框的碰头缝处可采取如图 5-14 所示的方法密封。嵌缝条宜选用柔软而富有弹性的材料，如软橡皮、海绵乳胶、泡沫塑料等。隔声间的通风换气口应装有消声装置；隔声间的各种管线通过墙体结构需打孔时，应在孔洞周围用柔软材料包扎封紧。隔声窗通常采用双层或多层玻璃制作，四周边框宜做吸声处理，防止漏声。

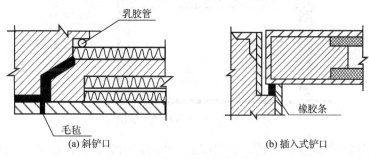

图 5-14　两种门缝处的铲口形式

在强噪声情况下，为了将强噪声源与众多工作人员分开，常常设立隔声墙，如图 5-15 所示。

假设发声室的声压级为 L_1，噪声通过墙体传至接收室的声压级为 L_2，两室的声压级差值为 $D = L_1 - L_2$。D 值的大小不仅取决于隔声墙的隔声量，还与接收室的总吸声量 A 和隔声墙的面积 S 有关，可表示为

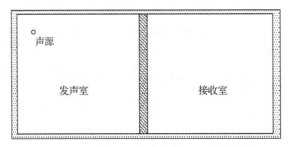

图 5-15 发声室和接收室之间设立隔声墙

$$D = TL + 10\lg A - 10\lg S \qquad (5.2.18)$$

从式(5.2.18)可以看出，对同一隔声墙，当房间的总吸声量和墙面积不同时，房间的降噪效果是不同的。因此，除了提高隔声墙的隔声量之外，增加房间的吸声量也是降低房间噪声的有效措施。

利用式(5.2.18)还可以选择隔声墙的隔声量 TL。若 L_1 和 L_2 已知，接收室的吸声量 A 和墙面积 S 已知，令 $L_1 - L_2 = D$，代入式(5.2.18)，就得到隔声墙应有的 TL 值为

$$TL = D - 10\lg\frac{A}{S} \qquad (5.2.19)$$

求出 TL 后，就可以根据有关资料选择合适的隔声墙构造方案。

5.2.6 隔声罩

将噪声源封闭在一个相对小的空间内，以减少向周围辐射噪声的罩状壳体，称为隔声罩，如图 5-16 所示。这是在声源处控制噪声的有效措施。隔声罩通常是兼有隔声、吸声、阻尼、隔振和通风、消声等功能的综合结构体。

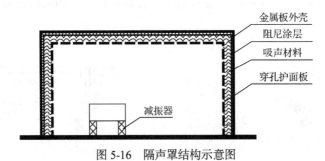

图 5-16 隔声罩结构示意图

由于隔声罩可能是全封闭的，根据需要，也可以留有必要的观察窗、活动门及散热消声通道等。

隔声罩可以是固定型的，也可以是活动型的。

衡量隔声罩的降噪效果通常用插入损失 IL。它定义为隔声罩在设置前后同一接收点的声压级之差，即

$$IL = L_{P1} - L_{P2} \qquad (5.2.20)$$

式中，L_{P1} 为无隔声罩时接收点的声压级(dB)；L_{P2} 为有隔声罩时接收点的声压级(dB)。

隔声罩的插入损失可由下式计算

$$IL = 10\lg\frac{\bar{\alpha}}{\bar{\tau}} = TL + 10\lg\bar{\alpha} \tag{5.2.21}$$

式中，$\bar{\alpha} = \dfrac{\sum\alpha_i S_i}{\sum S_i}$ 为罩内表面的平均吸声系数，S_i 和 α_i 分别表示不同内表面面积和相应

的吸声系数；$\bar{\tau} = \dfrac{\sum\tau_i S_i}{\sum S_i}$ 表示隔声罩的平均透声系数，τ_i 表示构成隔声罩不同材料的面积

所对应的透声系数。由式(5.2.21)可见：通过提高隔声罩吸声系数、减小隔声罩透声系数可达到增加插入损失的目的。

一般情况下，$\bar{\tau} < \bar{\alpha} < 1$，即隔声罩的插入损失为正值。考虑两个极端的情况：

(1) $\bar{\alpha} = 1$，则有 $IL = 10\lg\dfrac{\bar{\alpha}}{\bar{\tau}} = 10\lg\dfrac{1}{\bar{\tau}}$，此式说明当隔声罩的插入损失与其材料平均固

有隔声量相等时，由这种材料构成的隔声罩的隔声量达到最大值。

(2) $\bar{\alpha} = \bar{\tau}$，则有 $IL = 10\lg\dfrac{\bar{\alpha}}{\bar{\tau}} = 0$，说明当隔声罩内的平均吸声系数小到与平均透声

系数相等时，隔声罩的插入损失等于零。

5.2.7 声屏障

在声源和受声点之间，插入一个有足够面密度的密实材料的板或墙，使声波传播有明显的附加衰减，这样的障碍物称为声屏障。声屏障是降低交通噪声对公路两侧区域的噪声环境污染的重要措施之一。

当声波传播到声屏障的壁面上时，除了声波的反射与透射，声波在声屏障边缘还会发生绕射(图 5-17)。类比光波的传播，声屏障后也会形成一块阴影区域，该区域在声学中称为声影区。同理，声波可直接到达的区域称为声亮区。

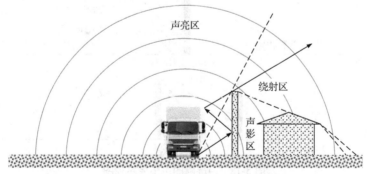

图 5-17　声影区、绕射区、声亮区示意图

声屏障降噪效果用插入损失 IL 来评价，定义为保持噪声源、地形、地面和气候条件不变的情况下安装声屏障前后在受声点处测得的声压级之差。声屏障的插入损失标注时要注明频带宽度、频率计权和时间计权特性。

隔声量 TL 则表征了声屏障构件的隔声性能，一般要求声屏障隔声量应大于 25dB。

隔声量与频率有关，也与隔声构件类型有关。不同类型隔声构件的隔声频率特性可能有很大的差异。

吸声系数 α 表征了声屏障构件的吸声性能，吸声系数大时有利于降噪。在公路声屏障评价中，500Hz 吸声系数尤其重要，一般要求声屏障吸声系数应大于 0.5。

声屏障一般要求同时具备良好的隔声、吸声性能。反射声能的大小主要取决于吸声结构的吸声系数，通常取倍频带 250Hz、500Hz、1000Hz、2000Hz 吸声系数的算术平均值，称为噪声降低系数，用符号 NRC 表示

$$NRC = \frac{1}{4}\left(\alpha_{250} + \alpha_{500} + \alpha_{1000} + \alpha_{2000}\right) \tag{5.2.22}$$

声屏障的降噪理论基础是惠更斯-菲涅耳理论，当声源发出的声波遇到声屏障时，它将沿着三条途径传播，如图 5-18 所示。一部分越过声屏障的顶端绕射至受声点，一部分透过声屏障到达受声点，一部分在声屏障的壁面上产生反射。声屏障的降噪作用就是阻挡直达声的传播，减少透射声到达受声点，并让绕射声有足够的衰减。声屏障的插入损失主要取决于声波沿这三条路径传播的声能分配。

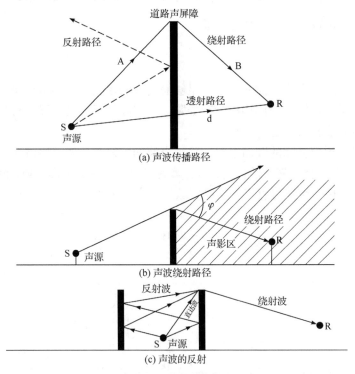

图 5-18　声屏障的声传播路径图

没有声屏障的直达声与设立声屏障后的绕射声强度之差，称为绕射声衰减，它与声波的绕射角和声波的波长有关。声屏障的绕射是声源、受声点与声屏障三者几何关系和频率关系的函数，它是决定声屏障插入损失的主要物理量。声屏障的绕射声衰减用符号 ΔL_{d} 表示。当声源为点声源时，声屏障的绕射声衰减为

$$\Delta L_{\mathrm{d}} = \begin{cases} 20\lg\dfrac{\sqrt{2\pi N}}{\tanh\sqrt{2\pi N}} + 5\mathrm{dB} & N > 0 \\[3mm] 5\mathrm{dB} & N = 0 \\[3mm] 5\mathrm{dB} + 20\lg\dfrac{\sqrt{2\pi|N|}}{\tanh\sqrt{2\pi|N|}} & -0.2 < N < 0 \\[3mm] 0\mathrm{dB} & N \leqslant -0.2 \end{cases} \tag{5.2.23}$$

式中，N 为菲涅耳数，$N = \pm\dfrac{2}{\lambda}(A + B - d)$，$\lambda$ 为声波的波长(m)，d 表示声源到受声点间的直线距离(m)，A 表示声源至声屏障顶端的距离(m)，B 为受声点至声屏障顶端的距离(m)。

$N > 0$，表明受声点位于声影区；$N = 0$，即受声点、声屏障顶端和声源在一条直线上，由于屏障顶端发生干涉现象，此时大约还会有 5dB 的衰减；$N \leqslant -0.2$ 时，表明受声点位于声亮区，这种情况声屏障不影响声能的传播，所以声屏障衰减为 0；$-0.2 < N < 0$ 时，这个区域为过渡区，此种情况声屏障可衰减 0～5dB。

工程设计中，声屏障的绕射声衰减 ΔL_{d} 可通过图 5-19 所示的衰减声曲线查找。

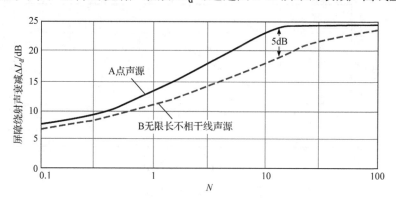

图 5-19　声屏障的绕射声衰减曲线

若声源与受声点的连线和声屏障法线之间有一角度 β，这时菲涅耳数的计算需要修正为 $N(\beta) = N\cos\beta$。

通过声屏障透射的声能将减小声屏障的插入损失，这部分的减少量称为透射减小量，用符号 ΔL_{t} 表示。透射声修正量 ΔL_{t} 由下式计算

$$\Delta L_{\mathrm{t}} = \Delta L_{\mathrm{d}} + 10\lg\left(10^{-\frac{\Delta L_{\mathrm{d}}}{10}} + 10^{-\frac{TL}{10}}\right) \tag{5.2.24}$$

声波到达声屏障时，由于两种媒质的特性阻抗不同，会发生反射。声波的反射与声波的频率和声屏障的尺寸、材料有关。当声屏障的尺寸比声波波长大得多，且材料又特别坚硬的情况时，声波几乎全部被反射回去。高频声的波长相对比较短，因此比低频声更容易反射。声波被屏障反射使得受声点处的噪声降低，但会使声波同侧的噪声干扰更大。另一方面，声波反射回来后，又被车体或对侧屏障反射到达受声点，使声屏障的降噪效果下降。

反射声修正量取决于受声点、声屏障及声源的高度，也取决于受声点至道路及声屏障的距离以及声屏障的材料。为了减少反射的影响，一般在屏障的内侧安装有吸声材料。经验表明，反射降低量 ΔL_r 一般在 $0.5 \sim 6 dB(A)$ 之间。如果吸声结构的降噪系数 NRC 大于 0.5，反射降低量 ΔL_r 小于 $1 dB(A)$，则可以忽略不计。如果吸声系数小于 0.5，则用下式进行修正计算

$$\Delta L_r = 10 \lg (l - \alpha) \tag{5.2.25}$$

式中，α 为反射面的吸声系数，对于一般的计算可取 0.3。

由于声透射、声反射、地面吸收和障碍物的影响，声屏障的实际插入损失的计算公式为

$$IL = \Delta L_d - \Delta L_t - \Delta L_r - \left(\Delta L_s, \Delta L_G \right)_{\max} \tag{5.2.26}$$

式中，$\left(\Delta L_s, \Delta L_G \right)_{\max}$ 表示取 ΔL_s 和 ΔL_G 中的最大者，这是因为两者的影响一般不会同时存在。ΔL_G 为地面吸收声衰减，一般情况下由于地面不是刚性的会对传播过程中的声波产生一定的吸收，从而会使声波产生一定的衰减(图 5-20)。

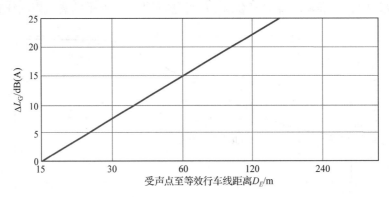

图 5-20　地面吸收声衰减

声屏障(图 5-21)的结构形式按其形状可以分为：①直壁型声屏障，包括以混凝土砌块、砖石类为主的厚壁式声屏障，以及以金属板、轻型复合板为主的薄屏式声屏障；②折壁型声屏障，常见折壁形式包括倒 L 型、Y 型、圆弧型等；③表面倾斜型声屏障，主要指土堤、倾斜墙面等形式；④封闭型声屏障，包括全封闭、局部封闭。

(a) 直壁型　　　　(b) 折壁型　　　　(c) 表面倾斜型　　　　(d) 封闭型

图 5-21　声屏障主要形式示意图

直壁型声屏障整个墙体上下竖直，一般用混凝土砌块、砖石、金属板、轻型复合板等材料构成，用钢筋混凝土立柱或钢构立柱保持其稳定性。直壁型声屏障具有施工方便、

造价低的显著优点，因此应用较为广泛。

　　折壁型声屏障一般用于降噪要求较高但同时对声屏障高度又有一定限制的场合。与直壁型声屏障相比，折壁型声屏障上部折向道路方向，通过增加声程差来提高降噪效果，且面向道路的一侧通常作吸声处理。折壁型声屏障通常用钢构立柱保持稳定性，声盾板采用成品，现场施工十分便捷，但对施工技术要求比较高。

　　表面倾斜型声屏障一般用于路堑或低路堤路段，可以利用自然斜坡改造成土堤式声屏障，同时可采用绿墙技术达到既吸声又绿化的目的。

■ 5.3　阻抗匹配吸声机理及运用

　　消声器是噪声控制工程中常用的一种装置，一般用于控制管道内空气动力性噪声，其特点是能有效地阻止或减弱噪声向外传播，通常安装于空气动力设备的气流进出口或气流通道上。

　　消声器的种类很多，根据消声原理，常用的消声器有三大类：阻性消声器、抗性消声器、阻抗复合式消声器，消声器可以有效改变气流通道的声阻抗，达到降低噪声的目的。不同消声器的工作原理不同，消声效果也不同。

　　阻性消声器是一种能量吸收性消声器，通过在气流流经的途径上固定或按一定方式排列多孔性吸声材料，利用多孔吸声材料对声波的摩擦和阻尼作用将声能量转化为热能耗散，达到消声的目的。阻性消声器适合于消除中、高频率的噪声，消声频带范围较宽，对低频噪声的消声效果较差，因此，常使用阻性消声器控制风机类进排气噪声等。

　　抗性消声器则利用声波的反射和干涉效应等，通过改变声波的传播特性，阻碍声波能量向外传播。抗性消声器相当于一个声学滤波器，选取适当的突变截面管和室组合，可实现对某些特定频率成分噪声的过滤，该类消音器主要适合于消除低、中频率的窄带噪声，对宽带高频率噪声则效果较差，因此，常用来消除如内燃机排气噪声等。

　　鉴于阻性消声器和抗性消声器各自的特点，常将它们组合成阻抗复合式消声器，以同时得到高、中、低频率范围内的消声效果，如微穿孔板消声器就是典型的阻抗复合式消声器，其优点是耐高温、耐腐蚀、阻力小等，缺点是加工复杂、造价高。

　　随着声学技术的发展，还有一些特殊类型的消声结构出现。本节主要介绍阻性消声器、抗性消声器、阻抗复合式消声器这三种典型的消声结构。

5.3.1　阻抗渐变吸声原理

　　当一列声波从一个介质入射到另一个介质上时，在两个介质的分界面上会发生声波的反射、折射和透射现象，并且反射声波和透射声波的幅值大小与两种介质的特性阻抗有着密切的联系。

　　如图 5-22 所示，边界两边介质的特性阻抗分别

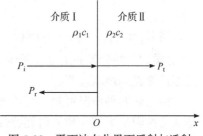

图 5-22　平面波在分界面反射与透射

为 $Z_{s1}=\rho_1c_1$ 和 $Z_{s2}=\rho_2c_2$。当界面无声波存在时，两个介质中的静态压强以及两介质分界面处的质点法向振速分别相等，即 $P_1=P_2$，$v_1=v_2$。且介质中的静态压强和两介质分界面处的质点法向振速满足关系式

$$\begin{cases} P_1 = \rho_1c_1V_1 = Z_{s1}V_1 \\ P_2 = \rho_2c_2V_2 = Z_{s2}V_2 \end{cases} \tag{5.3.1}$$

假定分界面处坐标 $x=0$，有一平面波 $P_i=P_{iA}\mathrm{e}^{\mathrm{j}(\omega t-kx)}$ 从介质 I 垂直入射到分界面上，由于两介质特性阻抗的不同，根据声波的反射和透射原理，可计算得到其分界面上反射波声压幅值与入射波声压幅值之比(声压反射系数) r_p，反射波质点振速幅值与入射波质点振速幅值之比 r_v，透射波声压幅值与入射波声压幅值之比(声压透射系数) t_p，透射波质点振速幅值与入射波质点振速幅值之比 t_v 分别为

$$\begin{cases} r_p = P_{tA}/P_{iA} = (Z_{s2} - Z_{s1})/(Z_{s2} + Z_{s1}) = (1 - z_{12})/(1 + z_{12}) \\ r_v = V_{tA}/V_{iA} = (Z_{s1} - Z_{s2})/(Z_{s1} + Z_{s2}) = (z_{12} - 1)/(z_{12} + 1) \end{cases} \tag{5.3.2}$$

$$\begin{cases} t_p = P_{tA}/P_{iA} = 2Z_{s2}/(Z_{s2} + Z_{s1}) = 2/(1 + z_{12}) \\ t_v = V_{tA}/V_{iA} = 2Z_{s1}/(Z_{s1} + Z_{s2}) = 2z_{12}/(z_{12} + 1) \end{cases} \tag{5.3.3}$$

式中，$z_{12} = Z_{s1}/Z_{s2}$ 为两种介质的特性阻抗之比。

当 $Z_{s1} = Z_{s2}$，即 $z_{12} = 1$ 时，可得 $r_p = r_v = 0$，$t_p = t_v = 1$，此时声波全部透射，没有发生反射。也就是说，即使存在两种不同介质的分界面，但只要两种介质的特性阻抗相等，那么对声的传播来讲，分界面就好像不存在一样，声波就如同进入黑洞一样被吸收掉。这种由于分界面两边介质的特性阻抗相等或接近，声波能够全部或大部分透过分界面的情况，称为阻抗匹配。

当 $Z_{s1} \ll Z_{s2}$，即 $z_{12} \approx 0$ 时，$r_p \approx 1$，$r_v \approx -1$，$t_p \approx 2$，$t_v \approx 0$。由于第二种介质的特性阻抗远远大于第一种介质的特性阻抗，即介质 II 相对于介质 I 来说非常"坚硬"，入射波在碰到边界面以后被完全弹回介质 I，所以反射波的质点振速与入射波的质点振速大小相等，相位相反，结果在分界面上合成质点振速为零。而反射波声压与入射波声压大小相等，相位相同，所以在分界面上的合成声压为入射声压的两倍。实际上这时发生的是全反射，在介质 I 中入射波与反射波叠加形成了驻波，分界面处恰是质点振速波节和声压波腹。至于在介质 II 中，这时并没有声波传播，介质 II 的质点并未因介质 I 质点的冲击而运动，介质 II 中存在的压强也只是分界面处压强的静态传递，并不是疏密交替的压强。

当 $Z_{s1} \gg Z_{s2}$，即 $z_{12} \gg 1$ 时，可得 $r_p \approx -1$，$r_v \approx 1$，$t_p \approx 0$，$t_v \approx 2$。可见声波在这种"十分柔软"的分界面上也会发生全反射，在介质 I 中也形成驻波，不过这时分界面是质点振速波腹和声压波节。

由上述两种情况可知，无论声波从特性阻抗小的介质入射到特性阻抗大的介质，还是从特性阻抗大的介质入射到特性阻抗小的介质，只要分界面两侧介质的特性阻抗相差非常大，声波就会发生全反射，这种现象称为阻抗失配。

在前面的分析中，考虑了声波从一种介质入射到另一种介质，如果两种介质的特性阻抗相近或者相差较大，将会发生声波的完全透射或完全反射，即阻抗匹配或阻抗失配。根据这一理论，可研制阻抗渐变的多层介质吸声结构。最外层材料的特性阻抗应与空气的特性阻抗相同或相近，称为匹配层。当声波从空气中入射到该结构表面时，由于阻抗匹配，声波几乎不发生反射现象，全部透射进入材料中。多层介质吸声结构的里层材料呈现特性阻抗逐渐增大的趋势。即在声波前进的方向上，前方一层材料的特性阻抗比后方一层材料的特性阻抗大，从而使声波在进入吸声结构后，在不同材料的分界面处发生多次声发射而被耗散掉，故这些材料也称为耗散层。

采用阻抗渐变方法设计的另一种结构是尖劈，控制吸声材料的截面积由小到大逐渐变化。声波入射到尖劈表面时，由于尖劈端部吸声材料的面积小，其特性阻抗接近于空气的特性阻抗，声波的反射系数趋于 0。随着尖劈的截面积逐渐增大，其特性阻抗也逐渐增大，尖劈基部的特性阻抗等于吸声材料的特性阻抗。这样就极大地减少了声波的反射，使声波全部(或绝大部分)入射到材料内被吸收消除掉。这种尖劈形式的吸声体甚至在70Hz 左右的极低频区吸声系数也可高达 0.99 左右，成为理想的宽带高效吸声体。尖劈吸声体一般安装于消声室内墙面及顶面，从而获得极好的吸声效果。

5.3.2　常用吸声结构

工程中常用的吸声结构有空气层吸声结构、薄膜共振吸声结构和薄板共振吸声结构、穿孔板吸声结构、微穿孔板吸声结构、吸声尖劈等，其中最简单的吸声结构就是吸声材料后附加空气层的吸声结构。

1. 空气层吸声结构

前面已经提到，在多孔材料背后留有一定厚度的空气层，使材料离后面的刚性安装壁保持一定距离，形成空气层或空腔，则它的吸声系数有所提高，特别是低频的吸声性能可得到大大改善。采用这种办法，可以在不增加材料厚度的条件下，提高低频的吸声性能，从而节省吸声材料的使用，降低单位面积的重量和成本。通常推荐使用的空气层厚度为 50～300mm，空腔厚度太小，则达不到预期的效果；空气层尺寸太大，施工时存在一定的难度。当然，对于不同的吸声频率，空气层的厚度有一定的最佳值，对于中频噪声，一般推荐多孔材料离开刚性壁面 70～100mm；对于低频，其预留距离可以增大到 200～300mm。背后空气层厚度对多孔吸声材料特性的影响见图 5-23，空气层厚度对常用吸声结构的吸声特性的影响见表 5-8。

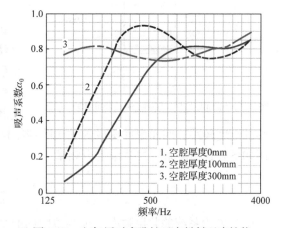

图 5-23　空气层对多孔性吸声材料吸声性能的影响示意图

表 5-8　空气层厚度对常用吸声结构吸声特性的影响

种类	穿孔板孔直径 ϕ 及板厚度，玻璃棉厚度/mm	空气层厚度/mm	倍频带中心频率/Hz					
			125	250	500	1000	2000	4000
			吸声系数					
玻璃棉	50	300	0.8	0.85	0.9	0.85	0.8	0.85
	25	300	0.75	0.8	0.75	0.75	0.8	0.9
穿孔板+25mm 玻璃棉	$\phi 6\sim15$，$4\sim6$	300	0.5	0.7	0.5	0.65	0.7	0.6
		500	0.85	0.7	0.75	0.8	0.7	0.5
	$\phi 8\sim16$，$4\sim6$	300	0.75	0.85	0.75	0.7	0.65	0.65
	$\phi 9\sim16$，$5\sim6$	300	0.55	0.85	0.65	0.7	0.85	0.75
		500	0.85	0.7	0.8	0.9	0.8	0.7
	$\phi 0.8\sim1.5$，$0.5\sim1$	$300\sim500$	0.65	0.65	0.75	0.7	0.75	0.9
			0.65	0.65	0.75	0.7	0.75	0.9
	$\phi 5\sim11.5$，$0.5\sim1$	$300\sim500$	0.55	0.75	0.75	0.7	0.75	0.75
	$\phi 5\sim14.5$，$0.5\sim1$	$300\sim500$	0.5	0.55	0.6	0.65	0.7	0.45

2. 薄膜、薄板共振吸声结构

在噪声控制工程及声学系统音质设计中，为了改善系统的低频特性，常采用薄膜或薄板结构，板后预留一定的空间，形成共振声学空腔；有时为了改进系统的吸声性能，还在空腔中填充纤维状多孔吸声材料。这一类结构统称为薄膜(薄板)共振吸声结构。

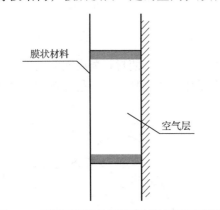

图 5-24 为薄膜(薄板)共振吸声结构的原理示意图。在该共振吸声结构中，薄膜的弹性和薄膜后空气层弹性共同构成了共振结构的弹性，而质量由薄膜结构的质量确定，在低频时，可以将这种共振结构理解为单自由度的振动系统，当膜受到声波激励且激励频率与薄膜结构的共振频率一致时，系统发生共振，薄膜产生较大变形，在变形的过程中，薄膜的变形将消耗能量，起到吸收声波能量的作用。由于薄膜的刚度较小，因而由此构成的共振吸声结构的主要作用在于低频吸声性能。工程上常用如下公式预测系统的共振吸声频率

图 5-24　薄膜(薄板)共振吸声结构原理示意图

$$f_{\mathrm{r}} = \frac{600}{\sqrt{mD}} \tag{5.3.4}$$

式中，f_{r} 为系统的共振频率；m 为薄膜的面密度；D 为空气层的厚度。通常，单纯使用薄膜空气层构成的共振吸声结构吸声频率较低，在 $200\sim1000\mathrm{Hz}$，吸声系数在 0.35 左右，频带也很窄。为了提高其吸声带宽，常在空气层中填充吸声材料以提高吸声带宽和吸声

系数，填充多孔吸声材料后系统的吸声特性可以通过试验进行测试。

薄板共振吸声结构的吸声原理与薄膜吸声结构基本相同，区别在于薄膜共振系统的弹性恢复力来自于薄膜的张力，而板结构的弹性恢复力来自板自身的刚性。

薄板共振吸声结构的共振频率计算公式为

$$f_r = \frac{1}{2\pi} \sqrt{\frac{1.4 \times 10^7}{mD} + \frac{k}{m}}$$ (5.3.5)

式中，m 为板的面密度；D 为空气层的厚度；k 为板的刚度。由此构成的吸声结构，一般设计吸声频率为 80～300Hz，共振吸声系数为 0.2～0.5。在板后填充多孔性吸声材料后，系统的吸声系数和吸声频带都会提高。

3. 穿孔板吸声结构

由穿孔板构成的共振吸声结构称为穿孔板共振吸声结构，它也是工程中常用的共振吸声结构，其结构如图 5-25 所示。工程中有时也按照板穿孔的多少将其分为单孔共振吸声结构和多孔共振吸声结构。对于单孔共振吸声结构，它本身就是最简单的亥姆霍兹共振吸声结构，其共振频率可由下式计算

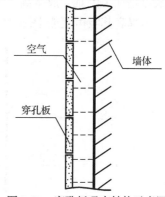

$$f_0 = \frac{c_0}{2\pi} \sqrt{\frac{S}{V_0 l}}$$ (5.3.6)

式中，S 为孔面积；V_0 为腔内体积；l 为孔颈长。

同样，可以通过在小孔颈口部位加薄膜透声材料或多孔性吸声材料以改善穿孔板吸声结构的吸声特性，也可以通过加长小孔的有效颈长 l 来改变其吸声特性等。

图 5-25　穿孔板吸声结构示意图

对于多孔共振吸声结构，实际上可以看成单孔共振吸声结构的并联结构，因此，多孔共振吸声结构的吸声性能要比单孔共振吸声结构的吸声效果好，通过孔参数的优化设计可以有效改善其吸声频带等性能。

对于多孔共振吸声结构，通常设计板上的孔均匀分布且具有相同的大小，因此，其共振频率同样可以使用式(5.3.6)进行计算。当孔的尺寸不相同时，可以采用式(5.3.6)分别计算各自的共振频率，需要注意的是，式中的体积应该用每个孔单元实际分得的体积，如果用穿孔板的穿孔率表示，则可以改写成

$$f_0 = \frac{c_0}{2\pi} \sqrt{\frac{q}{hl}}$$ (5.3.7)

式中，$q = S/S_0$ 为穿孔板的穿孔率，S 为穿孔板中孔的总面积，S_0 为穿孔板的总面积；h 为空腔的厚度。

从式(5.3.7)可以发现：多穿孔板的共振频率与穿孔板的穿孔率、空腔深度都有关系，与穿孔板孔的直径和孔厚度也有关系。穿孔板的穿孔面积越大，吸声频率就越高，空腔或板的厚度越大，吸声频率就越低。为了改变穿孔板的吸声特性，可以通过改变上述参数以满足声学设计上的需要。

通常，穿孔板主要用于吸收中、低频率的噪声，穿孔板的吸声系数在0.6左右。多穿孔板的吸声带宽定义为吸声系数下降到共振时吸声系数的一半的频带宽度，穿孔板的吸声带宽较窄，只有几十赫兹到几百赫兹。为了提高多孔穿孔板的吸声性能与吸声带宽，可以采用如下方法：①空腔内填充纤维状吸声材料；②降低穿孔板孔径，提高孔口的振动速度和摩擦阻尼；③在孔口覆盖透声薄膜，增加孔口的阻尼；④组合不同孔径和穿孔率、不同板厚度、不同腔体深度的穿孔板结构。工程中，常采用板厚度为2~5mm，孔径2~10mm，穿孔率在1%~10%，空腔厚度100~250mm的穿孔板结构。

4. 微穿孔板吸声结构

微穿孔板吸声结构是一种板厚度和孔径都小的穿孔板结构，其穿孔率通常只有1%~3%，其孔径一般小于3mm。微穿孔板吸声结构同样属于共振吸声结构，其吸声机理与穿孔板结构也基本相同。与普通穿孔板吸声结构相比，其特点是吸声频带宽、吸声系数高，缺点是加工困难、成本高。微穿孔板吸声结构也可以组合成双层或多层结构使用，以进一步提高其吸声性能(图5-26)。

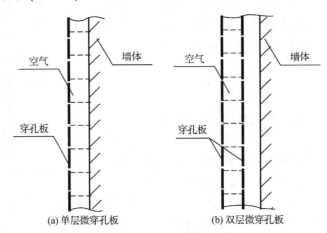

(a) 单层微穿孔板　　　　(b) 双层微穿孔板

图5-26　微穿孔板结构示意图

5. 空间吸声体和吸声尖劈

工程中，也经常采用空间吸声体或吸声尖劈作为吸声结构。空间吸声体和吸声尖劈的结构如图5-27所示。空间吸声体是一种高效的、自成体系的吸声结构，它主要由多孔性吸声材料加外包装构成，不需要壁板等结构一起形成共振空腔。其特点是吸声性能好、便于安装，要求是质量轻、便于施工等。因此，空间吸声体常采用超细玻璃棉作为填充材料，采用木架或金属框等为支承结构，采用玻璃丝布作为外包装材料，有时也采用穿孔率大于20%的穿孔板作为外包装，但采用此包装时相对重量和价格比采用玻璃丝布要高。

吸声尖劈具有很高的吸声系数，可以达到0.99，常用于有特殊用途的声学结构的构造。吸声尖劈的吸声性能与吸声尖劈的总长度 $L = L_1 + L_2$、L_1/L_2、空腔的深度 h、填充的吸声材料的吸声特性等都有关系，L 越长，其低频吸声性能越好。此外，上述参数之间有一个最佳协调关系，需要在使用时根据吸声的要求进行优化，必要时还需要通过实验加以修正。

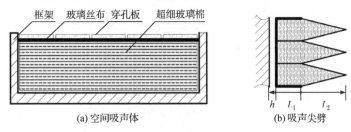

(a) 空间吸声体　　　　　　(b) 吸声尖劈

图 5-27　空间吸声体和吸声尖劈示意图

5.3.3　阻性消声器

阻性消声器的消声原理是利用吸声材料的吸声作用，使沿通道传播的噪声不断被吸收而逐渐衰减。

把吸声材料固定在气流通过的管道周壁，或按一定方式在通道中排列起来，就构成阻性消声器。当声波进入消声器中，会引起阻性消声器内多孔材料中的空气和纤维振动，由于摩擦阻力和黏滞阻力，一部分声能转化为热能而散失掉，就起到消声的作用。阻性消声器应用范围很广，它对中、高频范围的噪声具有较好的消声效果。

单通道直管式消声器是最基本的阻性消声器，其构造如图 5-28 所示。它的特点是结构简单、气流直通、阻力损失小，适用于流量小的管道消声。声波在消声器通道中传播时情况比较复杂，根据不同的分析模型可以获得不同的消声量估算公式，但都需实验修正。

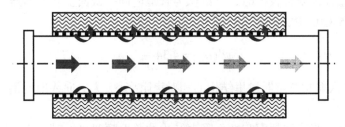

图 5-28　直管式阻性消声器示意图

常用的分析理论主要有一维理论和二维理论。对于如图 5-28 所示的消声器，下面将分别采用一维理论和二维理论进行近似分析讨论，然后作简单对比。

一维理论基于一维平面波的假设，即认为管道中的声波是沿着管道长度方向传播的，常用的计算公式有很多，但就其起源而言只有两个：别洛夫公式和赛宾公式，其他公式大都是从这两个公式派生出来的。

别洛夫公式的假定条件是：吸声材料的声阻远大于声抗。别洛夫公式如下

$$L_{\text{NR}} = 1.1\psi(\alpha_0)\frac{P}{S}L \tag{5.3.8}$$

式中，P 为吸声衬里的通道截面周长；S 为吸声衬里的通道截面面积；L 为吸声衬里的通道长度；$\psi(\alpha_0)$ 为消声系数，由正入射系数 α_0 确定。$\psi(\alpha_0)$ 与 α_0 的关系见表 5-9。

表 5-9 消声系数 $\psi(\alpha_0)$ 与正入射系数 α_0 的关系

α_0	0.1	0.2	0.3	0.4	0.5	0.6	0.7	0.8	0.9	1.0
$\psi(\alpha_0)$	0.1	0.2	0.35	0.5	0.65	0.9	1.2	1.6	2.0	4.0

赛宾公式如下

$$L_{NR} = 1.05\alpha^{1.4}\frac{P}{S}L \tag{5.3.9}$$

式中，α 为混响室法测得的吸声系数。赛宾公式的特定适用条件为：吸声系数 $0.2 \leqslant \alpha \leqslant 0.8$，频率范围 $200\text{Hz} \leqslant f \leqslant 2\text{kHz}$，管道截面直径 $22.5 \sim 45\text{cm}$，比例为 $1:1 \sim 1:2$ 的矩形管道。显然，赛宾公式比别洛夫公式具有更严格的限制条件，其适用范围也就更有局限性。

工程中应用较多的公式由别洛夫公式发展而来，其参数的选取基于实验分析，因此相对精度高于别洛夫公式，并且适用范围有所扩展，对于较高频率仍有较好的分析精度，公式如下

$$L_{NR} = \psi'(\alpha_0)\frac{P}{S}L \tag{5.3.10}$$

式中，$\psi'(\alpha_0)$ 也称为消声系数，它表示传播距离等于管道半宽度时的衰减量，主要取决于壁面的声学特性。合理选择消声系数，可以使式(5.3.10)具有较高分析精度，下面对这个系数做定量分析。

当声波沿非刚性壁面管道传播时，声强应按指数规律随着传播距离衰减。当声波频率不太高并且壁面声阻抗较大时，可以认为管道内同一截面上各处声压近似相同。在这种条件下，式(5.3.10)中的消声系数用下式近似计算

$$\psi'(\alpha_0) = 4.34\frac{a}{a^2 + b^2} \tag{5.3.11}$$

式中，a 为法向入射时消声器衬里结构的相对声阻率；b 为法向入射时消声器衬里结构的相对声抗率。

特殊情况下，当声波频率与壁面吸声结构的共振频率接近时，声抗近似为 0。如果 $a > 1$，则消声系数可用垂直入射的吸声系数 α_0 表示

$$\psi'(\alpha_0) = 4.34\frac{1 - \sqrt{1 - \alpha_0}}{1 + \sqrt{1 - \alpha_0}} \tag{5.3.12}$$

这就是目前常用的消声系数计算公式。

实践证明，按上述方法计算出的消声量往往高于实际能达到的消声量，特别是当消声量较大时，两者的偏差更大。这是由于消声系数 $\psi'(\alpha_0)$ 是在特定条件下获得的，使用起来有以下几方面的问题需要注意：

(1) 从能量关系导出消声系数时，假定同一截面上声压或声强近似，但实际上往往不是这样。噪声在消声器管道内传播时，如果壁面吸收很厉害，则在同一截面上的声压和声能不能均匀分布，周壁的吸收作用不能充分发挥。因此，对于高吸收情况，即吸声系

数较大时，利用式(5.3.10)计算的消声量高于实际消声量。

(2) 在推导消声系数时，假定吸声材料的声阻抗率为纯阻，即声抗为 0。实际上吸声材料的声阻抗应是复数，即消声系数应由声阻抗率的声阻与声抗两部分共同决定。由于忽略了声抗部分的影响，也会导致计算出的消声值比实际值偏高。

(3) 工程实际中还有许多其他因素干扰，例如消声器通道中的气流速度、环境噪声、侧向传声等都会使现场得到的消声值比式(5.3.10)计算出的消声值偏低。

由于上述因素存在，在使用上述计算公式时要留有余地。根据实际经验，消声系数 $\psi'(\alpha_0)$ 不宜取高于 1.5 的值。消声系数一般选取原则是：

(1) 当垂直入射的吸声系数 $\alpha_0 < 0.6$ 时，根据式(5.3.10)计算相应的 $\psi'(\alpha_0)$。

(2) 当垂直入射的吸声系数 $\alpha_0 \geqslant 0.6$ 时，根据式(5.3.10)计算的 $\psi'(\alpha_0)$ 值将超过 1.5，但也应在小于 1.5 的范围内取值，才能获得与实际情况比较相符的消声量。具体的做法为：如果消声器的总消声量较小(如低于 20dB)，则 $\psi'(\alpha_0)$ 值可取得偏高些，即取 1.3~1.5；如果消声器的总消声量较大(如高于 40dB)，则 $\psi'(\alpha_0)$ 值应取偏低些的数值，即取 1~1.2。

上面介绍的是一维近似理论，一维近似理论有很大的局限性，一般用于初步粗略估算。若要较精确地计算消声量，则应该采用更接近实际情况的多维理论。二维理论是多维理论中最简单的一种，可以满足一般工程计算的需要，下面作简单介绍。

在扁矩形消声器横剖面上建立坐标系，其中 x 轴沿声传播方向，z 轴垂直于声传播方向。记通道长度为 l，通道半宽度为 h。$z = 0$ 处为通道中面，$z = \pm h$ 处为吸声结构的表面。一般情况，可设声波的声压在通道高度方向，即 y 轴方向，没有变化；在宽度方向，即 z 轴方向，上下对称但分布并不均匀。也就是说，声压与 x、z 两个坐标有关，因此称为二维理论。

在稳态情况下，管内沿 x 轴正方向传播的声波，其声压可以写成如下形式

$$p = p_A \cos\left(\frac{Q\pi}{h} z\right) e^{j\omega t - jkgx} \tag{5.3.13}$$

式中，Q 为分布参数，它反映了声压沿 z 轴方向分布的情况；g 为传播参数，它反映了声波沿 x 方向传播的情况。在声压无衰减的情况下，$Q = 0$，$g = 1$，即刚性壁面管道中传播平面声波的情况。一般情况下，分布参数和传播参数均为复数，两者之间具有如下关系

$$g^2 = 1 - \frac{Q^2}{\left(\dfrac{2h}{\lambda}\right)^2} \tag{5.3.14}$$

式中，λ 为声波的波长。根据 $z = \pm h$ 处的边界条件，可得到分布参数满足如下特征方程

$$Q \tan(Q\pi) = j\frac{2h}{\lambda}\frac{\rho_0 c}{Z} \tag{5.3.15}$$

式中，Z 为吸声结构表面的法向声阻抗率。

由以上两式可以获得传播参数和分布参数，并最终获得管道中声压的分布和传播情况。当然，要获得声压的解析解比较困难，工程分析中通常采用数值分析方法，这里不再赘述。

5.3.4 抗性消声器

抗性消声器主要通过控制声抗达到消声目的。它不使用吸声材料，而是在管道上接截面突变的管段或旁接共振腔，利用声阻抗失配，使某些频率的声波在声阻抗突变的界面处发生反射、干涉等现象，阻碍声波能量向下游的传播从而达到消声的目的。常用的抗性消声器主要有扩张室式、共振腔式及旁路管式三大类。

扩张室消声器

1. 扩张室式消声器

扩张室消声器也称为膨胀室消声器，它是由管和室组成的。它是利用管道截面的突然扩张(或收缩)造成通道内声阻抗突变，使沿管道传播的某些频率的声波通不过消声器而反射回声源。由于声波通不过消声器，无法向下游传播，从而达到消声的目的。

声波在两根不同截面的管道中传播，如图 5-29 所示，从截面积为 S_1 的管中传入截面积为 S_2 的管中，S_2 管对 S_1 管相当于一个声负载，会引起部分声波的反射和透射。设在管道中满足平面波的条件下，在 S_1 管道中有一入射波 p_i 和一反射波 p_r，而 S_2 管无限延伸，仅有透射波 p_t。假定坐标原点取在 S_1 管与 S_2 管的接口处，现分别写出上述三种波的声压表示式

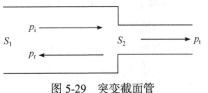

图 5-29　突变截面管

$$\begin{cases} p_i = p_{iA}e^{j(\omega t - kx)} \\ p_r = p_{rA}e^{j(\omega t + kx)} \\ p_t = p_{tA}e^{j(\omega t - kx)} \end{cases} \tag{5.3.16}$$

它们各自对应的质点振速分别为

$$\begin{cases} v_i = \dfrac{p_{iA}}{\rho_0 c}e^{j(\omega t - kx)} \\ v_r = -\dfrac{p_{rA}}{\rho_0 c}e^{j(\omega t + kx)} \\ v_t = \dfrac{p_{tA}}{\rho_0 c}e^{j(\omega t - kx)} \end{cases} \tag{5.3.17}$$

式中，$\rho_0 c$ 为空气的特性阻抗；$k = \dfrac{\omega}{c} = \dfrac{2\pi}{\lambda}$ 为波数。

上述入射波、反射波和透射波不是各自独立的，而是互有联系。这种联系的关键在两根管子的接口处(即交界面处)，在此界面上存在如下两种声学边界条件：

声压连续　　　　　　　　　　　$p_i + p_r = p_t$ 　　　　　　　　　　(5.3.18)

体积速度连续　　　　　　$S_1(v_i + v_r) = S_2 v_t$ 　　　　　　　　(5.3.19)

为便于计算，取边界处 $x = 0$，得到反射声压与入射声压的幅度之比为

$$r_p = \frac{p_{rA}}{p_{iA}} = \frac{1 - s_{21}}{1 + s_{21}} \tag{5.3.20}$$

式中，面积比 $s_{21} = S_2/S_1$ ，也称为扩张比。

式(5.3.20)表明：声波的反射与两根管子的截面积比值有关。当 $s_{21} < 1$ 即第二根管子比第一根管子细时， $r_p > 0$ ，这相当于声波遇到硬边界情形；当 $s_{21} > 1$ 即第二根管子比第一根管子粗时， $r_p < 0$ ，这相当于声波遇到软边界情形。极端的情况是：若 $s_{21} \ll 1$ ，相当于声波遇到刚性壁，发生全反射；若 $s_{21} \gg 1$ ，声波遇到真空边界。

从声压反射系数可以获得声强反射系数

$$r_I = r_p^2 = \left(\frac{1-s_{21}}{1+s_{21}}\right)^2 \tag{5.3.21}$$

声强透射系数则为

$$t_I = \frac{I_t}{I_i} = \left(\frac{p_t}{p_i}\right)^2 = (1-r_p)^2 = \left(\frac{2s_{21}}{1+s_{21}}\right)^2 \tag{5.3.22}$$

根据消声量的定义，消声量是管中声强透射系数的倒数，由此得到扩张管式消声器的消声量为

$$L_{NR} = 10\lg\frac{1}{t_I} = 20\lg\frac{1+s_{21}}{2s_{21}} \tag{5.3.23}$$

式(5.3.23)表明：截面突变引起的消声量大小主要由扩张比 s_{21} 决定。扩张管式消声器的有效消声频率受到一定限制，其低频截止频率可用下式估算

$$f_1 = 0.4\frac{c}{\sqrt{S_2}} \tag{5.3.24}$$

而高频截止频率则为

$$f_h = 1.22\frac{c}{\sqrt{S_2}} \tag{5.3.25}$$

对截面不同的两根管道，除了采取以上截面突变形式连接外，还经常采用锥形变径管作为过渡部件来连接。锥形变径属于突变截面管的一种。这种形状的管段也能降低噪声，见图 5-30。其消声量的大小由扩张比 s_{21} 和锥形管长度与波长之比 $\frac{t}{\lambda}$ 来确定。当 $t=0$ 时，即成为扩张管，此时消声量最大；随着 $\frac{t}{\lambda}$ 增大，消声量相应减小；当 $\frac{t}{\lambda} > 0.5$ ，即锥形变径管长度 t 大于半波长的相应频率处，消声量趋向于零。也就是说：在将两个管径不同的管子连接时，截面渐变，声能可大部分透过，反射很少；但当截面突变时，则声波会产生反射，取得一定的消声效果。

在管道中加一个开孔的横隔板，如图 5-31 所示，也可以看成是有一定消声性能的抗性结构。这类结构的消声量为

$$L_{NR} = 10\lg\left[1+\left(\frac{kS_1}{2G}\right)^2\right] \tag{5.3.26}$$

式中， S_1 为管道横截面积； $G = \frac{S_2}{l_2}$ 为孔的传导率，其中 S_2 为小孔截面积， l_2 为孔长度。

图 5-30 锥形变径管

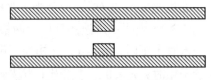

图 5-31 管道中间加隔板

利用扩张管原理制成的最简单的消声器就是单节扩张室消声器,最典型的单节扩张室消声器如图 5-32 所示,它是由两个突变截面管反向对接起来而成的。主管截面为 S_1,扩张部分截面为 S_2,扩张部分长度为 l。

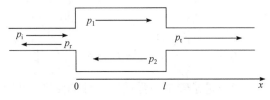

图 5-32 单节扩张室消声器

在图 5-32 中,假设噪声从左向右传播,记消声器入口端入射声波声压为 p_i,反射声压为 p_r,穿过消声器最后透射出去的声压为 p_t,其中入射和透射的声波向前传播,而反射的声波向后传播;在消声器内部,同时存在向前和向后传播的声波,分别记为 p_1 和 p_2。设其表达式分别如下

$$\begin{cases} p_i = p_{iA}e^{j(\omega t - kx)} \\ p_r = p_{rA}e^{j(\omega t + kx)} \\ p_1 = p_{1A}e^{j(\omega t - kx)} \\ p_2 = p_{2A}e^{j(\omega t + kx)} \\ p_t = p_{tA}e^{j(\omega t - kx)} \end{cases} \tag{5.3.27}$$

在消声器的入口、出口两个边界处,均满足声压连续和体积速度连续条件,即 $x = 0$ 处

$$\begin{cases} p_i + p_r = p_1 + p_2 \\ S_1\left(\dfrac{p_i}{\rho_0 c} - \dfrac{p_r}{\rho_0 c}\right) = S_2\left(\dfrac{p_1}{\rho_0 c} - \dfrac{p_2}{\rho_0 c}\right) \end{cases} \tag{5.3.28}$$

$x = l$ 处

$$\begin{cases} p_1 + p_2 = p_t \\ S_2\left(\dfrac{p_1}{\rho_0 c} - \dfrac{p_2}{\rho_0 c}\right) = S_1\dfrac{p_t}{\rho_0 c} \end{cases} \tag{5.3.29}$$

消声器的消声量可由在消声器入口端的入射声强与在消声器出口端的透射声强二者之间的衰减量来衡量。由于声强与声压的平方成正比,因此最后得到消声器的消声量计算公式为

$$L_{NR} = 10\lg\left\{1 + \left[\frac{s_{21} - s_{12}}{2}\sin(kl)\right]^2\right\}$$ (5.3.30)

式中，$s_{12} = S_1/S_2$，$s_{21} = S_2/S_1$。

由式(5.3.30)可以看出，消声量大小由扩张比 s_{21} 决定，消声频率特性由扩张部分的长度 l 决定，因为 $\sin(kl)$ 为周期函数，可见消声量也随频率作周期性变化，图 5-33 给出了单节扩张管式消声器消声频率特性。

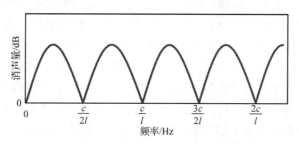

图 5-33　单节扩张管式消声器消声频率特性

当管道截面收缩 s_{21} 倍时，其消声作用与扩张 s_{21} 倍是相同的。这就说明，扩张管与收缩管在理论上并无区别。然而在实用上限于空气动力性能的要求，常用的是扩张管，因此也就称为扩张室消声器。

式(5.3.30)同时表明：当 $\sin^2(kl) = 1$ 时，即 kl 为 $\frac{\pi}{2}$ 的奇数倍时，扩张室消声器的消声量达到最大值，此时

$$L_{NR,max} = 10\lg\left[1 + \left(\frac{s_{21} - s_{12}}{2}\right)^2\right]$$ (5.3.31)

通常扩张比 s_{21} 是大于 1 的，而要取得明显的消声效果，则 s_{21} 应取 5 以上的数值。此时，式(5.3.31)可进一步近似为

$$L_{NR,max} = 20\lg s_{21} - 6$$ (5.3.32)

消声量最大的对应频率称为扩张室最大消声频率

$$f_{max} = (2n-1)\frac{c}{4l}$$ (5.3.33)

$n = 1$ 时对应第一个最大消声频率，即 $f_1 = \frac{c}{4l}$。式(5.3.33)可变形为

$$l = (2n-1)\frac{c}{4f_{max}} = (2n-1)\frac{\lambda}{4}$$ (5.3.34)

式(5.3.34)说明：当扩张室长度等于声波的 1/4 波长的奇数倍时，可以在这些频率上获得最大的消声效果。

当 $\sin(kl) = 0$ 时，即 kl 为 $\frac{\pi}{2}$ 的偶数倍时，扩张室消声器的消声量达到最小值，

$L_{NR,max} = 0$，相应的声波会无衰减地通过消声器。这是单节扩张室消声器的一个缺点。此时的相应频率称为通过频率，可由下式计算

$$f_{\min} = \frac{nc}{2l} \tag{5.3.35}$$

式(5.3.35)表明：当扩张室长度 l 等于1/2声波波长的整数倍时，其相应频率的声波会无衰减地通过，即不起消声作用。

扩张室消声器存在着上限截止频率。以上分析表明：扩张室消声器的消声量 ΔL 是随着扩张比 s_{21} 的增大而增加的，但是，这种增加不是没有限制的，当 s_{21} 值增大到一定值以后，会出现与阻性消声器的高频失效相似的情况，即声波集中在扩张室中部穿过，使消声效果急剧下降。扩张室消声器的上限截止频率通常用式(5.3.25)估算。

扩张室消声器除有上限截止频率的限制外，还存在下限截止频率。在低频范围，当波长比扩张室或连接管长度大得多时，可以把扩张室和连接管看作集中参数系统。当外来声波频率在这个系统的共振频率附近时，消声器不仅不能消声，反而会对声音起放大作用。扩张室有效消声的下限频率可用下式计算

$$f_1 = \frac{c}{\sqrt{2}\pi}\sqrt{\frac{S_2}{V_2 l}} \tag{5.3.36}$$

式中，S_2 为连接管的截面积；V_2 为扩张室的容积；l 为连接管的长度。

实际所测得的消声量 L_{NR} 往往要比由公式所计算出的消声量大，特别是当入射口处的入射声压和反射声压相位相近或相同时，这种误差最大。此时的最大消声量为

$$L_{NR,max} = 10\lg\left\{1 + \left[\frac{s_{21}-s_{12}}{2}\sin(kl)\right]^2 + \frac{s_{21}-s_{12}}{2}\sin(kl)\sqrt{1+(s_{21}-s_{12})\left[\frac{1}{2}\sin(kl)\right]^2}\right\}$$

$$\tag{5.3.37}$$

图 5-34 是扩张室消声值修正曲线。由式(5.3.37)计算出最大消声量，然后由图 5-34 查出修正值 Δ，消声器的消声值 $L_{NR} = L_{NR,max} - \Delta$。

如图 5-35 所示，单节扩张室的入口管与出口管的截面和长度都不相同，则消声量的计算公式也不同，而应修正为

$$L_{NR} = 10\lg\left\{\left[\frac{s_{32}+s_{13}}{2}\cos(kl)\right]^2 + \left[\frac{s_{21}+s_{32}}{2}\sin(kl)\right]^2\right\} \tag{5.3.38}$$

影响消声效果的主要因素是气流的作用，气流对扩张室消声器消声值的影响主要表现为降低了有效的扩张比，从而降低消声值，可用下式计算

$$L_{NR} = 10\lg\left\{1 + \left[\frac{s_{21}/(1+\alpha s_{21})}{2}\sin(kl)\right]^2\right\} \tag{5.3.39}$$

在马赫数小于1的情况下，对于扩张管 $\alpha = Ma$；对于收缩管 $\alpha = 1$。这里 Ma 为马赫数。略微复杂一点的是外接管双节扩张室消声器，如图 5-36 所示。

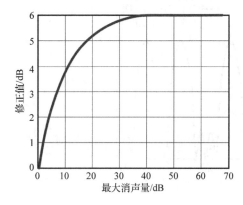

图 5-34　扩张室消声值修正曲线

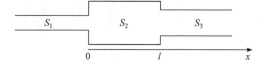

图 5-35　入口与出口管径不同的扩张室消声器
示意图

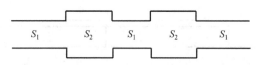

图 5-36　外接管双节扩张室消声器示意图

双节扩张室消声器的分析过程与单节扩张室消声器的推导方法完全相同，在 4 个边界处满足声压连续和体积速度连续的条件，最后可以得到它的消声量为

$$L_{\mathrm{NR}} = 10\lg\left(\alpha^2 + \beta^2\right) \tag{5.3.40}$$

式中

$$\alpha = \frac{1}{16s_{21}^2}\left\{4s_{21}\left(s_{21}+1\right)^2\cos\left[2k\left(l_1+l_2\right)\right] - 4s_{21}\left(s_{21}-1\right)^2\cos\left[2k\left(l_1-l_2\right)\right]\right\}$$

$$\beta = \frac{1}{16s_{21}^2}\left\{2\left(s_{21}^2+1\right)\left(s_{21}+1\right)^2\sin\left[2k\left(l_1+l_2\right)\right] - 2\left(s_{21}^2+1\right)\left(s_{21}-1\right)^2\sin\left[2k\left(l_1-l_2\right)\right] - 4\left(s_{21}^2-1\right)^2\sin\left(2kl_2\right)\right\}$$

双节扩张室消声器的上限频率与单节扩张室消声器相同，而它的下限截止频率为

$$f_1 = \frac{c}{2\pi}\frac{1}{\sqrt{s_{21}l_1l_2 + \dfrac{l_1}{3}\left(l_1-l_2\right)}} \tag{5.3.41}$$

图 5-37 给出了单节扩张室消声器与双节扩张室消声器的消声频率特性对比。

图 5-38 为内接管双节扩张室示意图。这类消声器的计算公式推导与前面完全相似，故不赘叙。内接管双节扩张室消声器的消声量计算公式如下

$$L_{\mathrm{NR}} = 10\lg\left(\alpha'^2 + \beta'^2\right) \tag{5.3.42}$$

式中

$$\alpha' = \cos\left(2kl_1\right) - \left(s_{21}-1\right)\sin\left(2kl_1\right)\tan\left(kl_1\right)$$

$$\beta' = \frac{1}{2}\left\{\left(s_{21}+s_{12}\right)\sin\left(2kl_1\right) + \left(s_{21}-1\right)\tan\left(kl_1\right)\left[\left(s_{21}+s_{12}\right)\cos\left(2kl_1\right) - \left(s_{21}-s_{12}\right)\right]\right\}$$

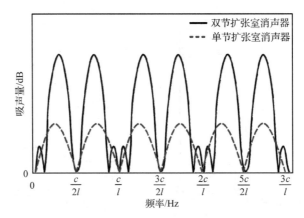

图 5-37　两种消声器消声特性对比

这种形式消声器的消声性能由扩张比、内接管长度和扩张室长度三个量决定。

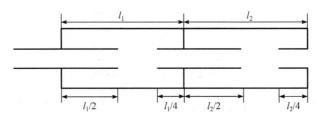

图 5-38　内接管双节扩张室示意图

扩张管消声器的消声特性是周期性变化的，即某些频率的声波能够无衰减地通过消声器。由于噪声的频率范围一般较宽，如果消声器只能消除某些频率成分，而让另一些频率成分顺利通过，这显然是不利的。为了克服扩张室消声器这一缺点，必须对扩张室消声性能进行改善处理，方法有两种：

(1) 在扩张室消声器内插入内接管，以改善它的消声性能。由理论分析可知，当插入的内接管长度等于扩张部分长度的1/2时，能消除那部分奇数倍的通过频率；当插入的内接管长度为扩张部分长度的1/4时，能消除那部分偶数倍的通过频率。这样，如果综合两者，即在扩张管消声器内从一端插入长度等于1/2倍的内接管，从另一端插入长度等于1/4倍的内接管，如图 5-39 所示，就可以得到在理论上没有通过频率的消声特性。

(2) 采用多节不同长度的扩张室串联的方法，可解决扩张室对某些频率不消声的问题，如图 5-40 所示。把各节扩张室的长度设计得互不相等，使它们的通过频率互相错开。例如，使第二节扩张室的最大消声量的频率设计得恰好为第一节扩张室消声量为 0 的通过频率。这样，多节扩张室消声器串联，不仅能提高总的消声量，而且能改善消声器的频率特性。由于各节扩张室之间有耦合现象，故总的消声量不等于各节扩张室消声量的算术相加。

在实际工程上，为了获得较高的消声效果，通常将这两种方法结合起来运用，即将几节扩张室消声器串联起来，每节扩张室的长度各不相等，同时在每节扩张室内分别插入适当的内接管，这样就可在较宽的频率范围内获得较高的消声效果。

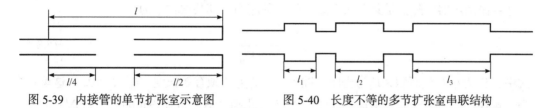

图 5-39　内接管的单节扩张室示意图　　　图 5-40　长度不等的多节扩张室串联结构

由于扩张室消声器通道截面的扩张和收缩，阻力损失将增大，特别是当气流速度较快时，空气动力性能会变坏。为了改善扩张室消声器的空气动力性能，常用穿孔管(穿孔率大于 25%)把扩张室的插入管连接起来，如图 5-41 所示。这样改革后，对气流来说，通过一段壁面带孔眼的管段比通过一段截面突变的管段，其阻力损失要小得多；而对于声波来说，由于穿孔管的穿孔率足够大，仍能近似保持其断开状态的消声性能。实验证明：这种改革除对高频消声效果有些影响外，低频基本不受影响。由于这种抗性消声器主要用于消除低、中频噪声，这种改革从实用角度来看是很可取的。

图 5-41　穿孔管

扩张室消声器的特点是：要达到一定降噪效果需要一定的横截面积扩张比。扩张消声的降噪效果与频率密切相关，波长越长，降噪效果越差；但是，当波长小于扩张腔直径时，声波直接穿过扩张腔，导致其丧失高频消声能力，这就造成了低频消声和高频消声的矛盾。目前，对扩张消声的改进主要有多腔连接式和内插式等方案。当频率大于管道截止频率在管内出现高阶声波时，在扩张腔内壁敷设消声材料，可有效地降低高频噪声分量。

亥姆霍兹共振吸声器

2. 共振腔式消声器

共振腔消声器是由管道壁开孔与外侧密闭空腔相通而构成的。典型的旁支型共振器如图 5-42 所示。

当声波的波长比共振器几何尺寸大得多时(3 倍以上)，可以把共振器看成一个集中参数系统，共振腔内的声波运动可以忽略。这时，管壁上小孔颈中的气柱类似活塞，具有一定的声质量；密闭空腔类似空气弹簧，具有一定的声顺；空气在小孔中振动与孔颈壁面存在着摩擦和阻尼作用，具有一定的声阻。这样声质量、声顺和声阻就在气流通道构成声振动系统，它们就像电学上电感、电容和电阻构成谐振电路，如图 5-43 所示。

图 5-42　共振腔消声器示意图　　　图 5-43　亥姆霍兹共振吸声器等效电路图

共振消声器实际上是共振吸声结构的一种应用，其共振频率为

$$f_r = \frac{c}{2\pi}\sqrt{\frac{S_0}{Vl_0'}} \tag{5.3.43}$$

式中，S_0 为小孔截面积；V 为密闭空腔容积；l_0' 为孔颈有效长度，$l_0' = l_0 + \Delta l$，这里 l_0 为小孔颈长，如为穿孔板，则 l_0 为板厚，Δl 为修正项，对于直径为 d 的圆孔，$\Delta l = 0.8d$。

定义传导率 $G = \dfrac{S_0}{l_0'}$，对于圆孔得到

$$G = \frac{S_0}{l_0'} = \frac{\pi(d/2)^2}{1+0.8d} \tag{5.3.44}$$

工程上的共振器很少是开一个孔的，而是由多个孔组成，此时应注意各孔之间要有足够大的距离。当孔心距为孔径的 5 倍以上时，各孔间的声辐射互不干涉，此时总的传导率等于各个孔的传导率之和，即 $G_{总} = nG$。

如图 5-44 所示，当某些频率的声波到达分支点时，由于声阻抗发生突变，大部分声能向声源反射回去，还有一部分声能由于共振器的摩擦阻尼转化为热能而散失掉，只剩下一小部分声能通过分支点继续向前传播，从而达到消声的目的。

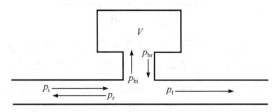

图 5-44　共振消声原理

设在分支点处的入射声压为 p_i，反射声压为 p_r，透射声压为 p_t，孔颈处的入射和反射声压分别为 p_{bi} 和 p_{br}，根据声压连续条件可知

$$p_i + p_r = p_t = p_{bi} + p_{br} \tag{5.3.45}$$

设管道截面为 S，共振器的声阻抗为 Z，根据体积速度连续的条件可知

$$\frac{S}{\rho_0 c}(p_i - p_r) = \frac{S}{\rho_0 c}p_t + \frac{p_{bi}+p_{br}}{Z} \tag{5.3.46}$$

联立式(5.3.45)和式(5.3.46)，可以得到

$$\frac{p_{iA}}{p_{tA}} = 1 + \frac{\rho_0 c}{2SZ} \tag{5.3.47}$$

而共振器的声阻抗已知，为

$$Z = R_A + \mathrm{j}\frac{\rho_0 c}{\sqrt{GV}}\left(\frac{f}{f_r} - \frac{f_r}{f}\right) \tag{5.3.48}$$

式中，R_A 为声阻。

为简便计，引入参数 $\alpha = \dfrac{S}{\rho_0 c} R_A$ 和 $K = \dfrac{\sqrt{GV}}{2S} = \dfrac{\pi f_r V}{cS}$，以及 $z = \dfrac{f}{f_r}$，则得到共振器的消声量为

$$L_{NR} = 10\lg\left|\frac{p_{iA}}{p_{tA}}\right|^2 = 10\lg\left[1 + \frac{\alpha + 0.25}{\alpha^2 + \dfrac{1}{4K^2}\left(z - \dfrac{1}{z}\right)^2}\right] \tag{5.3.49}$$

计算共振器的声阻值 R_A 很复杂，在通常情况下，当孔附近不加阻性的吸声材料时，声阻是很小的，一般可忽略，因而 α 值也可忽略。当忽略共振器声阻时，式(5.3.49)可简化为如下共振腔消声器的消声量计算公式

$$L_{NR} = 10\lg\left[1 + \frac{K^2}{(z - 1/z)^2}\right] \tag{5.3.50}$$

由式(5.3.50)可见：这种消声器具有明确的选择性。即当外来声波频率与共振器的固有频率相一致时，共振器就产生共振。共振器组成的声振系统的作用最显著，使沿通道继续传播的声波衰减最厉害。因此，共振腔消声器在共振频率及其附近有最大的消声量。而当偏离共振频率时，消声量将迅速下降。这就是说，共振腔消声器只在一个狭窄的频率范围内才有较佳的消声性能。因此，它适于消除在某些频率上带有峰值的噪声。若把共振消声器的共振频率设计得恰好等于峰值频率，就能把噪声中这个峰值降低，取得显著效果。

式(5.3.50)用于计算单个频率的消声量，实际上一般噪声的频谱都是宽频带的，所以在实际中往往需求在某个频带内的消声量。工程上常使用1/1倍频程与1/3倍频程。对于计算这两种频带宽度下的共振消声器的消声量，式(5.3.50)还可简化。

对1/1倍频程

$$L_{NR} = 10\lg\left(1 + 2K^2\right) \tag{5.3.51}$$

对1/3倍频程

$$L_{NR} = 10\lg\left(1 + 19K^2\right) \tag{5.3.52}$$

共振腔消声器也可以做成同轴型，如图 5-45 所示，其消声量为

$$L_{NR} = 10\lg\left[1 + \frac{1}{4}\frac{\dfrac{S_0}{S}}{\dfrac{S_0}{KG} - \dfrac{S_c}{S_0 c \tan(kl_c)}}\right] \tag{5.3.53}$$

式中，S_0 为管壁上开的小孔截面积，S 为内管通道截面积，S_c 为同心的空腔部分截面；l_c 为有关长度(如果孔开在空腔中心附近，则 $l_c = l/2$，l 为空腔长度)；G 为传导率。如果开 n 个孔，则

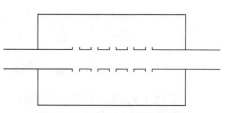

图 5-45　同轴型共振腔消声器

$$G = 1.5 \sum_{i=1}^{n} G_i$$ ，G_i 为一个孔的传导率；K 值同前。

从外形上看，同轴型共振消声器与带内接管的扩张室消声器很相似，特别是与为了改善扩张室消声器空气动力性能而把内接管用穿孔管连起来时，二者更为相似。事实上两者的消声性能也相似。

共振腔消声器上所开的孔一般是圆形的，也可以是方形的、矩形的，也有的是狭长形的。孔为狭长形的消声器在现场用得很多，称为狭缝共振器。上述有关共振消声器的一些计算公式也适用于狭缝共振器。只是由于开的孔由圆孔变成狭缝，传导率的计算上略有区别。狭缝共振器的传导率为

$$G = \frac{ab}{h + l_e} = \frac{a}{h/b + l_e/b} \tag{5.3.54}$$

式中，a 为条缝长度；b 为条缝宽度；h 为条缝的深度；l_e 为条缝深度的修正量。

利用式(5.3.54)求狭缝共振器的传导率，关键是求出具体条件下的修正系数 l_e/b，该修正系数与 b/B 及 B/A 有关(B 是相邻两条缝中心距离，A 是空腔的深度)。表 5-10 给出当 $B < 0.5\lambda$ 时的 l_e/b 值，供参考查用。

表 5-10　修正系数 l_e / b 与 b / B 、B / A 的关系

B/A ＼ b/B	0.01	0.02	0.03	0.05	0.10	0.20	0.30	0.40	0.50
50	5.84	5.39	5.12	4.73	4.08	3.10	2.34	1.71	1.19
40	5.08	4.63	4.36	4.00	3.42	2.57	1.97	1.41	0.978
30	4.33	3.88	3.62	3.28	2.76	2.05	1.53	1.12	0.772
20	3.62	3.17	2.91	2.59	2.13	1.54	1.14	0.822	0.568
10	3.00	2.56	2.31	1.99	1.56	1.06	0.767	0.548	0.378
5	2.76	2.32	2.07	1.75	1.33	0.869	0.601	0.431	0.295
0	2.70	2.26	2.01	1.69	1.27	0.816	0.567	0.297	0.271

应该注意，为了使消声量的理论值与实际值一致，应使条缝垂直于消声器通道内声波的传播方向，而不要平行于这个方向。

共振腔消声器的消声频率范围窄，为了弥补这一缺陷，有以下三种方法：

(1) 选择较大的 K 值。以上分析表明：在偏离共振频率时，共振消声器的消声量与 L_{NR} 值有关，K 值越大，消声量也越大。K 值增大，还能改善共振吸声的频带宽度；但是，K 值增大，消声器体积也增大，有时在现场实施是有困难的。

(2) 增加共振腔消声器的摩擦阻尼。以上分析表明：通过增加摩擦阻尼能提高消声频带宽度。在共振频率上，消声量也不会无限增大，而是一个有限的数值，即

$$L_{NR} = 10\lg\left(1 + \frac{\alpha + 0.25}{\alpha^2}\right) \approx 10\lg\left(1 + \frac{1}{4\alpha}\right) \tag{5.3.55}$$

由式(5.3.55)可以看出，共振腔消声器的声阻越大，α 值也越大，在共振频率上消声量也就越低。但是，在偏离共振频率时，声阻能使消声量降低趋向缓慢。也就是说，增

加共振器的阻尼，对于共振频率处的消声不利，却能使有效的消声频率范围得以加宽。由于噪声多是宽频带的，因此从总体看来，增加声阻往往是有好处的。在孔颈处衬贴薄而透声的材料，或在共振腔内填充一些吸声材料，使共振系统具有适当的声阻，能降低共振频率，增加共振吸声峰的宽度，改善消声特性。不过由于声阻不易严格控制，盲目增加声阻并不能达到预期效果。若在共振消声器内壁未穿孔的地方装置吸声材料，组成阻性-共振复合式消声器，则能在很宽的频率范围内获得消声效果。

(3) 采取多节共振器串并联。把具有不同共振频率的 n 节共振消声器串并联起来，并使各个消声器的共振频率互相错开，能在较宽的频率范围内获得较大的消声量。如图 5-46 所示为多节共振腔消声器串联模式。

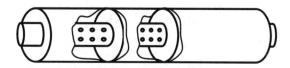

图 5-46　多节共振腔消声器串联模式

多节共振器串联时，总的消声量并不等于各个共振器消声量之和，这是因为多节串联情况较复杂。例如，后节对前节末端往往有声反射，各节互相之间有耦合作用，等等。

气流对共振消声器性能有一定影响，一般可由下式定量计算

$$L_{NR} = 10\lg\left[1 + \frac{\left(1-Ma^2\right)^2 + \dfrac{16}{3\pi}\dfrac{\left(1-Ma^2\right)SMa}{n\pi d^2}}{\left(\dfrac{8}{3\pi}\dfrac{SMa}{n\pi d^2}\right)^2 + \left(\dfrac{2S}{\sqrt{GV}}\right)^2\left(\dfrac{f}{f_r}-\dfrac{f_r}{f}\right)^2} \right] \qquad (5.3.56)$$

式中，Ma 为马赫数；S 为消声器通道截面积；n 为共振消声器上开的小孔数；d 为共振消声器上开孔之孔径；V 为共振器的体积；G 为传导率。

3. 旁路管式消声器

旁路管消声器利用旁路支管的反相声波抵消主管内的噪声。采用设计多支不同长度旁路管并列的消声器，实现消声频率范围的扩展。

经典的旁路消声器是在管道上布置一个或多个旁路管，声波在旁路起点分为两路。沿主管道的声程为 kl_1，沿旁路的声程为 kl_2，若 $kl_1 - kl_2 = (m-1)\pi$，则旁路中的声波与主管道中的声波在旁路终点相互抵消，起到消声的作用。旁路管消声器具有较强的频率选择性，为了提高消声的有效带宽，往往采用多个长短不一的并列旁路管。对于水介质来说，由于声波波长较大，要使旁路与主管道中声波的相位差达到 π，旁路管需要较大长度，因而降低了实际使用价值。这就是空气管道中常采用旁路管消声，而水管道中难以采用旁路管消声的主要原因。

主管道和旁路支管的声程差不仅取决于它们的流道长度差，还取决于主管和旁路支管中的波数。在频率一定的条件下，波数的大小由流道内传播声速所决定。空气管道中，在流速较低的条件下，气体和管壁振动耦合较弱，一般认为管壁为刚性；而对水介质管

道，当管壁刚度较大时，水介质和管壁的振动耦合较弱，管道中传播的声波速度接近于 1500m/s；而当管壁的刚度较低时，水介质和管壁耦合振动将改变声在管道传播的边界条件，使轴向声传播波数受壁面边界的影响。因此，将旁路管的流道管壁设计为低刚度结构，使声波传播速度比主管的声传播速度低，这样，在相同频率的条件下，要使主管道和旁路管的相位差为 π，旁路管长度可以大幅缩短。

针对水介质管道中的平面波，建立图 5-47 所示的理论模型，设主管道截面为 S_1，长度为 l_1，主管内介质的传播声速为 c_1；旁路管截面为 S_2，长度为 l_2，管内传播声速为 c_2。主管道和旁路管中的声波表达式为

$$
\begin{cases}
p_1 = A\mathrm{e}^{-jk_1x} + B\mathrm{e}^{jk_1x} \\
p_2 = C\mathrm{e}^{-jk_1x} + D\mathrm{e}^{jk_1x} \\
p_3 = E\mathrm{e}^{-jk_2x} + F\mathrm{e}^{jk_2x} \\
p_4 = G\mathrm{e}^{-jk_1x}
\end{cases}
\tag{5.3.57}
$$

式中，p_1 为管道入口端声压，p_2 为旁路管的声压，p_3 为主管道的声压，p_4 为出口段无反射的透射声压；$k_1 = \omega/c_1$，$k_2 = \omega/c_2$，分别为主管和旁路管的传播波数。系数 $A\sim G$ 为与频率相关的变量。

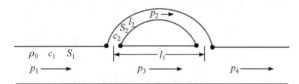

图 5-47　旁路管消声器原理示意图

相应的管内流体的质点速度为

$$
\begin{cases}
v_1 = \dfrac{A}{\rho c_1}\mathrm{e}^{-jk_1x} - \dfrac{B}{\rho c_1}\mathrm{e}^{jk_1x} \\[2mm]
v_2 = \dfrac{C}{\rho c_1}\mathrm{e}^{-jk_1x} - \dfrac{D}{\rho c_1}\mathrm{e}^{jk_1x} \\[2mm]
v_2 = \dfrac{E}{\rho c_1}\mathrm{e}^{-jk_1x} - \dfrac{F}{\rho c_1}\mathrm{e}^{jk_1x} \\[2mm]
v_4 = \dfrac{G}{\rho c_1}\mathrm{e}^{-jk_1x}
\end{cases}
\tag{5.3.58}
$$

式中，ρ 为主管道和旁路管中声介质的密度。

在旁路管入口面满足声压相等和体积速度相等的边界条件

$$
\begin{cases}
p_1\big|_{x=0} = p_2\big|_{x=0} = p_3\big|_{x=0} \\
S_1 v_1\big|_{x=0} = (S_1 v_2 + S_2 v_3)\big|_{x=0}
\end{cases}
\tag{5.3.59}
$$

在旁路管出口面满足声压相等和体积速度相等的边界条件

$$\begin{cases} p_1|_{x=l_1} = p_3|_{x=l_2} = p_4|_{x=0} \\ S_1 v_1|_{x=l_1} + S_2 v_3|_{x=l_2} = S_1 v_4|_{x=0} \end{cases} \tag{5.3.60}$$

旁路管产生的传输损失为

$$TL = 20\lg|\tau| \tag{5.3.61}$$

式中

$$\tau = \left(\begin{bmatrix} \cos(k_1 l_1)\sin(k_2 l_2) + \dfrac{n}{m}\sin(k_1 l_1)\cos(k_2 l_2) \end{bmatrix} + \\ j\left\{ \left(\dfrac{1}{2}\dfrac{n^2}{m^2} + 1 \right)\sin(k_1 l_1)\sin(k_2 l_2) + \dfrac{n}{m}\big[1 - \cos(k_1 l_1)\cos(k_2 l_2)\big] \right\} \right) \bigg/ \left[\sin(k_2 l_2) + \dfrac{n}{m}\sin(k_1 l_1) \right]$$

当主管和旁路管满足 $l_1 = l_2 = l$, $c_1 = c_2 = c_0$ 时,式(5.3.61)可简化为

$$TL = 20\lg\left| \cos(kl) + \dfrac{j}{2}\left[(s_{21} + 1) + \dfrac{1}{s_{21} + 1} \right]\sin(kl) \right| \tag{5.3.62}$$

式中, $s_{21} = S_2/S_1$ 。

旁路管中声速的详细计算比较复杂,直接引用文献的估算公式

$$c_2 = \dfrac{c_0}{\sqrt{1 + \dfrac{\rho_0 c_0^2}{E}\dfrac{d}{t}}} \tag{5.3.63}$$

式中, E 为管道材料的杨氏模量; d 和 t 分别为管道的直径和壁厚; c_0 为水介质的自由传播声速; ρ_0 为水介质密度。

除扩张室、共振腔及旁路管消声器外,抗性消声器还包括避振喉、柔性壁面消声器、鼓式消声器、声阻抗渐变消声器及消音静压箱等消音结构。其中,避振喉利用其与管道壁面阻抗不一致,当管内声波通过接管时声速发生变化而引起阻抗失配,从而起到一定的消声作用。但是,在管内压力较高时,管壁动刚度增加,其降噪效果变差甚至消失。柔性壁面消声器利用绝对柔软壁面下管中的声波传播以高阶波的形式传播,不存在平面波的现象,实现在截止频率以下,在传播平面波的刚性壁圆管中插入一端柔性壁圆管,人为破坏管内平面波的传播条件,实现管中平面波传播的有效抑制。为承受一定的管内流体压力和防止向外部空间的辐射声,在膜外两侧加装扩张腔体,即为鼓式消声器。典型的柔性壁扩展腔式消声器构型与扩张腔在外部结构上相似,区别在于其内壁为有预张力的薄膜,薄膜背后为空腔,入射声波激励薄膜振动,在低频段产生噪声反射,柔性壁扩张腔式消声器具有较好的低、中频宽带消声性能。而声阻抗渐变消声由人耳耳蜗声阻抗渐变能够有效消除进入内耳的声波得到启示,通过分段改变消声器管壁壁厚或者改变管壁柔性层的宽度,实现管内声传播速度的分段变化,实现声阻抗渐变消声。这种消声器不仅利用了柔性壁面的消声原理,还利用了声阻抗渐变,使声波在消声器内多重反射,更加有效地实现消声。

5.3.5　阻抗复合式消声器

阻性消声器对中、高频噪声消声效果好，而抗性消声器适用于消除低、中频噪声。在工业生产中碰到的噪声多是宽频带的，即低、中、高各频段的声压级都较高。在实际消声中，为了在低、中、高的宽广频率范围获得较好的消声效果，常采用阻抗复合式消声器。

阻抗复合式消声器是按阻性与抗性两种消声原理通过适当结构复合起来而构成的。常用的阻抗复合式消声器有阻性-扩张室复合式消声器、阻性-共振腔复合式消声器、阻性-扩张室-共振腔复合式消声器以及微穿孔板消声器。在噪声控制工作中，对一些高强度的宽频带噪声，几乎都采用这几种复合式消声器来消除，图 5-48 所示是常见的一些阻抗复合式消声器。

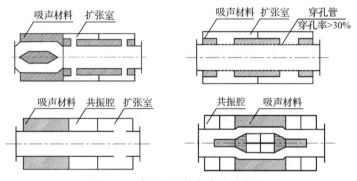

图 5-48　常见的阻抗复合式消声器

阻抗复合式消声器可以认为是阻性与抗性在同一频带的消声值相迭加。但由于声波在传播过程中具有反射、绕射、折射、干涉等特性，因此其消声值并不是简单的迭加关系。对于波长较长的声波来说，当消声器以阻与抗的形式复合在一起时有声的耦合作用。在实际应用中，阻抗复合式消声器的消声值通常由实验或实际测量确定。

阻抗复合在一起，可在低、中、高频范围均获得良好的消声效果，在试验台上可分别测试消声器的静态和动态消声性能。静态试验指不带气流，只用白噪声做声源，这样可扣除气流对消声性能的影响而测得消声器实际的消声能力；动态试验是指送气流后的消声性能，分别测试 20m/s 、40m/s 、60m/s 下的声学性能及空气动力性能。动态消声值随着气流速度的增高而逐渐下降。

微穿孔板消声器是一种特殊的消声结构，它利用微穿孔板吸声结构而制成，是我国噪声控制工作者研制成功的一种新型消声器。通过选择微穿孔板上的不同穿孔率与板后的不同腔深，能够在较宽的频率范围内获得良好的消声效果。因此，微穿孔板消声器能起到阻抗复合式消声器的消声作用。

微穿孔板消声器的理论计算模型如图 5-49 所示。当管中无气流时，可得到质量守恒和轴向动量守恒两个方程

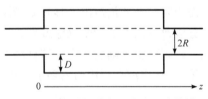

图 5-49　微穿孔板消声器的理论计算模型

$$\rho_0 \frac{\partial W(z,t)}{\partial z} + \frac{2}{R} \rho_0 v(z,t) = -\frac{\partial p(z,t)}{\partial t} \tag{5.3.64}$$

$$\rho_0 \frac{\partial W(z,t)}{\partial t} = -\frac{\partial p(z,t)}{\partial z} \tag{5.3.65}$$

式中，$v(z,t)$ 是管壁上(即 $r=R$ 处)的径向速度，其值由边界上的条件确定。

再考虑物态方程，便得到穿孔管中的波动方程

$$\frac{\partial^2 p(z,t)}{\partial z^2} - \frac{1}{c^2} \frac{\partial^2 p(z,t)}{\partial t^2} = \frac{2}{R} \rho_0 \frac{\partial v(z,t)}{\partial t} \tag{5.3.66}$$

在穿孔板壁面处，应满足

$$p(z,t) = v(z,t) \rho_0 c \xi \tag{5.3.67}$$

式中，ξ 为壁面法向相对声阻抗率。

必须指出，之所以采用穿孔板壁面的声阻抗率是基于这样的假定：当孔间距远远小于波长时，可认为壁面具有均匀的阻抗。

不妨假设上游的入射波波幅为 p_{iA}、反射波波幅为 p_{rA}，而下游的透射波波幅为 p_{tA}，根据消声器两端分别满足声压连续和体积速度连续，可以得到

$$\frac{p_{iA}}{p_{tA}} = \frac{(g+1)^2}{4g} e^{jk_z z} - \frac{(g-1)^2}{4g} e^{-jk_z z} \approx \frac{(g+1)^2}{4g} e^{jk_z z} \tag{5.3.68}$$

式中，$g = k_z / k$。

对于任意截面的微穿孔板消声器，其消声量公式为

$$L_{NR} = 6.14l \sqrt{\left\{ \frac{Fkx}{S(r^2+x^2)} - k^2 + \sqrt{\left[\frac{Fkx}{S(r^2+x^2)} - k^2 \right]^2 + \left[\frac{Fkx}{S(r^2+x^2)} \right]^2} \right\}} \tag{5.3.69}$$

式中，F 为截面周长；S 为截面面积；l 为穿孔板管段长度；k 为波数；r 为微穿孔板壁面的声阻率；x 为微穿孔板壁面的声抗率。在一定条件下，式(5.3.69)可适当化简和近似，则

$$L_{NR} = \sqrt{\frac{R}{\sigma}} \frac{lr}{R(r^2+x^2) - \dfrac{x}{k}} \tag{5.3.70}$$

式中，R 为内管半径；σ 为微穿孔板的穿孔率。

对于双层微孔板消声器，是两层微孔板串联，其修正系数为

$$\sqrt{\frac{R}{\sigma}} = \sqrt{\frac{R}{\sigma_1} + \frac{R}{\sigma_2}} \tag{5.3.71}$$

经过适当的组合，微穿孔板消声器能够在一个宽阔的频率范围内或在某些特定的频率范围内得到高的消声量，而且阻损可以控制到很小。此外，它能够耐高温和气流冲击，不怕油雾和水蒸气，受到短期的火焰喷射也不至于损坏，这对于蒸气排气放空系统、内燃机、燃气轮机以及发动机试验站的排气系统的消声是很有意义的。

　　在高速气流下，微穿孔板消声器具有比阻性消声器、扩张室消声器、阻抗复合消声器更好的消声性能和空气动力性能。这对于高速送风系统、消声器内流速高的空气动力设备是有益的。由于在很高速气流下，微穿孔板消声器还有一定的消声性能，这对于大型空气动力设备的消声器可以较大幅度地减小尺寸，降低造价。对于要求洁净的场所，由于微穿孔板消声器中没有玻璃棉之类纤维材料，使用后可以不必担心粉屑吹入房间，同时，施工、维修都方便得多。以微穿孔板吸声结构作为元件组成的复合消声器也有较好的消声效果。

5.3.6　高频失效原理

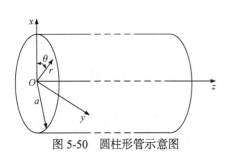

图 5-50　圆柱形管示意图

　　设有一半径为 a 的圆柱形管，一端延伸到无限远。圆柱形管的声波方程应以柱坐标系描述。设管的径向坐标为 r，极角为 θ，管轴用 z 来表示，示意如图 5-50 所示。直角坐标与柱坐标之间有如下关系

$$\begin{cases} x = r\cos\theta \\ y = r\sin\theta \end{cases} \tag{5.3.72}$$

　　而柱坐标系的拉普拉斯算符可表示为

$$\nabla^2 = \frac{1}{r}\frac{\partial}{\partial r}\left(r\frac{\partial}{\partial r}\right) + \frac{1}{r^2}\frac{\partial^2}{\partial\theta^2} + \frac{\partial^2}{\partial z^2} \tag{5.3.73}$$

　　于是三维声波动方程就可变换为

$$\frac{1}{r}\frac{\partial}{\partial r}\left(r\frac{\partial p}{\partial r}\right) + \frac{1}{r^2}\frac{\partial^2 p}{\partial\theta^2} + \frac{\partial^2 p}{\partial z^2} = \frac{1}{c^2}\frac{\partial^2 p}{\partial t^2} \tag{5.3.74}$$

　　根据分离变量法，令解 $p(r,\theta,z,t) = R(r)\Theta(\theta)Z(z)\mathrm{e}^{\mathrm{j}\omega t}$。将其代入式(5.3.74)可得如下三个常微分方程

$$\begin{cases} \dfrac{\mathrm{d}^2 Z}{\mathrm{d}z^2} + k_z^2 Z = 0 \\[2mm] \dfrac{\mathrm{d}^2\Theta}{\mathrm{d}\theta^2} + m^2\Theta = 0 \\[2mm] \dfrac{\mathrm{d}^2 R}{\mathrm{d}r^2} + \dfrac{1}{r}\dfrac{\mathrm{d}R}{\mathrm{d}r} + \left(k_r^2 - \dfrac{m^2}{r^2}\right)R = 0 \end{cases} \tag{5.3.75}$$

其中

$$k^2 = \frac{\omega^2}{c^2} = k_z^2 + k_r^2 \tag{5.3.76}$$

　　由于圆柱管道向无限远处延伸，对于 Z 的方程可取行波解

$$Z_z = A_z\mathrm{e}^{-\mathrm{j}k_z z} \tag{5.3.77}$$

对于 Θ 的方程可取解为

$$\Theta(\theta) = A_\theta \cos(m\theta + \varphi_m) \tag{5.3.78}$$

因为 $\Theta(\theta) = \Theta(\theta + 2\pi)$ 的关系应该满足，所以式(5.3.78)中 m 一定要为正整数。

对于式(5.3.75)中 R 的方程作适当变换，令 $k_r r = x$，则相应方程化为

$$\frac{\mathrm{d}^2 R}{\mathrm{d}x^2} + \frac{1}{x}\frac{\mathrm{d}R}{\mathrm{d}x} + \left(1 - \frac{m^2}{x^2}\right)R = 0 \tag{5.3.79}$$

这是一个标准的 m 阶贝塞尔方程，其一般解可表示为

$$R(k_r r) = A_r J_m(k_r r) + B_r N_m(k_r r) \tag{5.3.80}$$

这里 $J_m(k_r r)$ 与 $N_m(k_r r)$ 分别代表总量为 $(k_r r)$ 的 m 阶柱贝塞尔函数与柱诺伊曼函数。按照柱诺伊曼函数在零点发散的性质，式中应取 $B_r = 0$，于是式(5.3.80)简化为

$$R(k_r r) = A_r J_m(k_r r) \tag{5.3.81}$$

由此求得管中声压解为

$$p_m = A_m J_m(k_r r)\cos(m\theta - \varphi_m)\mathrm{e}^{\mathrm{j}(\omega t - k_z z)} \tag{5.3.82}$$

由运动方程 $\mathrm{j}\rho\omega U_r = -\dfrac{\partial p}{\partial r}$ 可求得对应的径向速度为

$$v_{rm} = \frac{\mathrm{j}}{\rho_0 \omega}\frac{\partial p_m}{\partial r} = A_m \frac{\mathrm{j}k_r}{\rho_0 \omega}\left[\frac{\mathrm{d}J_m(k_r r)}{\mathrm{d}(k_r r)}\right]\cos(m\theta - \phi_m)\mathrm{e}^{\mathrm{j}(\omega t - k_z z)} \tag{5.3.83}$$

设管壁为刚性，即在 $r = a$ 处有 $v_r = 0$，由此条件可得如下关系

$$\left[\frac{\mathrm{d}J_m(k_r r)}{\mathrm{d}(k_r r)}\right]_{(r=a)} = 0 \tag{5.3.84}$$

按照贝塞尔函数的递推关系

$$\begin{cases} \dfrac{\mathrm{d}J_m(x)}{\mathrm{d}(x)} = \dfrac{1}{2}\left[J_{m-1}(x) - J_{m+1}(x)\right] \\[2mm] \dfrac{\mathrm{d}J_0(x)}{\mathrm{d}(x)} = -J_1(x) \end{cases} \tag{5.3.85}$$

可获得圆柱声波导的本征方程

$$\begin{cases} J_{m-1}(k_r a) = J_{m+1}(k_r a) & m > 0 \\ J_1(k_r a) = 0 & m = 0 \end{cases} \tag{5.3.86}$$

式(5.3.86)部分根值如表 5-11 所列。

表 5-11　圆柱声波导本征值

$k_r a = k_{mn}a$	$m = 0$	$m = 1$	$m = 2$
$n = 0$	0	1.841	3.054
$n = 1$	3.832	5.322	6.705
$n = 2$	7.015	8.536	9.965

在刚性壁条件下，k_r 应有一系列特定的数值，此特定值可用下标 m 与 n 两个正整数表示，这里写成 $k_r = k_{mn}$。在 $k > k_{mn}$ 时声压解可写成如下形式

$$p_{mn} = A_{mn} \cos(m\theta - \phi_m) J_m(k_{mn}r) e^{j(\omega t - k_z z)} \tag{5.3.87}$$

式中，$k_z = \sqrt{k^2 - k_{mn}^2}$。

当 $k < k_{mn}$ 时，圆柱管中存在非传播形式的高次模式，这些高次模式会随距离衰减，此时声压解可写成如下形式

$$p_{mn} = A_{mn} \cos(m\theta - \varphi_m) e^{-\alpha_{mn} z} J_m(k_{mn}r) e^{j\omega t} \tag{5.3.88}$$

式中，$\alpha_{mn} = \sqrt{k_{mn}^2 - k^2}$。此时，轴向波数 $k_z = -j\sqrt{k_{mn}^2 - k^2}$。

当波导管的声源进行极轴对称振动时，即波导管中的声压与极角 θ 无关，因此可以取 $m = 0$，当 $k > k_n$ 时得到声压解为

$$p_n = A_n J_0(k_n r) e^{j(\omega t - k_z z)} \tag{5.3.89}$$

式中，$k_z = \sqrt{k^2 - k_n^2}$。

同理，当 $k < k_n$ 时声压解可表示为

$$p_n = A_n e^{-\alpha_n z} J_0(k_n r) e^{j\omega t} \tag{5.3.90}$$

式中，$\alpha_n = \sqrt{k_n^2 - k^2}$。此时，轴向波数 $k_z = -j\sqrt{k_n^2 - k^2}$。

与矩形管类似，可以得到圆柱形声波导管的截止频率为

$$f_c = f_{10} = 1.841 \frac{c_0}{2\pi a} \tag{5.3.91}$$

如果已知声源做极轴对称的振动，则 $m = 0$，可以确定

$$f_c = f_{01} = 3.832 \frac{c_0}{2\pi a} \tag{5.3.92}$$

当频率高于声波导管截止频率时，高阶模态能够无衰减传播下去。利用二维理论分析单通道直管阻性消声器消声性能时，单通道直管消声器的通道截面不宜太大。如果太大，高频声的消声效果显著下降。这是因为对于给定的消声器通道来说，当频率高到一定数值，声波在消声器中传播便不符合平面声波的条件了。前面提到过的消声量计算公式都是在平面波的条件下推导出来的。也就是说声波在消声器中同一截面上各点声压或声强是近似相等的。如果消声器通道截面过大，当声波频率高到一定数值时，声波将以窄束状通过消声器，而很少或根本不与吸声材料饰面接触，消声器的消声效果明显下降。当声波波长小于通道截面尺寸的一半时，消声效果便开始下降，把消声量开始下降的频率称为高频失效频率。高频失效频率的经验估算式如下

$$f_e = 1.85 \frac{c}{d} \tag{5.3.93}$$

式中，c 为声速；$\bar{d}$ 为消声器通道截面边长，圆形通道的 $\bar{d}$ 就是截面直径。

当频率高于失效频率 f_e 以后，每增加一个倍频带，其消声量约比在失效频率处的消声量下降1/3 。高于失效频率时消声量估算公式为

$$L'_{NR} = \left(1 - \frac{n}{3}\right)L_{NR} \qquad (5.3.94)$$

式中，L_{NR} 为失效频率处的消声量；n 表示高于失效频率的倍频程带数。

由于高频失效频率的存在，设计消声器就出现一个问题，即：对于小风量粗管道，其消声器可以设计成单管的直管式消声器；而对风量较大的粗管道，则不能如此设计，否则，由式(5.3.94)可知，高频消声效果将显著降低。

为了在通道截面较大的情况下也能在中、高频范围获得好的消声效果，通常采取在管道中加吸声片或设计成另外的结构形式。如果通道管径小于300mm，可设计成单通道的直管式；如果通道管径大于 300mm 而小于 500mm，可在通道中间设置几片吸声层或一个吸声圆柱；如果通道尺寸大于 500mm，就要设计成片式、折板式、声流式、蜂窝式、弯头式和迷宫式等结构。

1) 片式消声器

片式消声器如图 5-51 所示。片式消声器实际上是一组管式消声器的组合，由于把通道分成若干个小通道，每个小通道截面小了，就能提高上限失效频率，解决了管式消声器不能用于大断面风道的问题；同时，因为增加了吸声材料饰面表面积，则消声量也会相应增加。片式消声器构造简单，阻力小，对中、高频噪声的吸声效果好，但是应注意这类消声器中的空气流速不能太高，以免气流产生的紊流噪声使消声器失效。

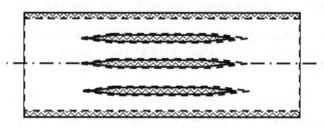

图 5-51　片式消声器示意图

设计片式消声器时，每个小通道的尺寸都相同，这样，其中一个通道的消声频率特性也就代表了整个消声器的消声特性。它的消声量可用式(5.3.10)计算。对图 5-51 所示的片式消声器，还可作如下简化

$$L_{NR} = \psi'(\alpha_0)\frac{P}{S}L = 2\psi'(\alpha_0)\frac{l}{a} \qquad (5.3.95)$$

式中，l 为消声器的有效长度；a 为气流通道的宽度(分离的相邻两片之间的距离)。从式(5.3.95)可以看出，片式消声器的消声量与每个通道的宽度 a 有关，a 越小，ΔL 越大，ΔL 与通道的数目和高度没有什么关系。片式消声器的相邻两块消声片通常并成一片，中间消声片的厚度 T 为边缘消声片厚度 t 的两倍。工程上设计片式消声器时，通道宽度通常取 100～200mm，片厚 T 在 60～150mm 之间选取。

2) 折板式、声流式、蜂窝式消声器

折板式消声器如图 5-52 所示，它实际上是片式消声器的变种。为了提高其高频消声性能，把直片做成折弯状，这样能增加声波在消声器内反射次数，即增加吸声层与声波的接触机会，从而提高消声效果。为了减小阻损，其折角做得小一些为好。

声流式消声器是由折板式消声器改进的，这种消声器把吸声层制成正弦波形。当声波通过时，增加反射次数，故能改善消声性能。与折板式比较，它能使气流通畅流过，减少阻损。其缺点是加工复杂，造价高。

蜂窝式消声器如图 5-53 所示，它实际上是由许多平行的小直管式消声器并联而成。蜂窝式消声器的消声量可用式(5.3.10)获得。但由于它是多个通道并联，而且每个通道的尺寸基本相同，即每个通道消声特性一样，因此蜂窝式消声器的消声量只算其中的一个小管即可。

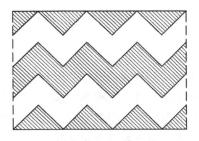

图 5-52　折板式消声器示意图

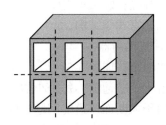

图 5-53　蜂窝式消声器示意图

蜂窝式消声器对中、高频声波的消声效果好，但其结构复杂，阻损较大。对每个单元通道最好控制在 $(300\times300)mm^2$ 以下。如果按原通道流截面设计消声器，为了减小阻力损失，蜂窝式消声器的通流截面可选为原管道通流截面的 1.5～2 倍。

3) 弯头消声器

工厂中的输气管道常有弯头。如果在弯头上挂贴吸声衬里，即构成弯头消声器，会收到显著的消声效果。图 5-54 可定性说明弯头消声原理。图(a)为没有挂贴吸声衬里的弯管，管壁基本上是近似刚性的，声波在管道中虽有多次反射，最后仍可通过弯头传播过去。因此，无衬里弯头的消声作用是有限的。图(b)为衬贴吸声材料的弯头。在弯头前的平面 B 处主要存在轴向波，对于斜向波，在由平面 A 至平面 B 的途中都会被衬里吸收掉。轴向波到达垂直管道时，由于弯头壁面的吸收和反射作用，轴向波的一部分被吸收掉，另一部分被反射回声源，其余部分转换为垂直方向继续向前传播。

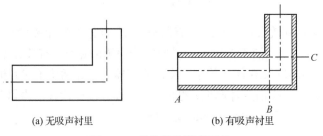

(a) 无吸声衬里　　　　(b) 有吸声衬里

图 5-54　直角弯头消声原理

弯头消声器在低频段的消声效果较差，在高频段消声效果好，特别是满足 $\frac{d}{\lambda} \geqslant 0.5$ 的频率，消声效果将迅速提高。这里，d 为弯头的通道宽度，λ 为声波波长。在高频范围，有吸声衬里的弯头与同样长的无衬里弯头相比，其消声效果可高出 10dB 左右。弯头上衬贴吸声材料的长度一般取相当于管道截面尺寸的 2～4 倍。另一种消声弯头称为共振型消声弯头，其外缘采用穿孔板、吸声材料和空腔，利用共振吸声结构来改善普通消声弯头对低频噪声消声效果较差的问题。

弯头消声量与弯头的角度有很大关系，可粗略地认为与弯曲角度成正比。例如，30° 弯头的消声量可估算为 90° 弯头的1/3，180° 弯头(管子折回)的消声量大约为 90° 弯头的1.5 倍。

如果有两个以上的直角弯头串联，当各个弯头之间的间隔比管道截面尺寸大得多时，则可以认为几个弯头的总消声量等于一个弯头的消声量乘以弯头的个数。为了减少阻力损失，而且不使消声值下降，可把直角弯头做成图 5-55 式样，内侧具有弯曲的形状。实验表明，这种形状弯头的阻力损失要比一般直角弯头小得多。

4) 迷宫式消声器

迷宫式消声器也称室式消声器。在输气管道中途，如在空调系统的风机出口、管道分支处或排气口，设置容积较大的箱(室)，在它里面加衬吸声材料或吸声障板，就组成迷宫式消声器，如图 5-56 所示。这种消声器除具有阻性作用外，通过小室断面的扩大与缩小，还具有抗性作用，因此消声频率范围较宽。

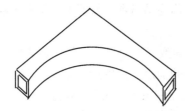
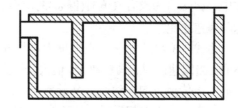

图 5-55　阻力损失小的直角弯头　　　　图 5-56　迷宫式消声器

迷宫式消声器的消声性能与室的尺寸、通道截面、吸声材料及其面积等因素有关，可用下式估算

$$L_{NR} = 10 \lg \frac{\alpha S_1}{(1-\alpha) S_2} \tag{5.3.96}$$

式中，α 为内衬吸声材料的吸声系数；S_1 为内衬吸声材料的表面积；S_2 为进(出)口的截面积。

迷宫式消声器的缺点是空间体积大、阻力损失大，故只适于在流速很低的风道上使用。

5.3.7　消声器空气动力性能评价

气体流过消声器时会产生流动阻力，从而增加能量损耗。气体动力性能指标确定了允许消声器产生的最大压降(又称为阻力损失)为消声器进口端与出口端之间的静压之差。

消声器的阻力损失按其产生的机理可分为摩擦阻力和局部阻力损失两类。摩擦阻力损失是由气流与消声器各壁面之间的摩擦而引起的阻力损失。局部阻力损失是指气流通过消声器或管道时，由于截面的变化，气流的机械能不断损耗，从而产生的阻力损失。消声器的阻力为摩擦阻力损失和局部阻力损失之和。一般来讲，阻性消声器以摩擦阻力损失为主，抗性消声器以局部阻力损失为主。无论摩擦阻力损失还是局部阻力损失，都与动压成正比，即与气流速度的平方成正比。如果消声器内气流速度太高，将造成阻力损失增大。此外，如果气体流速过高，还可能会产生较强的气流再生噪声，严重时消声器不仅不能消声，还可能成为新的噪声源。

1. 气流对消声器声学性能的影响

1) 气流对阻性消声器声学性能的影响

以上介绍的各类阻性消声器的消声量计算公式都未考虑气流影响，即认为管中气流是静态的，实际上消声器是在气流中工作的，因此，考察消声器的实用消声效果如何，还必须考虑气流对消声性能的影响。

气流对消声器声学性能的影响主要表现在两个方面：一是气流的存在会引起声传播和声衰减规律的变化；二是气流在消声器内产生一种附加噪声，称为气流再生噪声。下面首先讨论气流对噪声传播的影响。

有气流时的消声系数的近似公式如下

$$\psi''(\alpha_0) = \psi'(\alpha_0) \frac{1}{1 + Ma} \tag{5.3.97}$$

式中，$\psi'(\alpha_0)$ 为没有气流时(静态)的消声系数；Ma 称为马赫数，数值上等于消声器内流速与声速之比。

由式(5.3.97)看出，气流速度大小与方向不同，导致气流对消声器性能的影响程度也不同。当流速高时，马赫数 Ma 值大，气流对消声器的消声性能的影响就越厉害；当气流方向与声传播方向一致时，马赫数 Ma 值为正，式(5.3.97)中的消声系数将变小；当气流方向与声传播方向相反时，马赫数 Ma 值为负，消声系数会变大。也就是说，顺流与逆流相比，逆流有利于消声。

气流在管道中的流动速度并不均匀，就同一截面而言，管道中央流速最高；离开中心位置越远，速度越低；到接近管壁处，流速就近似为零了。如图 5-57 所示，顺流时管道中央声速高，周壁声速低；逆流时正好相反。

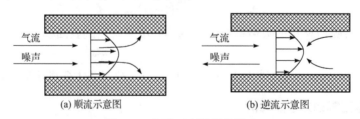

(a) 顺流示意图　　　　　　　　(b) 逆流示意图

图 5-57　气流对声传播的影响

根据声折射原理，声波要向管壁弯曲，对阻性消声器来说，由于周壁衬贴有吸声材料，因此顺流时恰好声能被吸收；而在逆流时，声波要向管道中心弯曲，因此对阻性消声器的消声是不利的。

　　综合上述两方面的分析，消声器用在顺流与逆流各有利弊。由于工厂输气管道中的气流速度与声速比较起来都很小，因此气流对声传播与衰减规律的影响一般不很明显。一般来讲，在低频范围逆向比顺向消声效果好；而在高频范围情况恰好相反，顺向比逆向消声效果好。但综合起来看，顺向与逆向的消声性能并没有很大差别。

　　2) 气流再生噪声对消声器声学性能的影响

　　气流通过消声器时，由于气流与消声器结构的相互作用，还会产生气流再生噪声。气流再生噪声叠加在原有噪声上，会影响消声器实际使用效果。

　　气流再生噪声的产生机理大致有二：一是气流经过消声器时，由于局部阻力和摩擦阻力而形成一系列湍流，相应地辐射噪声；二是气流激发消声器构件振动而辐射噪声。气流再生噪声的大小主要取决于气流速度和消声器的结构。一般来说，气流速度越大，或消声器内部结构越复杂，则产生的气流噪声也就越大。与之相适应，降低消声器内气流再生噪声的途径是：①尽量减小流速；②尽量改善气体的流动状况，使气流平稳，避免产生湍流。

　　消声器的气流再生噪声大小可用试验方法求得。图 5-58 是测量消声器性能的试验台示意图。

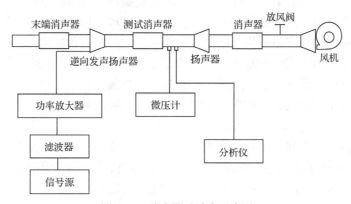

图 5-58　消声器试验台示意图

　　在试验台上，对阻性消声元件在不同气流速度下进行试验，得出气流再生噪声与流速的关系。结果表明：当流速增加一倍，相应的噪声级增加 18dB，这说明气流再生噪声随流速的六次方规律变化，属于偶极子辐射的噪声源。根据试验结果可得出估算气流再生噪声的半经验公式

$$L_{再} = (18 \pm 2) + 60\lg v \tag{5.3.98}$$

式中，v 为消声器通道内的流速 (m / s)。

　　气流再生噪声通常是低频噪声。试验结果同时表明：随着频率的增高，声级逐渐下降。其基本规律是：每增加一个倍频程，声功率下降 6dB。考虑频率的影响，得出再生噪声倍频程的声压级计算公式如下

$$L_{再} = 72 + 60\lg v - 20\lg f \tag{5.3.99}$$

　　设消声器入口噪声级为 $L_\text{入}$，出口噪声级为 $L_\text{出}$，再生噪声级为 $L_\text{再}$，出口处环境噪声

级为 $L_{环}$。现场使用消声器的影响情况分为：当 $L_{出} \gg L_{再}$ (相差超过 10dB 以上)时，则再生噪声对消声器的消声性能无影响，此时消声量 $L_{NR} = L_{入} - L_{出}$ 是该消声器的实际消声量；当 $L_{出} \approx L_{再}$，再生噪声对消声器的消声性能有一定程度的影响，如 $L_{出} > L_{再}$ 则 $L_{NR} = L_{入} - L_{再} - \Delta_{修正}$，如 $L_{出} < L_{再}$ 则 $L_{NR} = L_{入} - L_{再} - \Delta_{修正}$，其中 $\Delta_{修正}$ 为不大于 3dB 的修正值；当 $L_{出} \ll L_{再}$ (相差超过 10dB 以上)，气流再生噪声对消声器性能影响较大，此时消声量为 $L_{NR} = L_{入} - L_{再}$。如果气流速度很高，产生的再生噪声级大于入口噪声，这个消声器的消声量就变成负值。

无论何种情况，出口端噪声值均应大于环境噪声 10dB 以上，则消声效果才不会受环境噪声的干扰。

设计消声器时，应注意流速不能选得过高：对空调消声器，流速不应超过 5m/s；对压缩机和鼓风机消声器，流速可选为 20～30m/s；对内燃机、凿岩机消声器，流速应选在 30～50m/s；对于大流量排气放空消声器，流速可选为 50～80m/s。

2. 空气动力性能评价

冷气放空口、主气放空口、排气放空口的主要噪声源自喷注噪声。气流从管口以高速喷射出来，由此而产生的噪声称为喷注噪声。高压放空排气噪声是排气喷注噪声的一种。排气喷注噪声的特点是峰值频率低、声级高、频带宽、传播远。排气喷注噪声是由高速气流冲击和剪切周围静止的空气，引起剧烈的气体扰动而产生的。在喷口附近(在喷口直径 D 的 4～5 倍范围内)，气流继续保持喷口处的流速前进，该区域称为直流区。直流区内存在着一个射流核心，在核心周围，射流与卷吸进来的气体激烈混合，辐射的噪声是高频性的。喷口稍远的地方($5D$～$15D$)为混合区，在这个区域里，气流与周围大气之间进行激烈混合，引起急剧的气体扰动，射流宽度逐渐扩展，产生的噪声最强。在离喷口更远的地方($15D$ 以外)称为涡流区，在这个区域里，气流宽度很大，速度逐渐降低以至消失，形成涡流的强度反复地减小，产生的噪声是低频性的。

喷注噪声的声功率级在亚声速情况下可用经验公式预估

$$L_{W_A} = 60 \lg v + 10 \lg S + 5 \tag{5.3.100}$$

式中，v 是喷口上的有效速度；S 是喷口面积。从式(5.3.100)可以看出，喷注噪声的声功率级与喷口的速度的 3 次方成正比，与喷口的面积平方根成正比，要有限降低喷注噪声，就必须降低喷口处流体的速度和喷口尺寸。

节流降压小孔喷注消音器是主要建立在小孔喷注理论和阻抗扩容吸声的消声原理上，针对流速快、压力大、气流噪声高的情况，需先以通孔扩流，经过多次通孔后的气流在抗性扩张室得到降压降流，气流再经小孔喷出，喷出后其各倍频带的声功率已降低，而声压级的频率被推高到 20kHz 以上范围，其噪声大为削弱，但部分频率的二次噪音还需要进一步消声，可以在扩张室外加装阻性吸声棉结构。节流降压小孔喷注消音器在结构上比较紧凑，消声筒采用不锈钢制造，具有不易腐蚀、消声量大、体积小、重量轻、强度高、安装方便等优点。

对于排气系统设计，背压是重点考虑对象，它对系统经济性及声品质有着重要影响。

排气背压指的是系统排气的阻力压力。当排气背压升高时，排气不畅，降低气体流速，噪声在一定程度上得到抑制，同时会造成泵气功损失增加，从而导致机械功耗增多，机械效率降低。通过消声器的优化设计，获得合理排气背压，不仅能使排气噪声得到有效控制，也能够排除在自由排气阶段的大部分废气，同时减小在强制排气阶段的排气消耗功。

消声器的空气动力性能是评价消声性能好坏的另一项重要指标，它反映了消声器对气流阻力的大小，也就是：安装消声器后输气是否通畅，对风量有无影响，风压有无变化。消声器的空气动力性能用阻力系数或阻力损失来表示。

阻力系数是指消声器安装前后的全压差与全压之比，对于确定的消声器，其阻力系数为定值。阻力系数的测量比较麻烦，一般只在专用设备上才能测得。

阻力损失简称阻损，是指气流通过消声器时，在消声器出口端的流体静压比进口端降低的数值。很显然，一个消声器的阻损大小与使用条件下的气流速度大小有密切关系。消声器的阻损能够通过实地测量求得，也可以根据公式进行估算。阻损分两大类，一类是摩擦阻力，另一类是局部阻力。

摩擦阻损 ΔH_β 是由于气流与消声器各壁面之间的摩擦而产生的阻力损失，可用下式计算

$$\Delta H_\beta = \beta \frac{l}{d_e} \frac{\rho v^2}{2g} \tag{5.3.101}$$

式中，β 为摩擦阻力系数，取值见表 5-12；l 为消声器的长度；d_e 为消声器的通道截面等效直径；ρ 表示管道内气体密度；v 为管道内气流速度；g 为重力加速度。流体力学中将 $\dfrac{\rho v^2}{2g}$ 称为速度头。

摩擦阻力系数与管道内气流速度有关，流体力学中用雷诺数表示流速，雷诺数 Re 定义如下

$$Re = \frac{v}{\gamma} d_e \tag{5.3.102}$$

一般情况下，消声器通道内的雷诺数 Re 均在 10^{-5} 以上。式(5.3.102)中 γ 为流体运动的黏滞系数，对于 20℃的空气，$\gamma = 1.53 \times 10^{-5}\,\mathrm{m^2/s}$，此时摩擦阻力系数 β 仅取决于管壁的相对粗糙度，见表 5-12。

表 5-12　摩擦阻力系数与相对粗糙度的关系

相对粗糙度/%	0.2	0.4	0.5	0.8	1.0	1.5	2.0	3.0	4.0	5.0
摩擦阻力系数 β	0.024	0.028	0.032	0.036	0.039	0.044	0.049	0.057	0.065	0.072

注：相对粗糙度表示为 ε/d_e，ε 表示管壁的绝对粗糙度，d_e 表示等效直径

局部阻损 ΔH_ξ 表示气流在消声器的结构突然变化处(如折弯、扩张或收缩及遇到障碍物)所产生的阻力损失，局部阻损可用下式估算

$$\Delta H_\xi = \xi \frac{\rho v^2}{2g} \tag{5.3.103}$$

式中，ξ 为局部阻力系数。局部阻力系数的确定比较复杂，与结构形式关系密切。下面简单介绍几种典型结构的局部阻力系数。

(1) 管道入口。对于垂直入口，如图 5-59(a)，如果管壁厚度与等效直径之比大于 0.05，并且管口伸出部分长度与等效直径之比小于 0.5，则取 $\xi = 0.5$；否则取 $\xi = 1$。对于倾斜入口，如图 5-59(b)，情况比较复杂，一般倾斜角度越大，则局部阻力系数越大。为了减少入口处的局部阻力系数，工程中常采用入口处带光滑过渡圆弧的做法，如图 5-59(c)，圆弧相对直径(圆弧直径/管道直径)越大，局部阻力系数越小，经过这种处理的管道入口，局部阻力系数一般在 0.1 左右。减少局部阻力系数的另一个方法是在入口处括口，如图 5-59(d)，括口的角度越大，阻力系数越小，但如果括口角度大于90°，则减阻性能略差。

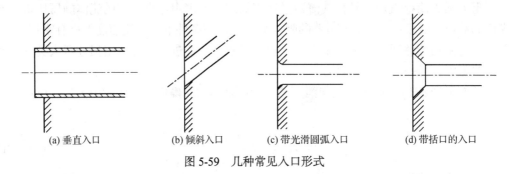

(a) 垂直入口　　　(b) 倾斜入口　　　(c) 带光滑圆弧入口　　　(d) 带括口的入口

图 5-59　几种常见入口形式

(2) 管道出口。对于平端面或圆端面的出口，湍流时的局部阻力系数为 1，层流时的局部阻力系数为 2；对于锥形出口，局部阻力系数与出口处直径 d_1 和管道的直径 d_0 有关，可用下式计算

$$\xi = 1.05\left(\frac{d_0}{d_1}\right)^4 \tag{5.3.104}$$

如果管道出口为扩张管形式，则局部阻力系数与管口长度、管道直径、扩张角等都有关系。锥形出口增加局部阻力系数，而扩张管出口可有效降低局部阻力系数。

管道在改变方向、突变截面等情况下也存在局部阻力，其系数的计算比较复杂，这里不作专门介绍。

消声器总的阻力损失等于摩擦阻损与局部阻损之和，即

$$\Delta H_t = \Delta H_\beta + \Delta H_\xi \tag{5.3.105}$$

一般而言，在阻性消声器中以摩擦阻损 ΔH_β 为主，在抗性消声器中以局部阻损 ΔH_ξ 为主。气流的阻力损失，无论是摩擦阻损还是局部阻损，都与速度头成正比，即与气流速度的平方成正比。当气流速度增高时，阻损的增加要比气流速度的增加快得多。因此，如果采用较高的气流速度，会使阻损增大，使消声器的空气动力性能变坏。在设计消声器时，从消声器的声学性能和空气动力性能两方面来考虑，都以采用较低的流速为有利。

5.3.8　消声设计典型案例

气泵在各种工厂中使用广泛，气泵工作过程中产生的噪声严重影响着工作人员的身

体健康，因此针对气泵进行消声设计对于改善
生产环境具有重要意义。图 5-60 所示为一工厂
中使用的抽气泵，该气泵放置在消音箱中，箱
体结构为碳钢材料，箱体内侧敷设有吸声材料。
为保证气泵散热性能，箱体两侧设计有散热孔。
该种设计方案虽然使用了消音箱，起到了一定
的降噪效果，但噪声量级仍然较高，总声压级
达到 68dB(A)。

图 5-60　某型号气泵使用消音箱降噪示意图

　　通过计算得到消音箱的平均透声系数为 0.077，在不考虑内壁吸声材料情况下，计算
得到1kHz频率的理论隔声量为11.1dB。根据测试结果，该消音箱的插入损失在11～14dB，
隔声效果较差，是一个不成熟的声学设计。经分析，该消音箱降噪措施存在主要问题包
括：①消音箱面板结构的振动较为剧烈，导致较高的辐射噪声；②开孔过多，且未进行
消声处理，导致严重的声泄漏；③气泵排出的气体中含射流噪声，该噪声直接在箱体中
传播，并未设计合理的消声通道。

　　根据以上分析，可提出进一步的优化设计思路，主要包括如下几个方面：

　　(1) 隔振设计。在消音箱与气泵之间尽量使用柔性连接，如采用橡胶隔振垫，以降低
气泵振动向箱体的传递。

　　(2) 阻尼减振。通过在箱体壁板上涂贴阻尼层，采用阻尼减振的方式抑制壁板振动，
以降低壁板向外界空间的噪声辐射。

　　(3) 孔洞优化。隔声罩壁板上很小的开孔或缝隙都会导致严重的声泄漏，因而首先尽
可能防止不必要的开孔，减小开孔面积，并对必要的孔洞进行密封处理。

　　(4) 消声通道优化。原有设计方案中内饰吸声效果较差，可在消音箱内部设计消声通
道以增大声传播路径，使噪声在消声通道内传播过程中逐渐衰减达到降噪目的。

　　根据上述分析，优化后的消音箱如图 5-61 所示。

　　新的降噪方案设计中在气泵排气口设有消声通道，使得气流由消声通道引出，充分
利用了消音箱内部空间实现增大噪声传播途径的目的，同时在消声通道壁面附加高性能
吸声材料以提升吸声性能。消音箱优化前后的噪声频谱对比如图 5-62 所示。

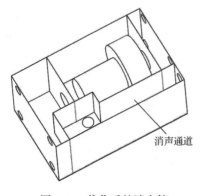

图 5-61　优化后的消音箱

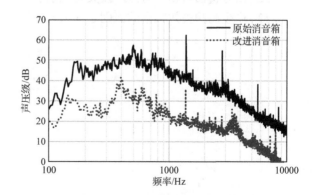

图 5-62　消音箱优化前后的噪声频谱对比

由图可见，改进消音箱的宽频降噪效果显著，相比原消音箱平均可降低 13dB 左右。

习　题

1. 设 1kHz 时隔墙的隔声量为 40dB，窗的隔声量为 25dB，窗的面积占总面积的 10%，试计算这种带窗隔墙的有效隔声量。

2. 某建筑工地有一长、宽、高均为 5m 的隔声间，墙的隔声量为 50dB，天花板是隔声量为 50dB 的水泥板，内表面为水泥抹面，吸声系数 0.15，求隔声间的噪声衰减。若在墙和天花板上镶饰吸声系数为 0.4 的吸声材料，处理后的噪声衰减应是多少？

3. 设砖墙的总面积为 20m^2，其中门占 2m^2、窗占 3m^2，它们对 1kHz 声波的隔声量分别为 50dB、30dB、20dB，求该组合墙的隔声量。

4. 某尺寸为 4×5×6 的隔声罩，在 2kHz 倍频程的插入损失为 30dB，罩顶、底部和壁面的吸声系数分别为 0.9、0.1 和 0.5，试求罩壳的平均隔声量。

5. 某隔声间有一面积为 20m^2 的墙与噪声源相隔，此墙透射系数为 10^{-5}，在此墙上开一面积为 2m^2 的门，其透射系数为 10^{-3}，并开一面积为 3m^2 的窗，透射系数为 10^{-3}，求此组合墙的平均隔声量。

6. 某一穿孔板吸声结构，已知板厚为 0.5cm、孔径为 0.9cm、孔心距为 2.5cm，孔按正方形排列，穿孔板后空腔深 120cm，试求其穿孔率及共振频率。

7. 某房间长宽高尺寸为 8m×4m×3.5m，该房间采用混凝土砌块墙，外刷涂料，平均吸声系数为 0.08。采取吸声处理措施为：室内顶部采用吸声吊顶，平均吸声系数为 0.75；地面采用实木地板，平均吸声系数为 0.35。试求吸声降噪量。

8. 试讲述改善穿孔板共振吸声结构特性的常用措施。

9. 试分析影响吸声材料吸声特性的因素。

10. 某房间大小为 6m×7m×3m，墙壁、天花板和地板在 1kHz 的吸声系数分别为 0.06、0.07 和 0.07，若在天花板上安装一种 1kHz 吸声系数为 0.8 的吸声贴面天花板，求该频带在吸声处理前后的混响时间及处理后的吸声降噪量。

11. 常用的消声器声学性能评价参数有哪些？它们是如何定义的？

12. 试分析插入损失与传声损失的区别。

13. 产生高频失效频率的原因是什么？

第 6 章

结构声学设计基本原则

在现代工程设计中，结构声学设计至关重要，通过优化结构的声学特性可提升系统的综合性能和可靠性。前述章节已经针对振动和噪声控制基本原理及其设计方法进行了详细阐述，本章将进一步讨论结构声学设计的基本原则，旨在为读者提供结构声学设计的系统性知识，以期帮助读者在实际工程应用中实现高效、安全和环保的声学设计。

■ 6.1 共振规避原则

共振是指当系统的激励频率与其固有频率相匹配时，振动幅度显著增加的现象。由于共振往往会引起结构损坏或系统失效，因此在工程领域中通常需要避免共振。为了有效避免共振，需要识别系统的固有频率并掌握系统的激励频谱特性。在此基础上，可以通过调整外部激励频率远离系统的固有频率，或者通过优化结构设计以改变系统的固有频率，从而实现规避共振。除此之外，通过增加系统阻尼来减小共振幅度也是有效的避免共振的方法。

6.1.1 机械系统激励特性

共振现象产生的原因在 2.2 节已经进行了详细描述。简而言之，当系统的外部激励频率接近其固有频率时，会导致系统的振动幅度显著增加。这种现象广泛存在于自然界和工程应用中，严重的共振会带来极大的危害。

1) 低频区域

当激励频率很低时，系统的振动响应幅值较小。在此情况下，系统的响应类似于一个静态位移，即振动幅值与激励力成正比，与频率无关。这种情况常见于低频激励的机械设备中，如慢速旋转的机械部件。

2) 共振频率

当激励频率接近系统的固有频率时，系统的振动响应达到最大值。在共振形成时，若系统的阻尼很小，则振动幅值会显著增大，可能达到危险水平。此时，系统储存的能量不断累积，导致振动幅值急剧增加。在实际应用中，这意味着即使很小的激励力也可能引起很大的振动。例如，在建筑结构中，当地震频率接近建筑物的固有频率时会导致建筑物剧烈摇晃甚至倒塌。力学品质因子越高，振动幅值越大，共振现象越明显。因此，设计中需要特别注意避开共振频率，以确保系统的安全和可靠性。

3) 高频区域

当激励频率远高于系统固有频率时，系统的振动响应幅值减小，主要受惯性力影响。在此情况下，振动幅值与频率成反比关系。系统无法跟随快速变化的激励力，振动幅值显著减小。这种现象常见于高速旋转机械中，如涡轮机和高速电机。

6.1.2 共振规避设计方法

共振现象的危害在许多工程领域中表现得尤为显著。一个经典的例子是塔科马海峡大桥的倒塌。1940 年 11 月 7 日，塔科马海峡大桥在风速18m/s 的情况下发生剧烈振动并最终坍塌。这是由于风的激励频率接近桥梁的固有频率，桥梁发生共振，振动幅度迅速增加，直至结构无法承受而损坏。这次事件不仅造成了巨大的经济损失，还对桥梁设计和结构工程领域产生了深远的影响，促使工程师们重新审视和改进桥梁设计中的抗风和抗共振措施。

规避共振对于确保各种工程系统的安全和可靠性具有重要意义。确保工程系统不发生共振，不仅可以避免灾难性的结构损坏，还能延长设备和设施的使用寿命，提高整体系统的安全性和经济性。采取适当的设计和控制措施，可以显著降低共振带来的风险。

共振规避的核心是使激励频率远离共振频率或增加系统阻尼，因此共振规避设计方法主要包括以下三点。

1) 调整激励频率

最为简单且直接的方法是调整激励频率以规避系统的固有频率，从而避免共振。当激励源是可控的，如在机械设备中调整运转速度或频率，可以有效地避免激励频率与系统固有频率重合，从而减少共振的风险。这种方法应用广泛，特别是在旋转机械声学设计中，可以通过调节激励源的频率来控制振动幅度。

2) 改变固有频率

在激励频率无法改变的情况下，可以通过改变系统的固有频率来使其远离外部激励频率。振动系统质量越大，则系统的固有频率越低；刚度越大，则系统的固有频率越高。这一规律在共振规避设计中应得以充分运用。通过改变系统的质量或刚度，就可以调节系统的固有频率，使之落于一定的频带范围之外，从而保证在人们所关心的频带范围内具有较小的振动或噪声。例如，在结构上添加或移除质量块可以改变系统的质量，使用更刚性或更柔性的材料调整弹性元件的刚度，或改变结构的几何形状等都有助于改变系统的刚度。此外，模块化设计也是一种有效的方法，通过设计不同模块，使每个模块具有不同的固有频率，从而分散整体系统的共振频率。

3) 增大系统阻尼

倘若出现上述两种情况均无法避免的情况，可以通过附加阻尼材料来增大结构阻尼，从而减小共振峰值。增大阻尼可以有效地耗散振动能量，降低振动幅度。例如，在机械系统中使用黏弹性阻尼材料，在建筑结构中采用阻尼器，都可以显著减少共振效应。

此外，动力吸振也是一种常用的抑振技术，通过在系统中引入一个或一系列振子系统，并将频率调谐到与系统固有频率相匹配，动力吸振器的作动会消耗振动能量，从而减少主结构的振动幅度，这种方法在高层建筑和桥梁工程中得到了广泛应用。

■ 6.2 节能减排原则

在机械系统的设计和分析中，理解能量分配特性对于实现机械系统的高效运行和节能减排至关重要。能量分配不仅直接影响系统的效率，还会对环境造成一定的影响，未充分利用的能量将会以各种形式进行消耗。倘若机械系统中的振动能量未进行有效控制，将会传递到其他结构或设备中，引起不必要的振动和噪声，降低系统的整体稳定性和舒适性。通过优化能量分配，可以减少不必要的能量损耗，提高系统的综合性能，降低振动与噪声对环境的污染。

6.2.1 机械系统能量分配特性

能量分配原理是一个在物理学和工程学中被广泛应用的概念。它涉及能量在不同系统或元件之间的传递和转换，以及如何根据特定的规则将能量分配给系统的不同部分。根据能量守恒定律，能量在一个封闭系统中是不会被创造或消灭的，只会在不同形式之间转换。能量分配原理可以总结为以下几个基本原则。

(1) 能量守恒：能量在分配过程中保持守恒，即总能量的大小不变。能量分配只涉及能量的转移和转换，而不涉及能量的创造或消失。

(2) 能量流动方向：能量在分配过程中存在流动方向。通常情况下，能量从高能量部分向低能量部分流动，以实现能量的平衡。

(3) 优化能量传递和转换效率：根据能量分配原理，可以通过优化能量传递和转换过程的效率来提高系统的综合性能。

在机械系统中，能量的主要来源通常是电机等动力系统提供的机械能。输入的机械能通过传动系统传递到各个机械部件来进行作动。在系统运行过程中，这些能量以不同形式存在和消耗，主要包括：热能、振动能、声能、化学能等，这里主要介绍振动能和声能。振动能是由于机械系统中的运动部件进行机械振动所具有的动能和势能的总和，主要来源包括机械不平衡、外部激励以及内部摩擦。例如，旋转部件的装配不平衡会引起结构周期性振动。未能有效控制的振动能会传递到其他结构或设备中，导致不必要的振动和噪声，降低系统的稳定性和舒适性，引发结构疲劳和损坏，影响系统的性能和精密设备的加工精度，同时对操作人员的健康产生不利影响。声能是振动在介质中以声波形式传播时具有的能量，尽管声能在总能量中占比通常较小，但较高的声压级可能对环境造成显著影响，导致环境噪声污染，影响居民生活质量和健康，造成居民听力损伤和其他健康问题，并影响其他敏感设备的正常工作。

实际应用中，理解和优化能量分配对提高系统效率和减少环境影响具有重要意义。例如，在电机系统中，假设电机的输入功率为500W，其中大部分能量转化为机械能，但也有一部分能量转化为热能和声能。倘若电机的辐射声能占比为0.2%，那么1W声功率对应的声源级可通过公式 $L_W = 10\lg(W/W_{ref})$ 计算得出，结果为120dB，这表明即使辐射的声能占比很小，所产生的噪声仍然很大，可能对环境造成显著影响。

了解机械系统能量分配特性是实现高效节能设计的基础。通过合理分配和优化能量的利用，减少不必要的能量损耗，可以降低噪声对环境的影响，同时为节能减排设计提供数据支持。

6.2.2 节能减排设计方法

机械系统中的能量分配决定了系统的运行效率和对环境的影响，高效的能量利用能够减少能源消耗，合理地控制能量分配可以减少噪声和振动，延长设备寿命，降低运行成本，减小对环境的影响。

优化设计是提高能效的基础。通过改进结构设计、材料选型和制造工艺，可以减少能量损耗。例如，通过拓扑优化减少材料使用，降低系统质量，从而提高机械效率并减少能量传递中的损耗。同时，选择高强度、高阻尼材料可以有效吸收和耗散振动能量，减少噪声和振动。

噪声与振动控制技术也至关重要，既能提高结构声学性能，又能减少能量以声能和振动能形式的损耗。使用高效阻尼材料，如黏弹性材料和复合材料，能够吸收和耗散振动能量，减少振动传递和噪声辐射。设计合理的隔振系统，通过隔振垫、隔振器和阻尼涂层，可以显著提高系统的隔振效果，减少振动传递到周围环境，降低噪声污染。

引入绿色技术可以进一步提高结构声学设计的能效和环保性能。例如，在结构设计中集成太阳能板和风能发电装置，为系统提供绿色能源，减少对传统能源的依赖。使用可再生材料和环保材料，减少生产过程中的碳排放和环境污染，提高系统的整体环保性能。

智能控制与优化技术在结构声学设计中也具有重要作用。通过在结构中布置传感器，实时监测振动和噪声情况，进行数据分析和故障预警，可以优化系统的运行状态。应用先进的智能控制算法，根据实时监测数据动态调整系统参数，可以提高能量利用效率，减少能量浪费。通过这些方法，可以显著提高结构声学设计的能效，降低系统运行成本，减少对环境的不利影响，实现更高效、更环保的设计目标。

■ 6.3 多源相位调控原则

活塞式声源
线列阵

同样强度的激励下，如何控制噪声辐射一直以来都是声学设计时关注的焦点。为了实现这一目的，工程师提出了各种方案，其中大部分方案都是从降低结构振动响应的角度出发来达到降低噪声辐射的目的。实际上，辐射声功率不仅与结构的振动量级有关，还与结构的辐射效率有关。当结构振动无法进一步降低时，可通过对结构改进，使得结构本身的声辐射能力发生改变，进而抑制结构振动向辐射声能的转化，也可以成为降低声辐射的一种创新途径。

对于简单声源而言，如点源、脉动球源、活塞声源等，障板存在与否对声场的影响很大。实际结构声源在满足一定条件下，也可以等效为简单声源，而障板对结构等效声源的形式以及声辐射特性的作用非常明显。例如，一个没有安装在障板上的扬声器的纸盆振动时，纸盆一边压缩媒质形成稠密状态，另一边就成为稀疏状态，这就可以等效成一个偶极声源。在低频段，由于纸盆前、后方媒质的疏、密分布来得及抵消，因此在低频辐射功率较小。如将扬声器安装在一块很大的障板上，使扬声器前、后方的辐射隔开，这种情况下的低频辐射本领会显著提高。由声学基础理论可知，在低频段偶极子相对于单极子的辐射效率要低很多。图 6-1 所示为单极子、偶极子、四极子声源的辐射指向性及辐射效率。

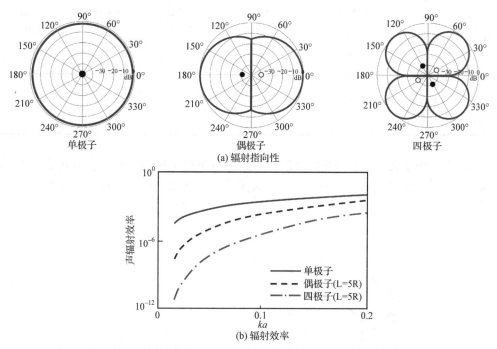

图 6-1　单极子、偶极子、四极子声源辐射指向性及辐射效率

在现代高音质放声系统中，为了改善低频辐射特性，往往把扬声器放在助音箱中。助音箱一般为优质木料做成，有闭箱式或倒相箱式等，实际上就是为了在低频时能把扬声器前、后方辐射隔开或者造成两者同相位辐射，从而增加低频辐射声功率。

在多声源系统中，通过调节各声源的相位有望达到降低辐射效率的目的。3.3.3 节中讨论了无限障板上活塞式辐射声场，本节将在单活塞声源声场特性分析基础上，通过活塞式线列阵模型来阐述相位调控原理。

图 6-2 所示为活塞式声源线列阵模型。该模型由五个大小相同的活塞声源组合而成，各活塞声源半径为 a，振动速度幅值均相同，各活塞声源的振动初相位如表 6-1 所示。

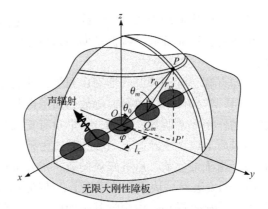

图 6-2　活塞式声源线列阵模型

表 6-1　几种初相位组合方式下各活塞声源的振动初相位

初相位组合	活塞 Q_{-2} $(-2l_x,0,0)$	活塞 Q_{-1} $(-l_x,0,0)$	活塞 Q_0 $(0,0,0)$	活塞 Q_1 $(l_x,0,0)$	活塞 Q_2 $(2l_x,0,0)$
同相位振动方式	0	0	0	0	0
初相位组合方式Ⅰ	0	0	0	π	π
初相位组合方式Ⅱ	$-\pi$	$-\pi/2$	0	$\pi/2$	π
初相位组合方式Ⅲ	0	π	0	π	0

图 6-3 给出了各个活塞同相振动以及非同相振动方式下(初相位组合方式Ⅰ、Ⅱ、Ⅲ)线组合活塞声源的辐射效率，图中横坐标表示波数与活塞半径的乘积，$k = \omega/c$。

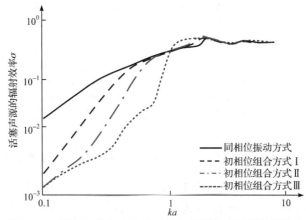

图 6-3　不同初相位组合方式下线组合活塞声源的辐射效率

由图 6-3 可见，随着 ka 的增大，四种组合方式下线组合活塞声源的辐射效率先以不同斜率呈增大趋势，后逐渐趋近于 1，符合振动源声辐射的一般规律。由图中四条曲线对比可见，与同相振动方式相比，三种非同向振动方式中，线组合活塞声源在低频较宽的频率范围内辐射效率显著下降，特别是各活塞声源相位反向分布的组合方式Ⅲ。因此，当各个活塞的振动相位不同时，将发生线组合活塞声源辐射的声功率在不同频段间的重新分配。

当 $ka = 0.1$ 时，四种方式下线组合活塞声源在 xOz 平面内，即垂直于声源所在平面的外空间内辐射的声强流向和声压幅值分布如图 6-4 所示。各个活塞的相对位置也在图中以灰色条状示意。从图 6-4(a)中明显看出，同相振动时声强几乎没有"阻碍"地向外辐射。从声压幅值分布也可以发现，声能流基本以线组合活塞为中心呈发散式向外辐射，意味着声能流可以有效地向远场传播。

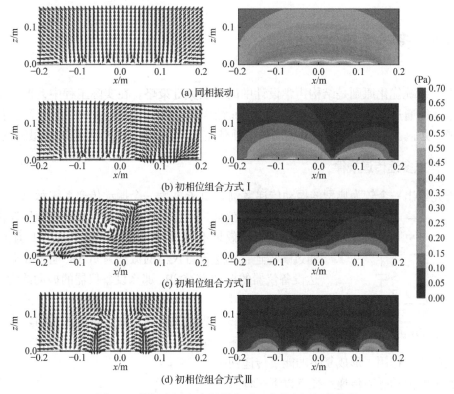

图 6-4　线组合活塞声源所在平面内的声压幅值分布

从图 6-4(b)～(d)中可以看出，三种初相位组合方式下，线组合活塞声源的声强流向在不同区域发生了不同程度的偏转。图 6-4(b)中，初相位组合方式Ⅰ中，以中间活塞为分界，左侧区域声强流向和图 6-4(a)相似，而随着向右侧区域推进，声强流向几乎发生了180°旋转，相当于从左三振动初相位为 0 的活塞辐射的声强，流向了初相位相差 π 的右二活塞所在位置。从声压幅值分布中也能看出，振动相位相差 π 的两组活塞之间的分界很清晰，同相位的、个数相对多的一组活塞辐射的声能流向外扩散得更明显。

图 6-4(c)中，最右端活塞所在的部分区域中声强保持向外辐射的趋势，而随着向左侧推进，由于初相位组合方式Ⅱ下各活塞的振动初相位逐个递减，声强流向呈现出掠过活塞表面的特点。当向左到达最左端的活塞时，声能流逐渐分流为两部分，一部分"流入"最左端活塞，另一部分向外辐射，与来自右端活塞辐射的声强在中上方汇聚，形成顺时针旋转的"旋涡"，在该区域声压幅值很小。这种流向方式阻滞了声能流向外扩散。

图 6-4(d)中，基于初相位组合方式Ⅲ下每相邻两个活塞声源初相位均相差 π 的特点，

呈现出多数的、相位相同活塞的辐射声强流向少数的、和前者振动相反的活塞。不同于图 6-4(b)，图 6-4(d)中每两个活塞之间都发生了声强流向的回转。可见，初相位组合方式Ⅲ使得声强流向改变得更剧烈，严重阻滞了声能流的向外辐射。

当声源局部区域的相位不统一时，声源附近的声强流向将产生偏离，不再沿着向外辐射最大化的方向，并产生辐射抵消作用。通过调控各声源的相位，使得部分声能流受到阻滞，导致辐射效率降低，特别是在低频段作用更显著。

■ 6.4 多途系统优化原则

多途系统优化原则是结构声学设计中的一项关键策略。在实际工程中，振动源产生的能量往往通过多条路径传递到机械设备和结构上。倘若针对每一个传播途径进行控制，所需成本是巨大的。因此在振动控制时应抓住主要问题，重点控制能量传递最大的途径。

6.4.1 声振多途传递规律

首先给出一个较为典型的振动传递案例。图 6-5 为一个振动传递系统示意图，图中

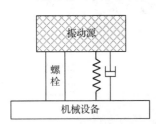

图 6-5 振动传递系统示意图

振动源与设备仪器之间存在两种连接方式，且两种连接方式对振动的衰减效果不同，倘若振动源产生的加速度为 100dB，通过螺栓连接到达设备仪器的振动为 90dB，通过隔振连接到达设备仪器的振动为 60dB，那么设备仪器的振动约为 90dB。

尽管系统中存在多种能量传递路径，但主要的能量传递路径决定了系统的振动及噪声水平。声振能量的多途传递规律描述了振动和声能在不同路径中的传播行为和特性，这些路径之间相互作用，形成复杂的能量传递网络。

常见的振动噪声传递路径有以下三种。

1) 直接传播

直接传播是指振动能量通过固体结构直接传递的途径，一般固体连接件具有大刚度低阻尼的特性，导致振动传递效率较高。最为典型的是振源与基座进行螺栓刚性连接，振动通过基座传递到整个结构，引起系统的振动和噪声。在振动控制中一种常见的无效隔振设计如图 6-6 所示，看似使用了隔振措施，然而在安装过程中却使用螺栓穿过隔振层对两设备进行连接，导致隔振失败。

2) 间接传播

间接传播是指振动能量通过空气或其他介质的声波传播。这种路径的传递效率相对较低，但在特定条件下，尤其是在封闭或半封闭环境中，声波传播仍然具有重要影响。例如在一个安静的办公室中，打印机的噪声通过空气传播，尽管其能量占总能量的比例较小，但对环境噪声的贡献显著。

3) 耦合传播

耦合传播是振动能量通过多种途径相互作用形成的复合传递路径。例如，机械振动

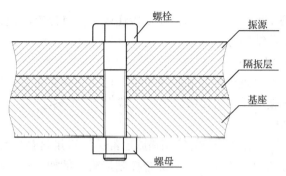

图 6-6　无效隔振设计示意图

产生的声波通过空气传播到另一结构表面，引起该结构的二次振动，这种复合传递过程增加了能量传递的复杂性和不确定性。

影响能量传递的主要因素包括结构刚度、阻尼特性、连接方式和介质特性等。

(1) 结构刚度。高刚度的结构能够高效地传递振动能量，通常是主要的能量传递路径。

(2) 阻尼特性。低阻尼的结构传递效率高，振动能量耗散少，合理使用阻尼材料和结构能有效耗散振动能量，减少传递。

(3) 连接方式。不同的连接方式对能量传递效率影响显著，刚性连接通常传递效率高，而弹性连接能起到一定的隔振效果。

(4) 介质特性。声波在不同介质中的传播特性差异较大，空气中的传播效率较低，但在管道中传播效率较高，需要特别控制。

在实际应用中，识别并分析主要能量传递路径是进行有效控制和优化设计的关键步骤。在掌握能量传递规律后，可制定针对性的控制措施，提高系统性能和可靠性，有助于减少振动和噪声污染，延长设备寿命，提高工作环境的舒适度。

6.4.2　多途系统优化设计方法

在设计和控制过程中，必须重点关注能量传递最多的路径。首先可通过实验测试和仿真分析，识别出振动源到目标位置的主要能量传递路径，包括对系统的振动模态、传递函数等进行详细分析，确定能量传递最多的路径。之后采取有效措施控制这些主要路径上的能量传递，以实现整体振动噪声的降低。

优化设计方法主要包括以下几个方面。

1) 增加阻尼

在主要能量传递路径上增加高效的阻尼材料或阻尼器，可以显著减少能量的传递。阻尼材料能够吸收和耗散振动能量，从而降低系统的振动响应。

2) 设计隔振

通过设计隔振系统，如隔振垫、隔振器和弹性支承等，可以减少振动能量传递到目标结构。隔振设计应根据实际情况，选择合适的隔振材料和结构形式，达到最佳的隔振效果。

3) 优化结构

优化结构设计，减少能量传递路径的刚度和传递效率。例如，通过改变结构的几何尺寸、加筋处理或调整连接方式，降低能量传递效率。具体方法包括设计柔性连接、使用减振基座和优化支承结构等。

4）设置声屏障与吸声材料

在声波传播路径上设置声屏障和吸声材料，可以减少声波能量的传递。声屏障可以阻挡和反射声波，而吸声材料可以吸收声能，减少噪声传递。

5）多途协同控制

在实际应用中，单纯依靠单一的控制措施已经无法满足日益严苛的性能和环境标准。因此需要多种控制方法协同工作，形成综合控制策略。例如，结合阻尼减振、隔振和声屏障等多种措施，能够更有效地控制振动与噪声的能量传递，提升系统的综合声学性能。

习　题

1. 在结构声学设计时规避共振的方法有哪几种？
2. 在低频段，为什么偶极子辐射效率要比单极子辐射效率低？

第 7 章

声与振动控制法律法规与标准

随着环境保护与产业需求的不断升级，人们对绿色生态环保与绿色生活环境的建设提出了新要求。《中华人民共和国环境噪声污染防治法》的出台，进一步强调了环境保护的必要性。结合前述章节中的减振降噪措施，本章重点涉及与振动、噪声控制相关的法律法规和标准，使读者对各项减振降噪技术的重要性及相关法律法规与标准有更深刻的认识。

■ 7.1 噪声污染防治法

7.1.1 声环境质量标准

为保护环境，防止噪声污染对人体健康的影响，保障城乡居民正常生活、工作和学习的声环境质量，环境保护部制定了 GB 3096—2008《声环境质量标准》。

在该标准中，根据城市不同区域的使用功能特点和环境质量要求，声环境功能区分为以下五种类型。

0 类声环境功能区：指康复疗养区等特别需要安静的区域。

1 类声环境功能区：指以居民住宅、医疗卫生、文化教育、科研设计、行政办公为主要功能，需要保持安静的区域。

2 类声环境功能区：指以商业金融、集市贸易为主要功能，或者居住、商业、工业混杂，需要维持住宅安静的区域。

3 类声环境功能区：指以工业生产、仓储物流为主要功能，需要防止工业噪声对周围环境产生严重影响的区域。

4 类声环境功能区：指交通干线两侧一定距离之内，需要防止交通噪声对周围环境产生严重影响的区域，包括 4a 类和 4b 类两种类型。4a 类为高速公路、一级公路、二级公路、城市快速路、城市主干路、城市次干路、城市轨道交通(地面段)、内河航道两侧区域；4b 类为铁路干线两侧区域。

该标准规定了各类声环境功能区的环境噪声等效声级限值，如表 7-1 所示。

表 7-1 环境噪声限值 单位：dB(A)

声环境功能区类别		时段	
		昼间	夜间
0 类		50	40
1 类		55	45
2 类		60	50
3 类		65	55
4 类	4a 类	70	55
	4b 类	70	60

对于各类声环境功能区夜间突发噪声，其最大声级超过环境噪声限值的幅度不得高于 15dB(A)。

乡村区域一般不划分声环境功能区，根据环境管理的需要，可按以下要求确定乡村区域适用的声环境质量要求：

位于乡村的康复疗养区执行 0 类声环境功能区要求；村庄原则上执行 1 类声环境功能区要求，工业活动较多的村庄以及有交通干线经过的村庄(指执行 4 类声环境功能区要求以外的地区)可局部或全部执行 2 类声环境功能区要求；集镇执行 2 类声环境功能区要求；独立于村庄、集镇之外的工业、仓储集中区执行 3 类声环境功能区要求；位于交通干线两侧一定距离内的噪声敏感建筑物执行 4 类声环境功能区要求。

7.1.2 工业企业厂界环境噪声排放标准

位于城乡各类声环境功能区中的工业企业，在进行生产活动特别是大量机器运转时会产生巨大的噪声污染，这会影响厂界周围人员的正常工作、学习和生活，因此需要对其排放的环境噪声做出一定的限值。

GB 12348—2008《工业企业厂界环境噪声排放标准》规定了工业企业和固定设备厂界环境噪声排放限值及其测量方法，用于工业企业噪声排放的管理、评价与控制。

标准中规定了工业企业厂界环境噪声不得超过表 7-2 所示的排放限值。

表 7-2 工业企业厂界环境噪声排放限值 单位：dB(A)

厂界外声环境功能区类别	时段	
	昼间	夜间
0	50	40
1	55	45
2	60	50
3	65	55
4	70	55

对于夜间频发噪声的最大声级超过限值的幅度不得高于 10dB(A)；夜间偶发噪声的最大声级超过限值的幅度不得高于 15dB(A)。此外，当厂界与噪声敏感建筑物距离小于 1m 时，厂界环境噪声应在噪声敏感建筑物的室内测量，并将表 7-2 中相应的限值减 10dB(A)作为评价依据。

在固定设备排放的噪声通过建筑物结构传播至噪声敏感建筑物室内的情况下，噪声敏感建筑物室内等效声级不得超过表 7-3 和表 7-4 所示的限值。A 类房间指以睡眠为主要目的，需要保证夜间安静的房间，包括住宅卧室、医院病房、宾馆客房等；B 类房间指主要在昼间使用，需要保证思考和精神集中、正常讲话不被干扰的房间，包括学校教室、会议室、办公室、住宅中卧室以外的其他房间等。

表 7-3　工业企业厂界环境结构传播固定设备室内噪声排放限值(等效声级) 单位：dB(A)

噪声敏感建筑物 所处声环境功能区类别	A 类房间		B 类房间	
	昼间	夜间	昼间	夜间
0	40	30	40	30
1	40	30	45	35
2、3、4	45	35	50	40

表 7-4　工业企业厂界环境结构传播固定设备室内噪声排放限值(倍频带声压级) 单位：dB

噪声敏感建筑 所处声环境 功能区类别	时段	房间类型	倍频带中心频率/Hz				
			31.5	63	125	250	500
			室内噪声倍频带声压级限值				
0	昼间	A、B 类房间	76	59	48	39	34
	夜间	A、B 类房间	69	51	39	30	24
1	昼间	A 类房间	76	59	48	39	34
		B 类房间	79	63	52	44	38
	夜间	A 类房间	69	51	39	30	24
		B 类房间	72	55	43	35	29
2、3、4	昼间	A 类房间	79	63	52	44	38
		B 类房间	82	67	56	49	43
	夜间	A 类房间	72	55	43	35	29
		B 类房间	76	59	48	39	34

7.1.3　社会生活环境噪声排放标准

除了工业企业在进行生产活动以及大量机器运行时会产生噪声，人们的日常生活以及社会活动也会产生噪声，这也会影响人们正常的生活、工作、学习。特别是近年来兴起的广场舞，虽然能够锻炼身体，但普遍存在播放音量太大的问题，严重影响了附近居民的正常生活和作息。

GB 22337—2008《社会生活环境噪声排放标准》规定了营业性文化娱乐场所和商业经营活动中可能产生环境噪声污染的设备、设施边界的噪声排放限值。其中，社会生活噪声排放源边界噪声不得超过表 7-5 规定的排放限值。

表 7-5　社会生活噪声排放源边界噪声排放限值　　　　单位：dB(A)

边界外声环境功能区类别	时段	
	昼间	夜间
0	50	40
1	55	45
2	60	50
3	65	55
4	70	55

标准中说明在社会生活噪声排放源边界处无法进行噪声测量或测量的结果不能如实反映其对噪声敏感建筑物的影响程度的情况下，噪声测量应在可能受影响的敏感建筑物窗外 1m 处进行。当社会生活噪声排放源边界与噪声敏感建筑物距离小于 1m 时，应在噪声敏感建筑物的室内测量，并将表 7-5 相应的限值减 10dB(A) 作为评价依据。

标准中还规定了在社会生活噪声排放源位于噪声敏感建筑物室内情况下，噪声通过建筑物结构传播至噪声敏感建筑物室内时，噪声敏感建筑物室内等效声级不得超过表 7-6 和表 7-7 所示的限值。

表 7-6　社会生活环境结构传播固定设备室内噪声排放限值(等效声级) 单位：dB(A)

噪声敏感建筑物所处声环境功能区类别	A 类房间		B 类房间	
	昼间	夜间	昼间	夜间
0	40	30	40	30
1	40	30	45	35
2、3、4	45	35	50	40

表 7-7　社会生活环境结构传播固定设备室内噪声排放限值(倍频带声压级) 单位：dB

噪声敏感建筑所处声环境功能区类别	时段	房间类型	倍频带中心频率/Hz				
			31.5	63	125	250	500
			室内噪声倍频带声压级限值				
0	昼间	A、B 类房间	76	59	48	39	34
	夜间	A、B 类房间	69	51	39	30	24
1	昼间	A 类房间	76	59	48	39	34
		B 类房间	79	63	52	44	38
	夜间	A 类房间	69	51	39	30	24
		B 类房间	72	55	43	35	29

续表

噪声敏感建筑所处声环境功能区类别	时段	房间类型	倍频带中心频率/Hz				
			31.5	63	125	250	500
			室内噪声倍频带声压级限值				
2、3、4	昼间	A 类房间	79	63	52	44	38
		B 类房间	82	67	56	49	43
	夜间	A 类房间	72	55	43	35	29
		B 类房间	76	59	48	39	34

对于在噪声测量期间发生非稳态噪声(如电梯噪声等)的情况,最大声级超过限值的幅度不得高于 10dB(A)。

7.1.4　建筑施工场界环境噪声排放标准

GB 12523—2011《建筑施工场界环境噪声排放标准》适用于周围有噪声敏感建筑物的建筑施工噪声排放的管理、评价及控制,规定了建筑施工场界环境噪声排放限值,旨在防治建筑施工噪声污染,改善声环境质量。该标准还适用于市政、通信、交通、水利等其他类型的施工噪声排放,但不适用于抢修、抢险施工过程中产生噪声的排放监管。

标准中规定了建筑施工过程中场界环境噪声不得超过表 7-8 所示的排放限值。

表 7-8　建筑施工场界环境噪声排放限值　　　　单位:dB(A)

昼间	夜间
70	55

夜间噪声最大声级超过限值的幅度不得高于 15dB(A)。当场界距噪声敏感建筑物较近,其室外不满足测量条件时,可在噪声敏感建筑物室内测量,并将表 7-8 相应的限值减 10dB(A)作为评价依据。

7.1.5　城市区域环境振动标准

除了噪声以外,振动也会对人体的身心健康产生影响,包括引起局部振动病、造成内脏器官损伤等,因此需要对人们所处环境中的振动进行一定的限制。GB 10070—1988《城市区域环境振动标准》规定了城市区域环境振动的标准值及使用地带范围,用于控制城市环境振动污染。

该标准规定了城市各类区域铅垂向 Z 振级标准值如表 7-9 所示。

表 7-9　城市各类区域铅垂向 Z 振级限值　　　　单位:dB

适用地带范围	昼间	夜间
特殊住宅区	65	65
居民、文教区	70	67

适用地带范围	昼间	夜间
混合区、商业中心区	75	72
工业集中区	75	72
交通干线道路两侧	75	72
铁路干线两侧	80	80

表 7-9 中，"特殊住宅区"是指特别需要安宁的住宅区；"居民、文教区"是指纯居民区和文教、机关区；"混合区"是指一般商业和居民混合区以及工业、商业、少量交通与居民混合区；"商业中心区"是指商业集中的繁华地区；"交通干线道路两侧"是指车流量每小时 100 辆以上的道路两侧；"铁路干线两侧"是指距每日车流量不少于 20 列的铁道外轨 30m 外两侧的住宅区。

该标准中规定的限制适用于连续发生的稳态振动、冲击振动和无规振动；对于每日发生几次的冲击振动，其最大值昼间不允许超过标准值 10dB，夜间不超过 3dB。

7.2 振动噪声测量标准

7.2.1 声学量级及其基准值

在声学测量中，不同声学量的数值相差很大，甚至同一声学量在不同情况下的测量值都可能相差十几个数量级，如果采用测量值进行度量则很不方便，也不利于进行数据的比较和分析。GB/T 3238—1982《声学量的级及其基准值》给出了在声学测量中，声学量用级来表示时的定义和基准值。

在该标准中，声学量的级定义为：在声学中一个声学量的级是该量与同类量的基准值之比的对数，对数的底、基准值和级的类别应加以说明，其定义式为

$$L_x = \log_r (x/x_0) \tag{7.2.1}$$

式中，L_x 为某个声学量的级；r 为对数的底；x 为某个声学量；x_0 为同类声学量的基准值。

当级的计算过程中取 10 为对数的底时，其单位是一个无量纲量，用贝尔表示，贝尔的十分之一称作分贝(dB)，其本身也是级的单位，是以 10 的 10 次方根为对数底时的级的单位。贝尔和分贝只能用于与功率类比的量，包括声功率、声强、声能量、声能密度、声压平方、振动位移平方、力平方等。用于声压时，实际为声压平方级，一般简称为声压级，其他类同。

表 7-10 中列出了常用声学量的级及其基准值，其他声学量的级如压谱级、声级、噪声级等的基准值可以根据该量的定义和表中列出的有关量的基准值来确定。

表 7-10　常用声学量的级及其基准值

名称	定义	基准值
声压级	$L_p = 20\lg(p/p_0)$	空气中：$p_0 = 20\mu\text{Pa}$ 水中：$p_0 = 1\mu\text{Pa}$
声功率级	$L_W = 10\lg(W/W_0)$	$W_0 = 1\text{pW}$
声强级	$L_I = 10\lg(I/I_0)$	$I_0 = 1\text{pW/m}^2$
声能密度级	$L_D = 10\lg(D/D_0)$	$D_0 = 1\text{pJ/m}^3$
(振动)位移级	$L_d = 20\lg(d/d_0)$	$d_0 = 1\text{pm}$
(振动)速度级	$L_v = 20\lg(v/v_0)$	$v_0 = 1\text{nm/s}$
(振动)加速度级	$L_a = 20\lg(a/a_0)$	$a_0 = 1\mu\text{m/s}^2$
(振动)力	$L_F = 20\lg(F/F_0)$	$F_0 = 1\mu\text{N}$
能量级	$L_E = 10\lg(E/E_0)$	$E_0 = 1\text{pJ}$
自由场(电压)灵敏度(级)	$M = 20\lg(M/M_0)$	空气中：$M_0 = 1\text{V/Pa}$ 水中：$M_0 = 1\text{V/}\mu\text{Pa}$

7.2.2　声功率级测量方法

在机器和设备的噪声控制中,相关各方(包括机器和设备的制造方、安装方以及使用方)必须进行声学信息的有效交流,包括辐射声压级、声功率级和声强级等。对机器或设备辐射噪声的声功率级测量,具有很多的用途,包括规定条件下辐射噪声的标示、噪声标示值的验证、各种型号和尺寸的机器辐射噪声的比较、工作场所噪声级的预测、声源特性的表征和描述等。

确定机器或设备声功率级的两个原则分别为:在强反射环境中空间均方声压的确定(在混响场中测量),以及用包络面测量声源辐射声能量流的确定(在自由场,或一个反射面上方的半自由场,或一个反射面上方的近似自由场中测量),即通过测量声压级或声强级两个基本参量来确定机器或设备的声功率。GB/T 6881—2023《声学 声压法测定噪声源声功率级和声能量级 混响室精密法》、GB/T 6881.2—2017《声学 声压法测定噪声源声功率级和声能量级 混响场内小型可移动声源工程法 硬壁测试室比较法》、GB/T 6881.3—2002《声学 声压法测定噪声源声功率级 混响场中小型可移动声源工程法 第 2 部分:专用混响测试室法》、ISO 3745—2012《声学 用声压法测定噪声源声功率级 消声室和半消声室精密法》、GB/T 3767—2016《声学 声压法测定噪声源声功率级和声能量级 反射面上方近似自由场的工程法》、GB/T 3768—2017《声学 声压法测定噪声源声功率级和声能量级 采用反射面上方包络测量面的简易法》、ISO 3747—2010《声学 使用声压级测定噪声源声功率级和声能量级 供混响环境原地使用的工程/测定方法》中共有 7 个标准描述了在不同的测量环境下,由测得的声压级确定声功率级的方法。GB/T 16404—1996《声学 声强法测定噪声源的声功率级 第 1 部分:离散点上的测量》、GB/T 16404.2—1999

《声学 声强法测定噪声源的声功率级 第 2 部分：扫描测量》、GB/T 16404.3—2006《声学 声强法测定噪声源声功率级 第 3 部分：扫描测量精密法》规定了由测量被测机器附近的声强确定声功率级的方法。

在进行实际的噪声辐射声功率级的测定时，需要根据噪声源与测试室的相对尺寸、可进行测量的试验环境、噪声特性、准确度等级要求、声学数据要求、背景噪声级、可供测量的声学仪器等因素，合理选择所适用的标准。图 7-1 给出了 GB/T 6881 系列、ISO 3745、GB/T 3767、GB/T 3768、ISO 3747 和 GB/T 16404 系列中恰当标准的选用指南。

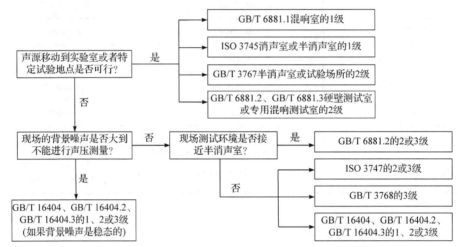

图 7-1　测定声功率级选用恰当标准流程图

7.2.3　汽车车内噪声测量方法

GB/T 18697—2002《声学 汽车车内噪声测量方法》从测试量、测量仪器、声学环境、气象条件、背景噪声、试验道路的条件、车辆条件、传声器位置、测量步骤等方面规定了测量汽车车内噪声的方法和准则，其适用于载客车辆(包括轿车)和载货车辆(包括牵引车、起重吊车等)。该标准规定的测量方法可用于验证性试验和检查性试验。验证性试验是指所进行的测量用于验证制造厂所提供的汽车是否满足有关噪声的规定；检查性试验是指所进行的测量是为了检查汽车的噪声是否在规定的限值之内，以及自从提交汽车以来或在不同批次提交的汽车之间是否出现明显的变化。

在测量汽车车内噪声时，车辆的运行条件主要包括以下三种，即匀速行驶、全油门加速行驶和车辆定置(车辆定置时发动机怠速)。测量地点的选择必须使得汽车辐射的声音只能通过道路表面的反射成为车内噪声的一部分，而不能通过建筑物、墙壁或汽车外的类似大型物体的反射成为车内噪声，在进行测量的过程中，汽车与这类大型物体之间的距离应该大于 20m。汽车车内噪声一般受道路表面结构的粗糙度影响很大，平滑路面可以产生平稳的车内噪声。因此试验的路段应该是硬路面，必须尽可能平滑，不得有接缝、凹凸不平或类似的表面结构，否则将会增加汽车内部的声压级。

由于汽车车内噪声级明显与测量位置有关，应该选择能够代表驾驶员和乘客耳旁的车内噪声分布的足够的测点。其中一个测量点必须选在驾驶员座位。对于轿车来说，也可以在后排座位上追加一个测量点；对于公共汽车来说，应该考虑在中间和后部追加测量点，沿着汽车的纵向轴线附近。

标准中规定了座位处的传声器位置，如图 7-2 所示。传声器的垂直坐标是座椅的表面与靠背表面的交线以上(0.70 ± 0.05)m，水平坐标应在座椅的中心面(或对称面上)。在驾驶员座位上，水平横坐标向右(右置方向盘的汽车则向左)到座位中心面的距离为(0.20 ± 0.02)m。对于站立处的传声器位置，垂直坐标应在地板以上(1.60 ± 0.1)m 处，水平坐标应在所选测点站立的位置上。对于汽车或货车的卧铺和救护车的担架等位置处的传声器，须放在枕头的中部以上(0.15 ± 0.02)m 处。

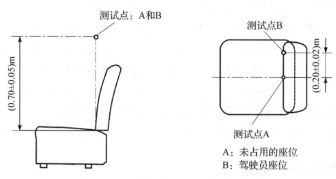

A：未占用的座位
B：驾驶员座位

图 7-2　传声器相对于座椅的位置

其他测量条件，如测量仪器的选用、测量时的气象条件和背景噪声、发动机和轮胎条件、车辆的载荷等，在标准中都有说明。对于验证性试验，必须在每一个测点上，对每一种运转工况，至少测量 2 次，如果 A 计权声级在任何一种运转工况下，两次测量值之差超过 3dB，则必须继续测试，一直到两次连续的测量读数差值在 3dB 范围内为止，这两次测量的平均值便可作为测试结果。对于检查性试验，在所选择的测点上，在每一个规定的测试条件下，各进行一次测试便可。在测量时如果存在明显可听见的纯音或具有明显脉冲特性的噪声，则应在试验报告中加以说明。

7.2.4　飞机舱内噪声测量方法

在民航飞机的运行过程中，发动机的高速运转会产生巨大的噪声，影响飞机上设备的正常工作和旅客的舒适、安全，因此需要对飞机飞行时舱内的噪声限值进行规定。GB/T 20248—2006《声学　飞行中飞机舱内声压级的测量》，该标准规定了稳态飞行中飞机舱内机组人员及乘客位置声压级测量时仪器设备的要求以及对测量方法和测量报告的要求。

在进行测量时，最重要的是测点的布置。标准中规定，对于客舱，应在没有乘客或乘务员时，测量乘客或乘务员座位典型头部位置处的声压信号。传声器应垂直向上放在座位中心线上，距头枕(0.15 ± 0.025)m，在空椅垫上方(0.65 ± 0.05)m。客舱测点数量和分布取决于飞机座位安排以及具体的试验目的。对于机组人员岗位，声压信号测量应放在典型的机组人员头部位置。在飞行员处，传声器要放在有代表性的坐姿头部高度，距典型的耳朵位置 0.1m 以内，那里通常是语言通信的接收位置，测量时要有机组人员就座。

机舱人员站立处的测量要在机组人员不在场的时候进行，传声器应高于地板(1.65 ± 0.1)m。对于机组休息室，声压信号测量应在机组成员休息状态时的头部位置进行，测量时机组成员不应在场。传声器宜放在床垫、毯子或头枕上方(0.15 ± 0.02)m。如果头部靠墙，那么传声器距墙应不小于 0.15m。

在进行测量时，还需对飞机内部和机组人员休息室的环境进行配置，使得测量结果更具有代表性。对于飞机内部来说，应全部配备地毯、座椅、窗帘，并且要对其配置做记录。飞机配置的描述应包括那些影响内部声压级的因素，如客舱间壁位置、客套材料。座椅靠背应复原到通常的直立状态。测试飞机内的人员应控制在测试要求的最少数量。如有可能，最好没有人员在场，以免造成对测量点处声场的明显影响。除了在飞行员岗位外，其他地方的测试中，在传声器 1m 范围之内，不能有坐着或站立的人员。对于机组人员休息室，其布置应代表正常使用的状态并且室内无人，通道门应关闭，室内配有专用的床垫和被毯，公共广播系统关闭。飞机环境控制系统应正常工作以保持休息室内舒适的空气温度。环境控制系统的散流器应按照休息室的设计气流要求来设置。

标准中还规定了其他测量要求的设定，如测量仪器的选用及校准、声学数据的采集、飞机系统的配置以及飞机飞行条件的记录。

7.2.5　家用电器噪声测量方法

在日常生活中，家用电器随处可见，为人们的生活带来了极大的便利。家用电器在使用的过程中会产生一定的噪声，虽然该噪声对使用者和其他在场者一般不会造成听力损伤，但是会降低周围人员的舒适感和学习、工作时的注意力，因此有必要制定统一的测定家用电器发射噪声的标准化方法。噪声测试的结果有多种用途，如器具噪声的标称，以及某一特定家用电器和其他家用电器所发射的噪声的对比；同时，这些结果可作为新产品开发阶段或决定降噪措施等的基础。无论对于何种用途，重要的是采用已知的准确的标准测试方法，从而使不同实验室得出的测试结果具有可比性。

由于家用电器的种类繁多，而且将来还会有新的用途和种类的产品出现，为每一个产品单独制定一个独立的噪声测试标准不仅工作量很大，而且标准体系本身也会显得零乱。为此，家用电器的噪声测试标准分为两大部分：第一部分为通用要求，该部分适用于所有器具；第二部分为特殊要求，即为某种产品(如洗衣机)制定。第二部分的标准是在第一部分的标准的基础上，通过某些条目的增补、删除、替代、适用等方法制定。因此，第一部分和第二部分的联合使用构成某一器具完整的测试标准。两部分相关的标准如表 7-11 所示。

表 7-11　家用电器噪声测量系列标准

分类	标准	
第一部分	GB/T 4214.1—2017	《家用和类似用途电器噪声测试方法 通用要求》
第二部分	GB/T 4214.2—2020	《家用和类似用途电器噪声测试方法 真空吸尘器的特殊要求》
	GB/T 4214.3—2023	《家用和类似用途电器噪声测试方法 洗碗机的特殊要求》
	GB/T 4214.4—2020	《家用和类似用途电器噪声测试方法 洗衣机和离心式脱水机的特殊要求》

分类		标准
第二部分	GB/T 4214.5—2023	《家用和类似用途电器噪声测试方法 电动剃须刀、电理发剪及修发器的特殊要求》
	GB/T 4214.6—2008	《家用和类似用途电器噪声测试方法 毛发护理器具的特殊要求》
	GB/T 4214.7—2020	《家用和类似用途电器噪声测试方法 滚筒式干衣机的特殊要求》
	GB/T 4214.8—2021	《家用和类似用途电器噪声测试方法 电灶、烤箱、烤架、微波炉及其组合器具的特殊要求》
	GB/T 4214.9—2021	《家用和类似用途电器噪声测试方法 风扇的特殊要求》
	GB/T 4214.10—2021	《家用和类似用途电器噪声测试方法 确定和检验噪声明示值的程序》
	GB/T 4214.11—2021	《家用和类似用途电器噪声测试方法 电动食品加工器具的特殊要求》
	GB/T 4214.12—2021	《家用和类似用途电器噪声测试方法 风扇式加热器的特殊要求》
	GB/T 4214.13—2021	《家用和类似用途电器噪声测试方法 吸油烟机及其他烹饪烟气吸排装置的特殊要求》
	GB/T 4214.14—2021	《家用和类似用途电器噪声测试方法 电冰箱、冷冻食品储藏箱和食品冷冻箱的特殊要求》
	GB/T 4214.15—2021	《家用和类似用途电器噪声测试方法 储热式室内加热器的特殊要求》
	GB/T 4214.16—2022	《家用和类似用途电器噪声测试方法 废弃食物处理器的特殊要求》

　　由于第一部分的标准 GB/T 4214.1—2017《家用和类似用途电器噪声测试方法 通用要求》适用于所有家用电器，具有通用性，因此下面对该标准作简要的介绍。该系列标准中采用声功率级作为家用和类似用途电器发射噪声大小的评价量，且具有两个测量方法，即直接法和比较法。直接法是指声功率级直接从所测声压级中计算而得到，用 A 计权声功率级表示，且只适用于反射面上方的近似自由场和专用混响室中的测量。对于反射面上方的近似自由场，需要测量表面上的时间平均声压级和测量表面面积；对于专用混响室，需要测量平均声压级、混响时间和测试室容积。比较法是指声功率级通过将测试室中声源产生的声压级的平均值和同一测试室中已知其声功率输出的已校准标准声源(RSS)产生的声压级的平均值进行比较来测定。比较法所测得结果为倍频带声功率级，A 计权声功率级由倍频带声功率级计算得到。

　　无论采用直接法还是比较法，在测量时测量表面的选定、传声器的布置以及标准声源的位置都非常重要，其对测量结果的准确性具有显著影响，在标准中都对其进行了详细描述和规定。

　　对于自由放置的落地式器具，包括嵌入式器具，测量表面为带有 9 个测点的矩形六面体，如图 7-3 所示。

　　对于靠墙放置的落地式或台式器具，包括嵌入式器具，测量表面为带有 6 个测点的矩形六面体，如图 7-4 所示。

　　对于靠墙放置的落地柜式器具，包括尺寸较大的嵌入式器具，测量表面为带有 10 个测点的矩形六面体，如图 7-5 所示。其中 9 号和 10 号测点在实际测试中难以操作时(如器具触及天花板)，可取消。

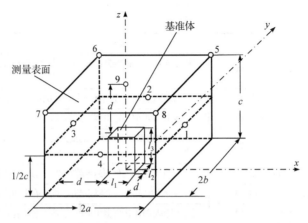

图 7-3   自由放置的落地式器具的带有测点位置的矩形六面体测量表面

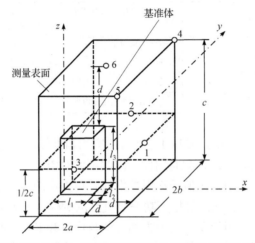

图 7-4   靠墙放置的落地式器具的带有测点位置的矩形六面体测量表面

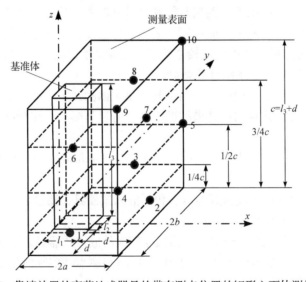

图 7-5   靠墙放置的高落地式器具的带有测点位置的矩形六面体测量表面

对于基准体的每一边长不超过 0.7m，在测试过程中放置于水平反射面上的柜式或台式器具、地板处理器具和手持式器具(固定于测试装置上)，测量表面为带有 10 个测点的半球面，如图 7-6 所示。其中半球面测量表面的半径 r 优先采用 2m，但在任何情况下不得小于 1.5m。如果基准体的某一边长超过 0.7m，应采用图 7-3 所示的测点位置和测量表面。

对于基准体的边长 l_1 和 l_3 不超过 0.4m，并且 l_2 不超过 0.8m，靠墙放置的小型落地式器具(如擦鞋机)，测量表面为带有 5 个测点的四分之一球面，如图 7-7 所示。

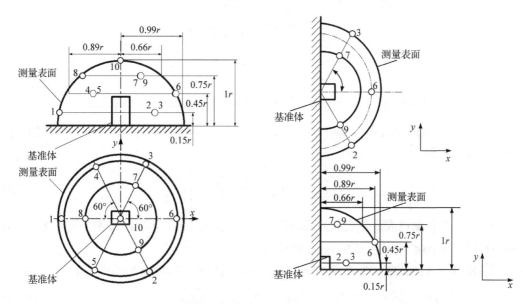

图 7-6　手持式、台式和地板处理器具的带有测点　　图 7-7　靠墙放置的小型落地式器具的带有测点
　　　　位置的半球面测量表面　　　　　　　　　　　　　　位置的四分之一球面测量表面

对于正常使用时基准体的几何中心离地面的高度超过 1m 的立式器具，测量表面为带有 5 个测点的矩形六面体，如图 7-8 所示，其中矩形六面体的中心与基准体中心重合。4 个传声器均匀地分布在通过其几何中心且平行于反射面的一个平面且距离器具外轮廓 1m 的位置上；第 5 个传声器位于上述平面向上 1m 处。通常来说，当最大声压级与最小声压级之差小于 5dB 时，上述 5 个测点已足够。但当该条件不能满足时，必须另加 6 号～9 号 4 个测点。

此外，采用比较法时，标准声源与被测器具采用的测点位置和数量相同。标准声源放置在地面上，并使其基准体的中心与被测器具基准体的中心投影重合。

在测量得到声压级后，若其与背景噪声级的差大于 6dB 但小于 15dB，需要考虑背景噪声的影响而对所测声压级进行修正，公式为

$$L_p = 10\lg\left[10^{0.1L_p'} - 10^{0.1L_p''}\right] \tag{7.2.2}$$

式中，L_p' 为所测声压级；L_p'' 为背景噪声级；L_p 为修正后的被测声源声压级。此外，当所测声压级与背景噪声级的差在 15dB 以上时，不必修正；当所测声压级与背景噪声级的差小于 6dB 时，测量无效。

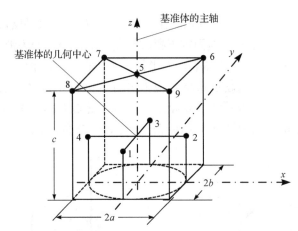

图 7-8　立式器具的带有 5 个或 9 个测点位置的矩形六面体测量表面

对于 A 计权声压级或被测频带声压级，其各测点声压级平均值由所测得的声压级按照下式计算得到

$$\overline{L}_{pm} = 10\lg\left[\frac{1}{N}\sum_{i=1}^{N}10^{0.1L_{pi}}\right] \tag{7.2.3}$$

式中，$\overline{L}_{pm}$ 为各测点或测量表面的平均声压级；L_{pi} 为从第 i 个测点测得的声压级；N 为测点数(在混响场，如果需要应乘以声源位置数)。

在刚性壁面测试室或专用混响室中用比较法测量时，被测器具的声功率级 L_W 为

$$L_W = L_{Wj(\text{RSS})} - \overline{L_{pj(\text{RSS})}} + \overline{L_{pj(\text{AT})}} \tag{7.2.4}$$

式中，$L_{Wj(\text{RSS})}$ 为标准声源标定的频带声功率级；$\overline{L_{pj(\text{RSS})}}$ 为标准声源按测点或传声器路径的(能量)平均频带声压级；$\overline{L_{pj(\text{AT})}}$ 为被测器具的按测点或传声器路径的(能量)平均频带声压级。那么被测声源 A 计权声功率 L_{WA} 为

$$L_{WA} = 10\lg\left[\sum_j 10^{0.1(L_{Wj}+A_j)}\right] \tag{7.2.5}$$

式中，L_{Wj} 为第 j 倍频带声功率级；A_j 为第 j 倍频带中心频率的 A 计权值。

在反射面上方的近似自由场直接法测量声功率级中，被测器具的声功率级根据测量表面的声压级(经过背景噪声和测量环境的修正)，再结合测量表面的面积计算得到

$$L_W = L_{pmc} + 10\lg\left(\frac{S}{S_0}\right) \tag{7.2.6}$$

式中，L_W 为被测器具的噪声声功率级；L_{pmc} 为 A 计权或频带测量表面声压级，并由背景噪声修正值 K_1 和环境修正值 K_2 修正；S 为测量表面的面积，$S_0 = 1\text{m}^2$。

对于专用混响室中用直接法测量声功率级，被测器具的 A 计权声功率级根据测点的平均声压级和混响室的参数计算得到

$$L_{WA} = L_{pma} - 10\lg\frac{T_N}{T_0} + 10\lg\frac{V}{V_0} - 13 \tag{7.2.7}$$

式中，L_{pma} 为测点的平均 A 计权声压级；T_N 为测试室标称混响时间；T_0 为 1s；V 为测试室的容积，$V_0 = 1\text{m}^3$。

7.2.6 水声测量方法

GB/T 5265—2009《声学 水下噪声测量》规定了在大洋深海、陆架浅海、港口和海湾等处所水下噪声测量的条件和方法。该标准规定的测量结果可以为声呐系统设计、水声装备作用距离分析和预估、船舶水下辐射噪声测量的背景修正等的分析提供依据；水下噪声测量作为海洋声学遥感方法，可以用于估计有关环境参数，如风速、波浪、地震、海啸等，监测水下生物噪声以及人为噪声来源，还可以用于研究水下噪声产生、传播的物理机制及其统计特性。

该标准中对声学测量环境进行了规定：在海上使用调查船或其他船只进行水下噪声测量时，不论是使用浮标式还是潜标式布放测声换能器系统，测声换能器系统和调查船之间的有效距离应不小于 50m。在开阔海域测量并使用固定式布放时，声换能系统离岸边的距离应不小于 1km。应尽量避免布放在海底凹坑、礁石之上或其附近处。标准中还指出在测量前需要对测量水听器、放大及采集设备、定位系统设备以及整个系统进行校准。

水下噪声测量方式分为漂浮式布放、坐底式布放以及特殊情况下的船载布放方式，其测量步骤一般如下：测量船到达就位点，按照规定位置布放测声换能器系统(浮标、潜标或船载)；按试验要求接收记录水下噪声数据，同步监听噪声信号，测量数据存储到数字记录设备中；同时记录相应的水听器灵敏度、放大器放大倍数、水听器阵列的位置等测量系统相关信息；在观测噪声的同时，还应该对噪声测量目的所要求的气象学、海洋学、水声学的若干环境参数进行测量；由于水下噪声昼夜和季节性变化，应对同一地点进行多次测量。

在测量中截取有效接收信号，根据测量系统特性对实测数据进行修正，然后进行频谱分析(如 FFT)，并计算得到要求频带的噪声声压级或声压谱级

$$L_{pf} = 20\lg\frac{p_f}{p_0} \tag{7.2.8}$$

$$L_{ps} = L_{pf} - 10\lg\Delta f \tag{7.2.9}$$

式中，L_{pf} 为测得的中心频率为 f 的频带声压级；L_{ps} 为水下噪声声压谱(密度)级；p_f 为测得的一定带宽噪声声压；p_0 为基准声压；Δf 为相对于 1Hz 的带宽。

7.2.7 环境振动测量方法

GB 10071—1988《城市区域环境振动测量方法》为控制城市环境振动污染而制定，规定了测量城市区域环境振动的方法。该标准中规定的测量量为铅锤向 Z 振级，并且对于不同的振动形式采取不同的测量方法。对于稳态振动，每个测点测量一次，取 5s 内的平均示数作为评价量；对于冲击振动，取每次冲击过程中的最大示数为评价量；对于重

复出现的冲击振动，以 10 次读数的算术平均值为评价量；对于无规振动，每个测点等间隔地读取瞬时速度，采样间隔不大于 5s，连续测量时间不少于 1000s；对于铁路振动，读取每次列车通过过程中的最大示数，每个测点连续测量 20 次列车，以 20 次读取的算术平均值为评价量。

标准中规定，测点应放置于各类区域建筑物室外 0.5m 以内振动敏感处。必要时，测点置于建筑物室内地面中央。还要确保拾振器平稳地安放在平坦、坚实的地面上，并且避免置于如地毯、草地、砂地或雪地等松软的地面上。此外，拾振器的灵敏度主轴方向应与测量方向一致。

在测量时，振源应处于正常工作状态，且应避免足以影响环境振动测量值的其他环境因素，如剧烈的温度梯度变化、强电磁场、强风、地震或其他非振动污染源引起的干扰。

7.2.8 加速度计安装方式

确定一个结构或物体的振动，通常的方法是采用机电式振动传感器，其主要分为两大类：接触式和非接触式。非接触式传感器在安装时紧紧地靠近该结构，用于测量此结构的振动响应，其通常的形式诸如电涡流或光学接近探头。接触式传感器则机械地固定在结构上，通常包括压电式、压阻式加速度计和惯性式速度型传感器。GB/T 14412—2005《机械振动与冲击 加速度计的机械安装》阐述了加速度计连接到运动结构的表面上的若干问题，关注加速度计和被测结构的耦合可能显著地改变加速度计、结构或者两者的振动响应。该标准的应用限定于在运动结构的表面安装加速度计的方式，其简图如图 7-9 所示。

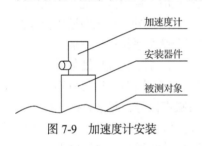

图 7-9 加速度计安装

安装加速度计时，一般要求是安装位置应尽可能靠近其要求的试验部位，使其具有同样的运动；由于加速度计的引入，试验结构的运动变化应尽可能地小；不能因为加速度计在太接近其安装谐振频率工作，而其输出信号与加速度计所承受运动的比发生畸变。

在加速度计的具体安装中，应该仔细地检查安装表面是否有污染和表面平滑度，如有需要应加工使之平整，并且使加速度计的灵敏轴和测量方向的偏差减到最小，否则将导致相当于横向灵敏度所引起的误差。加速度计的主要安装方式包括螺钉安装、黏接安装等。

螺钉安装时，应使安装表面(加速度计与被测结构)清洁、平整与光滑，安装螺孔垂直于安装表面。还应根据制造厂家所推荐的安装力矩紧固，同时注意不要损伤加速度计。在结合面之间涂上一层薄薄的油或油脂，以获得良好的接触和最大的刚度，如图 7-10 所示。此外，螺钉在螺孔中不能碰到底部，这可能导致两安装面中有一微小间隙，从而使刚度降低。

如试验的结构无法钻孔，或需要对加速度计电气绝缘，或安装表面的平面度不够，则可采用黏接方式。通常使用一种黏接螺钉，一端有螺纹，另一端作为平台，以便于黏接在结构上。可采用丙烯酸类或热凝性固化黏接剂，溶剂干燥后黏接剂趋向于保留某种柔软物性从而降低谐振频率，如图 7-11 所示。

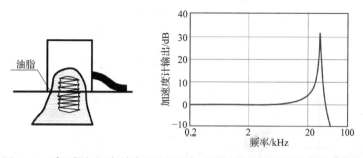

图 7-10　采用螺钉固定并涂以油脂的加速度计及其典型的频率响应曲线

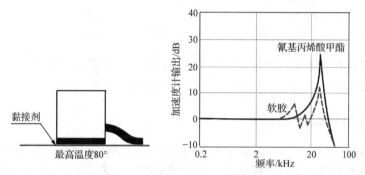

图 7-11　采用黏接固定的加速度计及其典型的频率响应曲线

在具体试验中，加速度计还有很多其他的安装方式，包括将加速度计底部涂上一层薄薄的固化蜂蜡、采用双面胶带和采用磁性座，如图 7-12、图 7-13 和图 7-14 所示。但是

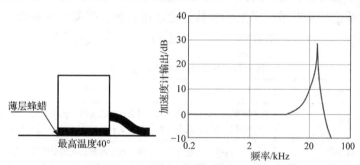

图 7-12　采用薄层蜂蜡安装固定的加速度计及其典型的频率响应曲线

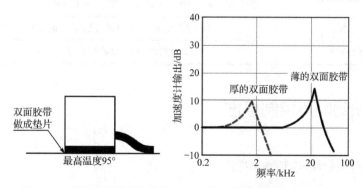

图 7-13　采用双面胶带固定的加速度计及其典型的频率响应曲线

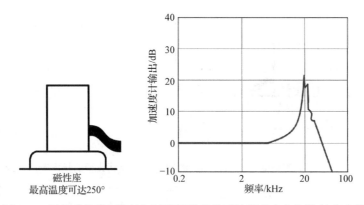

图 7-14 采用磁性座安装的加速度计及其典型的频率响应曲线(核实曲线)

上述安装方式具有局限性，严格地限制在某种振幅和频率范围内使用。在某些难以确定的场合，应根据对其基本频率和振幅的范围用实验方法加以确定。

7.2.9 振动数据采集的参数规定

GB/T 32335—2015《机械振动与冲击 振动数据采集的参数规定》旨在减少由于不恰当或含糊的基本参数定义而在振动测量中出现错误和歧义，其规定了一组振动测量、分析、报告和存档的参数，用于结构、机器、车辆、敏感设备和其他动力系统的试验。该标准适用于包括数字信号处理器和使用现成的商业仪器在内的现代数据采集系统所作的测量，它能用于各种常见类型的振动测量，包括时间历程、频谱和频响函数。

该标准中规定的振动数据采集的参数包括通用参数、试验设备参数、数据采集和处理参数、数据分析参数和数据存档参数，其包含的具体参数内容如表 7-12 所示。

表 7-12 振动数据采集的参数规定

参数类别	具体内容
通用参数	有关当事人、试验目的、试验对象、试验场地、试验日期、测量值、边界条件、试验与环境条件、测点、测量自由度和参考系、试验文件要求、适用的试验标准
试验设备参数	数据采集系统、传感器、振动激励、与振动测量无关的其他设备
数据采集和处理参数	数据产品、数据采集时间参数、采样频率、触发事件、窗函数、平均、滤波、激励时间历程、参考测量、关注的频率范围、频率分辨率、带宽平均、数字分辨率
数据分析参数	数据质量准则、实施分析、测试对象的可接受性准则
数据存档参数	试验报告、试验数据介质、数字数据格式

▌ 7.3 振动噪声控制标准

7.3.1 隔声罩和隔声间控制噪声指南

隔声罩和隔声间提供了从机器或一组机器到附近工作位置或周围环境的传播路径上

空气声的降低方法。GB/T 19886—2005《声学 隔声罩和隔声间噪声控制指南》介绍了运行工况条件下确定隔声罩和隔声间声学性能的一些准则,适用于操作人员噪声防护的隔声间以及部分或全部罩住机器的独立隔声罩。隔声罩和隔声间如图 7-15 所示。

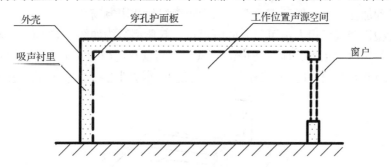

图 7-15　隔声罩或隔声间示意图

标准中介绍了如下几类典型的隔声罩和隔声间。

当隔声罩的最大尺寸小于低频空气声的 1/4 波长时,该隔声罩称为小型隔声罩(机罩)。此类隔声罩的轻质和透明壁板具有便于装卸和使用、寿命长等特点,其支承结构通常是机器的框架。小型隔声罩和框架之间的缝隙要用适宜于频繁使用的弹性胶条密封。由于此类隔声罩没有空间安装高效消声器,因此开口要尽量小。此外,对于结构声的侧向传递,最好采用振动阻尼方法来加以抑制。

对于车间内单个固定机器的隔声罩,其尺寸通常取决于机器周围的可用空间,且在有些情况下,采用能够罩住主要声源的部分隔声罩更符合实际。为防止外界环境对隔声罩的影响(如油和水的影响),需要对隔声罩进行外部处理,它们还应该能够方便清洁。隔声罩内表面和所有开口要安装吸声衬里。这些衬里可以采用塑料薄膜和金属箔保护以防止油和水的浸入。而当机器辐射声主要是结构声时,隔声罩的效果常受到通过支承结构或声源与隔声罩壁板之间连接构件侧向传声的限制。这种情况下重基础上的弹性支承和弹性联接或衬垫,能够改善噪声控制效果。严重情况下,可以使用在机器底座和建筑地板间附加弹性元件的复合弹性支承,如图 7-16 所示,且应将机器底座和隔声罩壁板分开或隔离。同单个弹性支承相比,双层弹性隔振系统更适用于刚性框架上安装的机器。

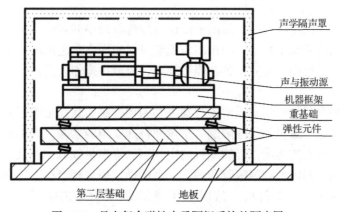

图 7-16　具有复合弹性支承隔振系统的隔声罩

对于户外的单个固定机器的隔声罩，在满足车间内隔声罩声学要求的基础上，还要特别注意材料和开口耐候性能、抗风载荷和耐海水腐蚀等。此外，为了抑制通过安装于弹性结构上的机器底座的侧向声传递，如果建筑结构允许，机座的质量可通过增加混凝土基础而得到加强。但一般不需要全部采用吸声衬垫或限制窗户。

用于大型机器或机组人员可出入的隔声罩，其典型结构如图 7-17 所示。除需满足车间内隔声罩的声学要求外，应具备内部通风与照明以及适当的安全措施。隔声罩窗户的框架必须密封并且与窗户的隔声量匹配，此外还必须特别注意通过门周围缝隙的声传递。

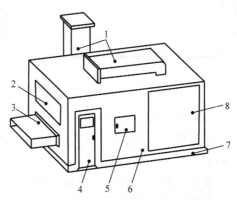

图 7-17　典型的大型机器隔声罩

1. 经过适当声衰减的冷却空气进气/排气管道；2. 观察窗；3. 工件入口/经过声学处理的输送管道；4. 人员进出的隔声门(如果需要)；5. 常规检查口(铰接面板)；6. 内衬吸声材料、隔声材料的外壳；7. 密封板条；8. 偶尔使用的经过密封的可拆卸面板

为了能够在施工现场或其他临时设备上工作，机器需装备可移动和车载隔声罩。这种隔声罩除需满足基本声学特性外，同时应特殊考虑某些限制因素。隔声罩的面板系统通常被安装在框架上，该框架在车辆经过高低不平地面时能够弯曲。然而，薄钢面板系统的夹具会很大程度地增加组装隔声罩的刚度，而产生的应力需要被传递到框架。为保证实现这些，需要用到许多紧固螺钉、螺栓、地脚螺钉。

用于总监控的隔声间，有窗和门的墙壁、顶板、地板可采用预制构件，其中门需要选用适合频繁使用的密封方式。此类隔声间的计权声压隔声值一般为 30dB 左右，如果在某特定的方向上需要更高的插入损失，则隔声间在该侧应采用更重的墙壁构件或双层墙结构。

对于操作者的固定隔声间，封闭工作位置应选取最小的容积，并适当考虑通风和座位安排。为最大限度减小积尘，隔声间应安装排风扇而不是进风扇。必要时，需要采用人工照明。此外，控制设备应安装在隔声间内，以减少操作人员进入周围高噪声区域的需要。

还有一类是车载隔声间，需要进行噪声和振动控制。除固定隔声间的一般要求外，还需要考虑宽视角、重量和尺寸限制、空调和特殊安全因素等。大部分低频声是通过隔声间壁板及其安装点传递的。轻质壁板的空气声的隔声量较低，并且容易被结构声激励起来。因此，隔声间内低频声吸收和弹性支承的插入损失相当小，具有可控次级声源的有源控制系统对此可有效控制，它们通过干涉和吸声降低室内噪声。

7.3.2 工业企业噪声控制设计规范

GB/T 50087—2013《工业企业噪声控制设计规范》的制定旨在防止工业企业噪声的危害，保障职工的身体健康，保证安全生产与正常工作。对于工业企业生产过程和设备产生的噪声，应首先从声源上进行控制，以低噪声的工艺和设备代替高噪声的工艺和设备；如仍达不到要求，则应采用隔声、消声、吸声、隔振以及综合控制等噪声控制措施。

该标准中指明工业企业内各类工作场所的噪声限值应符合表 7-13 的规定。

表 7-13 各类工作场所噪声限值   单位：dB(A)

工作场所	噪声限值
生产车间	85
车间内值班室、观察室、休息室、办公室、实验室、设计室的室内背景噪声级	70
正常工作状态下精密装配线、精密加工车间、计算机房	70
主控室、集中控制室、通信室、电话总机室、消防值班室、一般办公室、会议室、设计室、实验室的室内背景噪声级	60
医务室、教室、值班宿舍的室内背景噪声级	55

表 7-13 中生产车间噪声限值为每周工作 5 天，每天工作 8h 等效声级；对于每周工作 5 天，每天工作时间不是 8h，需计算 8h 等效声级；对于每周工作日不是 5 天，需计算 40h 等效声级。此外，工业企业脉冲噪声 C 声级峰值不得超过 140dB。

标准中指出，工业企业总体设计中的噪声控制应包括厂址选择、总平面设计、工艺、管线设计与设备选择以及车间布置中的噪声控制，采取的具体措施包括隔声、消声、吸收、隔振降噪等。

将噪声控制在局部空间范围内的场合应进行隔声设计。对声源进行的隔声设计，可采用隔声罩或声源所在车间采取隔声围护的结构形式；对噪声传播途径进行的隔声设计，可采用隔声屏障的结构形式；对接收者进行的隔声设计，可采用隔声间的结构形式。必要时也可同时采用上述几种结构形式。对车间内独立的强噪声源，在满足操作、维修及通风冷却等要求的情况下，根据隔声罩的插入损失，采用相应形式的隔声罩。当不宜对声源做隔声处理，且操作管理人员不定期停留在设备附近时，应在设备附近设置控制、监督、观察、休息用的隔声间。

降低空气动力机械辐射的空气动力性噪声，或噪声源隔声维护结构散热通风口、工艺孔洞等辐射出的噪声应进行消声设计。在空间允许的情况下，消声器装设位置应符合下列规定：对于空气动力机械进(排)气口敞开的情况，应在靠近进(排)气口处装设进(排)口消声器；对于空气动力机械进(排)气口均不敞开的情况，但管道隔声差，且管道经过空间的噪声不能满足要求时，应装设消声器；对于噪声源隔声围护结构孔洞辐射噪声的情况，应在孔洞处装设消声器。

当原有吸声较少、混响声较强的各类车间厂房进行降噪处理时，应进行吸声设计。标准中指出吸声处理的降噪量可按表 7-14 的规定估算。

表 7-14　吸声处理的降噪量　　　　　　　　　　　　单位：dB(A)

车间厂房类型	一般车间厂房	混响很严重的车间厂房	几何形状特殊(声聚焦)、混响极严重的车间厂房
降噪量	3～5	6～10	11～12

对于中、高频噪声的吸声降噪设计，可采用常规成型吸声板、密度较小或薄的玻璃棉板等多孔吸声材料，需要时可设置穿孔板等护面材料。对于宽频带噪声的吸声降噪设计，可在材料背后设置空气层或增加多孔吸声材料的厚度、面密度。对于低频噪声的吸声降噪设计，可采用穿孔板共振吸声结构，为增加吸声频带宽度，可在共振腔内填充适量的多孔吸声材料。对于室内湿度较高或有清洁要求的吸声降噪设计，可采用薄膜覆面的多孔吸声材料或单、双层微穿孔板等吸声结构。

标准中还指出了吸声处理方式的选择。当所需吸声降噪量较高、房间面积较小时，宜对屋顶、墙面同时进行吸声处理。当所需吸声降噪量较高但车间面积较大时，车间吸声体面积宜取房间屋顶面积的 40%或室内总表面积的 15%，对于扁平状大面积车间的吸声设计，可只对屋顶吸声处理。当声源集中在车间局部区域而噪声影响整个车间时，应在声源所在区域的屋顶及墙面作局部吸声处理，且宜同时设置隔声屏障。

对产生较强振动或冲击，而引起固体传声及振动辐射噪声的动力设备进行噪声控制时，应进行隔振降噪，其具体设计可按现行标准 JBJ 22—1991《隔振设计规范》的有关规定执行。

7.3.3　民用建筑设计隔声规范

GB 50118—2010《民用建筑隔声设计规范》的制定旨在减少民用建筑受噪声影响，保证民用建筑室内有良好的声环境。该标准适宜于全国城镇新建、改建和扩建的住宅、学校、医院、旅馆、办公建筑及商业建筑等六类建筑中主要用房的隔声、吸声、降噪设计。

标准中规定的对于住宅建筑中卧室、起居室(厅)内的噪声级限值如表 7-15 所示。

表 7-15　卧室、起居室(厅)内的允许噪声级限值　　　　单位：dB(A)

房间名称	噪声级限值	
	昼间	夜间
卧室	45	37
起居室(厅)	45	

标准中规定的高要求住宅的卧室、起居室(厅)内的噪声级限值如表 7-16 所示。

表 7-16　高要求住宅的卧室、起居室(厅)内的允许噪声级限值　　单位：dB(A)

房间名称	噪声级限值	
	昼间	夜间
卧室	40	30
起居室(厅)	40	

标准中指出，在选择住宅建筑的外形、朝向和平面布置时，应充分考虑噪声控制的要求，并应符合下列规定：在住宅平面设计时，应使分户墙两侧的房间和分户楼板上下的房间属于同一类型；卧室、起居室(厅)布置在背噪声源的一侧；对进深有较大变化的平面布置形式，应避免相邻户的窗口之间产生噪声干扰。对分户墙上施工洞口或剪力墙抗震设计所开洞口的封堵，应采用满足分户墙隔声设计要求的材料和构造。相邻两户间的排烟、排气通道，宜采取防止相互串声的措施。此外，住宅建筑中的机电服务设备、器具宜选用低噪声产品，并应采取综合手段进行噪声和振动控制。

标准中规定的学校建筑中各类教学用房室内的噪声级限值如表 7-17 所示。

表 7-17 学校建筑中教学用房室内允许噪声级限值 单位：dB(A)

房间名称	噪声级限值
语言教室、阅览室	40
普通教室、实验室、计算机房	45
音乐教室、琴房	45
舞蹈教室	50

标准中规定的学校建筑中教学辅助用房室内的噪声级限值如表 7-18 所示。

表 7-18 学校建筑中教学辅助用房室内允许噪声级限值 单位：dB(A)

房间名称	噪声级限值
教师办公室、休息室、会议室	45
健身房	50
教学楼中封闭的走廊、楼梯间	50

标准中指出，位于交通干线旁的学校建筑，宜将运动场沿干道布置，作为噪声隔离带。当教室有门窗面对运动场时，教室外墙至运动场的距离不应小于 25m。教学楼内的封闭走廊、门厅和楼梯间的顶棚，在条件允许时布置降噪系数不低于 0.4 的吸声材料。各类教室内应控制混响时间，避免不利反射声，提高语言清晰度。标准中还规定了各类教室空场 500～1000Hz 的混响时间，如表 7-19 所示。此外，当产生噪声的房间与其他教学用房设于同一教学楼内时，应分区设置，并应采取有效的隔声和隔振措施。

表 7-19 各类教室空场 500～1000Hz 的混响时间

房间名称	房间容积/m³	空场 500～1000Hz 混响时间/s
普通教室	≤200	≤0.8
	>200	≤1.0
语言及多媒体教室	≤300	≤0.6
	>300	≤0.8
音乐教室	≤250	≤0.6
	>250	≤0.8

房间名称	房间容积/m³	空场 500~1000Hz 混响时间/s
琴房	≤ 50	≤ 0.4
	>50	≤ 0.6
健身房	≤ 2000	≤ 1.2
	>2000	≤ 1.5
舞蹈教室	≤ 1000	≤ 1.2
	>1000	≤ 1.5

标准中规定的医院主要房间内的噪声级限值如表 7-20 所示。

表 7-20　医院主要房间内的噪声级限值　　　　单位：dB(A)

房间名称	噪声级限值			
	高要求标准		低限标准	
	昼间	夜间	昼间	夜间
病房、医护人员休息室	40	35	45	40
各类重症监护室	40	35	45	40
诊室	40		45	
手术室、分娩室	40		45	
洁净手术室	—		50	
人工生殖中心净化区	—		40	
听力测听室	—		25	
化验室、分析实验室	—		40	
入口大厅、候诊室	50		55	

标准中指出，医院建筑的总平面布置应利用建筑物的隔声作用。门诊楼可沿交通干线布置，但与干线的距离应考虑防噪要求；病房楼应设在内院。若病房楼接近交通干线，室内噪声级不符合标准规定时，病房不应设在临街一侧，否则应采取相应的隔声降噪处理措施(如临街布置公共走廊等)。此外，医院中的医用气体站、冷冻机房、柴油发电机房等设备用房如设在病房大楼内时，应自成一区。入口大厅、挂号大厅、候诊厅及分科候诊厅(室)内，应采取吸声处理措施；其室内 500~1000Hz 混响时间不宜大于 2s。病房楼、门诊楼内走廊的顶棚，应采取吸声处理措施；吊顶所用吸声材料的降噪系数不应小于 0.4。

标准中规定的旅馆建筑各房间内的噪声级限值如表 7-21 所示。

表 7-21　旅馆建筑各房间内噪声级限值　　　　单位：dB(A)

房间名称	噪声级限值					
	特级		一级		二级	
	昼间	夜间	昼间	夜间	昼间	夜间
客房	35	30	40	35	45	40

续表

房间名称	噪声级限值					
	特级		一级		二级	
	昼间	夜间	昼间	夜间	昼间	夜间
办公室、会议室	40		45		50	
多用途厅	40		45		50	
餐厅、宴会厅	45		50		55	

表 7-21 中提到的不同声学指标所应达到的等级对应的旅馆级别如表 7-22 所示。

表 7-22　声学指标等级与旅馆建筑等级的对应关系

声学指标的等级	旅馆建筑的等级
特级	五星级以上旅游饭店及同档次旅馆建筑
一级	三、四星级旅游饭店及同档次旅馆建筑
二级	其他档次的旅馆建筑

标准中指出，旅馆建筑中的餐厅或可能产生强噪声和振动的附属娱乐设施不应与客房等对噪声敏感的房间设置在同一区域或同一主体结构内，并远离客房等需要安静的房间。客房之间的送风和排气管道，应采取消声处理措施。旅馆建筑内的电梯间、高层旅馆的加压泵、水箱间及其他产生噪声的房间，不应与需要安静的客房、会议室、多用途大厅等毗邻，更不应设置在这些房间的上部。

标准中规定的办公室、会议室内的噪声级限值如表 7-23 所示。

表 7-23　办公室、会议室内噪声级限值　　　　单位：dB(A)

房间名称	噪声级限值	
	高要求标准	低限标准
单人办公室	35	40
多人办公室	40	45
电视电话会议室	35	40
普通会议室	40	45

标准中指出，办公室、会议室的墙体或楼板因孔洞、缝隙、连接等导致隔声性能降低时，应采取如下措施：管线穿过楼板或墙体时，孔洞周边应采取密封隔声措施；固定于墙面引起噪声的管道等构件，应采取隔振措施；办公室、会议室隔墙中的电气插座、配电箱或嵌入墙内对墙体构造损伤的配套构件，在背对背设置时应相互错开位置，并应对所开的洞(槽)有相应的隔声封堵措施；对分室墙上的施工洞口或剪力墙抗震设计所开洞口的封堵，应采用满足分室墙隔声要求的材料和构造；幕墙与办公室、会议室隔墙及楼板连接时，应采用符合分室墙隔声要求的构造，并应采取防止相互串声的封堵隔声措施。此外，电视、

电话会议室及普通会议室空场 500～1000Hz 的混响时间应符合表 7-24 的规定。

表 7-24 会议室空场 500～1000Hz 的混响时间

房间名称	房间容积/m³	空场 500～1000Hz 混响时间/s
电视、电话会议室	≤200	≤0.6
普通会议室	≤200	≤0.8

标准中规定的商业建筑各房间内空场时的噪声级限值如表 7-25 所示。

表 7-25 商业建筑室内噪声级限值　　　　　　　　　单位：dB(A)

房间名称	噪声级限值	
	高要求标准	低限标准
商场、商店、购物中心、会展中心	50	55
餐厅	45	55
员工休息室	40	45
走廊	50	60

标准中指出，容积大于 400m³ 且流动人口人均占地面积小于 20m³ 的室内空间，应安装吸声顶棚；吸声顶棚面积不应小于顶棚总面积的 75%；顶棚吸声材料或构造的降噪系数应符合表 7-26 的规定。

表 7-26 顶棚吸声材料或构造的降噪系数

房间名称	降噪系数	
	高要求标准	低限标准
商场、商店、购物中心、会展中心、走廊	≥0.60	≥0.40
餐厅、健身中心、娱乐场所	≥0.80	≥0.40

标准中指出，高噪声级的商业空间不应与噪声敏感的空间位于同一建筑内或毗邻。如果不可避免地位于同一建筑内或毗邻，必须进行隔声、隔振处理，保证传至敏感区域的营业噪声和该区域背景噪声叠加后的总噪声级与背景噪声级之差值不大于 3dB(A)。当公共空间室内设有暖通空调系统时，可采取降低风管中的风速、设置消声器、选用低噪声的风口等措施来降噪。

7.3.4 民用飞机噪声控制与测量要求

行业标准 HB 8462—2014《民用飞机噪声控制与测量要求》规定了民用飞机噪声控制与测量试验的一般要求，包括飞机的外部噪声控制、舱内噪声控制、噪声测量与试验验证等。

标准中规定，飞机噪声控制总体要求为：应选择低噪声的动力系统和机械设备系统，对噪声参数提出限制性要求；动力装置的安装应尽可能远离乘客座舱，并加装减振器或减振装置；应将噪声较大的机载设备放在地板下、尾舱或机翼内；应将高噪声区集中在有限范围内，通过技术隔断、辅助间等，使之与客舱隔离；在选择地毯、座椅、内饰板等内设与内饰材料时，应考虑其吸声特性；应根据机身外表面的声载荷分布，分区域合理布置面密度不同的隔声结构。

在飞机研制阶段，应制定飞机舱内外噪声的控制目标，编制噪声控制研究规划和工作流程，主要包括噪声控制目标设计、适航噪声指标论证、舱内噪声指标论证、飞机声学初步设计、外部噪声预计分析、舱内噪声预计分析、噪声控制方法研究、声学材料及结构试验、制定声学设计方案、噪声控制效果试验验证等几个方面，其流程图如图 7-18 所示。

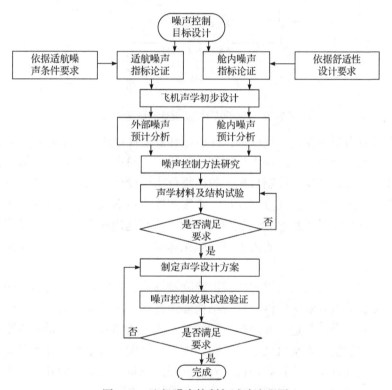

图 7-18　飞机噪声控制与试验流程图

飞机噪声控制主要分为两大类，即外部噪声控制和舱内噪声控制。

对于飞机外部噪声的控制，应根据设计机型和适航规章的要求，制定飞机的适航噪声限值，并应对发动机噪声参数提出限制性要求，开展噪声预测分析、噪声源控制研究试验、噪声控制方案设计等工作。其主要包括飞机总体初步设计与发动机选型、外部噪声计算分析、适航噪声初步预测、噪声源控制与试验研究、外部噪声控制方案设计、适航噪声预计分析、适航噪声试验验证等几个方面，其流程图如图 7-19 所示。特别地，对于飞机外部噪声，主要应控制发动机的噪声，特别是降低民用涡扇类发动机的风扇噪声和喷流噪声，其次是起落架和增升装置等机体噪声。

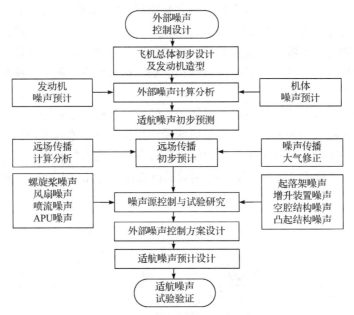

图 7-19　外部噪声控制设计与试验流程图

对于飞机舱内噪声控制，应根据设计机型和舒适性要求，制定舱内声学设计目标，开展舱内噪声预计分析、舱内噪声控制与试验研究、噪声指标验证测试等工作。主要包括飞机总体初步设计及噪声控制目标、舱内噪声指标设计、舱内噪声初步预测、噪声控制与试验研究、舱内噪声控制方案设计、方案实施或声学改装、舱内噪声试验验证等几个方面，其流程图如图 7-20 所示。特别地，对于飞机舱内噪声，应在外部噪声控制的基础上，进一步采取座舱隔声、舱内吸声、减振降噪、环控系统降噪及其他机载设备降噪等措施控制飞机噪声。

标准中还指出，对民用飞机完成减振降噪设计后，需要对其进行噪声测量与验证，目的是评价飞机舱内外噪声特性、机身结构隔声特性、声学材料的声学特性以及验证飞机舱内外噪声是否满足舒适性和适航性的要求。飞机舱内外噪声测量的主要内容包括地面停车舱内混响测量、发动机地面开车噪声测量、辅助动力系统及环控系统地面运行噪声测量、飞机地面开车及飞行状态机身外表面噪声测量、飞机地面开车及飞行状态舱内噪声测量、飞机地面开车及飞行状态舱壁板声强分布测量。

7.3.5　船舶噪声控制设计规程

JT/T 781—2023《船舶噪声控制设计规程》规定了船舶总体设计中的噪声控制的总体原则，以及隔声设计、消声设计、吸声设计、隔振和减振设计的要求，适用于海洋及内河新建、改建各类船舶设计中的噪声控制。

标准中指出，船舶总体设计中的噪声控制设计包括船舶动力装置和船体噪声控制设计两个方面。船舶动力装置噪声控制设计指在确定位置及尺度下，以及在主辅机等设备选型中充分考虑低噪声要求，采取必要的减振降噪措施，具体包括机舱噪声控制设计、

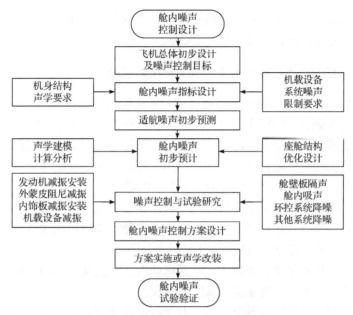

图 7-20　舱内噪声控制设计与试验流程图

动力机械噪声控制设计、传动设备噪声控制设计、管路系统噪声控制设计等。船体噪声控制设计包括船体总布置、居住舱室及螺旋桨的噪声控制设计。

船舶隔声设计是将声源与受声室进行隔离的噪声控制措施，主要包括：声源隔声设计，可采用隔声罩结构；受声室的隔声设计，可采用隔声间(控制室)结构；噪声传播路径的隔声设计，可采用隔声屏(壁)结构。

船舶消声设计主要适用于降低空气动力机械(柴油机、增压器、空压机、通风机以及其他气体排放装置等)辐射的空气动力性噪声。船舶空气动力机械噪声控制设计，除采用消声器外，还可配备隔声、隔振、阻尼减振等其他综合降噪措施。船舶消声器的设计，特别是柴油机排气消声器，应考虑其空气动力性能，应将消声器的压力损失控制在柴油机功率比的许可范围内。此外，船舶消声器应满足体积小、重量轻、结构简单、阻损小、坚固耐用等要求；对有特殊用途的消声器，还应满足对防潮、防火、耐高温、耐油污、防腐蚀等要求。

吸声设计适用于原吸声量较小、混响声较强的各类舱室(如机舱、应急发电机室、空调机室等)的降噪处理，吸声量一般在 3～10dB(A)。但以直达声为主的噪声，不宜采用吸声处理作为降噪的主要手段。此外，吸声降噪效果并不随吸声处理面积成正比增加，因此，吸声设计时，应综合考虑经济性与降噪要求的关系，确定吸声处理面积。为使得吸声材料充分发挥作用，应将其布置在最容易接触声波和反射次数最多的表面上，如天花板、地板。吸声设计还应满足防火、防潮、防腐、防尘等工艺与安全卫生要求，同时，还要兼顾通风、采光、照明及装修要求。

船舶隔振和减振设计适用于船体、轴系、机械设备的振动控制以及振动引起的结构噪声控制。其中隔振装置形式应由机械设备的激励特性、物理参数、隔振器类型和技术参数、频率特性、稳定性及柔性等因素确定；减振设计应根据振动激励源和结构特性以及减振的技术要求来确定。此外，对振动控制要求较高的居住舱室、工作舱室或设备，应远离振动较强的机械设备和螺旋桨等激励源。

7.3.6 城市轨道交通环境振动与噪声控制工程技术规范

HJ 2055—2018《城市轨道交通环境振动与噪声控制工程技术规范》适用于地铁、轻轨、市域快速轨道交通的轮轨系统和环控系统引起的环境振动与噪声污染控制工程。

城市轨道交通环境振动主要由列车运行时轮轨间的相互动力作用产生，环境噪声主要源于车辆的轮轨噪声、牵引噪声、气动噪声、制动噪声、受电弓噪声、桥梁高架结构二次辐射噪声，以及风亭、冷却塔等附属设备设施噪声。

标准中指出，城市轨道交通环境振动与噪声控制应遵循预防为主、防治结合、经济合理、因地制宜的原则，按照"规划—源—传播途径—噪声敏感建筑物"的顺序选择控制措施，科学、合理、综合地进行振动和噪声控制。

城市轨道交通环境振动控制措施包括道床减振、轨枕减振、扣件减振、钢轨减振、屏障隔振、建筑基础隔振、桥梁支座减振等方式。

城市轨道交通环境噪声控制设计时，对于城市轨道交通地上线引起的噪声超标区域除采取低噪声、低振动的车辆、轨道、设备(施)等源头预防措施外，应优先采用声屏障等传播途径控制措施。若仍不能满足降噪量的需求，应采用或辅助采用隔声窗等建筑防护措施。由城市轨道交通的地面附属设备设施引起的噪声污染宜优先采用低噪声的设备设施，若此时噪声敏感建筑物声环境仍不能满足规定的限值或噪声敏感建筑物声环境质量无法维持现状水平的要求，应采用隔声、吸声、消声等综合措施，确保噪声敏感建筑物声环境质量达标或维持现状水平。

参 考 文 献

曹志远. 1989. 板壳振动理论. 北京: 中国铁道出版社

陈花玲, 陈天宇, 黄协清. 1996. 机械振动与噪声控制技术. 西安: 西安交通大学出版社

戴德沛. 1986. 阻尼减振降噪技术. 西安: 西安交通大学出版社

杜功焕, 朱哲民, 龚秀芬. 2001. 声学基础. 3 版. 南京: 南京大学出版社

方丹群, 王文奇, 孙家麒. 1986. 噪声控制. 北京: 北京出版社

方同, 薛璞. 1998. 振动理论及应用. 西安: 西北工业大学出版社

戈德斯坦. 2014. 气动声学. 闫再友, 译. 北京: 国防工业出版社

谷超豪, 李大潜, 陈恕行. 2023. 数学物理方程. 4 版. 北京: 高等教育出版社

何琳, 帅长庚. 2015. 振动理论与工程应用. 北京: 国防工业出版社

李家华, 薛祥立, 刘君华. 1995. 环境噪声控制. 北京: 冶金工业出版社

尼基福罗夫. 1998. 船体结构声学设计. 谢信, 王轲, 译校. 北京: 国防工业出版社

诺顿. 1993. 工程噪声和振动分析基础. 盛元生, 顾伟豪, 韩建民, 等译. 北京: 航空工业出版社

曲维德, 唐恒龄. 1992. 机械振动手册. 北京: 机械工业出版社

汤渭霖, 俞孟萨, 王斌. 2020. 水动力噪声理论. 北京: 科学出版社

吴家龙. 2016. 弹性力学. 3 版. 北京: 高等教育出版社

姚德源, 王其政. 1995. 统计能量分析原理及其应用. 北京: 北京理工大学出版社

于开平, 邹经湘. 2015. 结构动力学. 3 版. 哈尔滨: 哈尔滨工业大学出版社

张阿舟, 姚起航. 1989. 振动控制工程. 北京: 航空工业出版社

赵松龄. 1989. 噪声的降低与隔离. 上海: 同济大学出版社

郑兆昌. 1980. 机械振动(上册). 北京: 机械工业出版社

参 考 标 准

[1] 生态环境部. 声环境质量标准: GB 3096—2008. 北京: 中国环境科学出版社, 2008.

[2] 生态环境部. 工业企业厂界环境噪声排放标准: GB 12348—2008. 北京: 中国环境科学出版社, 2008.

[3] 生态环境部. 社会生活环境噪声排放标准: GB 22337—2008. 北京: 中国环境科学出版社, 2008.

[4] 生态环境部. 建筑施工场界环境噪声排放标准: GB 12523—2011. 北京: 中国环境科学出版社, 2011.

[5] 生态环境部. 城市区域环境振动标准: GB 10070—1988. 北京: 中国标准出版社, 1988.

[6] 全国声学标准化技术委员会. 声学量的级及其基准值: GB/T 3238—1982. 北京: 中国标准出版社, 1982.

[7] 全国声学标准化技术委员会. 声学 声压法测定噪声源声功率级和声能量级 混响室精密法: GB/T 6881—2023. 北京: 中国标准出版社, 2023.

[8] 全国声学标准化技术委员会. 声学 声压法测定噪声源声功率级和声能量级 反射面上方近似自由场的工程法: GB/T 3767—2016. 北京: 中国标准出版社, 2016.

[9] 全国声学标准化技术委员会. 声学 声压法测定噪声源声功率级和声能量级 采用反射面上方包络测量面的简易法: GB/T 3768—2017. 北京: 中国标准出版社, 2017.

[10] 全国声学标准化技术委员会. 声学 声压法测定噪声源声功率级和声能量级 消声室和半消声室精密法: GB/T 6882-2016. 北京: 中国标准出版社, 2016.

[11] 全国声学标准化技术委员会. 声学 声压法测定噪声源声功率级和声能量级 混响室精密法: GB/T 6881-2023. 北京: 中国标准出版社, 2023.

[12] 全国声学标准化技术委员会. 声学 声强法测定噪声源的声功率级 第 1 部分: 离散点上的测量: GB/T 16404—1996. 北京: 中国标准出版社, 1996.

[13] 全国声学标准化技术委员会. 声学 汽车车内噪声测量方法: GB/T 18697—2002. 北京: 中国标准出版社, 2002.

[14] 全国声学标准化技术委员会. 声学 飞行中飞机舱内声压级的测量: GB/T 20248—2006. 北京: 中国标准出版社, 2006.

[15] 全国家用电器标准化技术委员会. 家用和类似用途电器噪声测试方法 通用要求: GB/T 4214.1—2017. 北京: 中国标准出版社, 2017.

[16] 全国声学标准化技术委员会. 声学 水下噪声测量: GB/T 5265—2009. 北京: 中国标准出版社, 2009.

[17] 生态环境部. 城市区域环境振动测量方法: GB/T 10071—1988. 北京: 中国标准出版社, 1988.

[18] 全国机械振动、冲击与状态监测标准化技术委员会. 机械振动与冲击 加速度计的机械安装: GB/T 14412—2005. 北京: 中国标准出版社, 2005.

[19] 全国机械振动、冲击与状态监测标准化技术委员会. 机械振动与冲击 振动数据采集的参数规定: GB/T 32335—2015. 北京: 中国标准出版社, 2015.

[20] 全国声学标准化技术委员会. 声学 隔声罩和隔声间噪声控制指南: GB/T 19886—2005. 北京: 中国标准出版社, 2005.

[21] 中国航空综合技术研究所. 民用飞机噪声控制与测量要求: HB 8462—2014. 北京: 中国航空综合技术研究所, 2014.

[22] 全国内河船标准化技术委员会. 船舶噪声控制设计规程: JT/T 781—2023. 北京: 人民交通出版社, 2023.

[23] 生态环境部. 城市轨道交通环境振动与噪声控制工程技术规范: HJ 2055—2018. 北京: 中国环境科学出版社, 2018.